BMW GROUP

100 Meisterstücke | 100 Masterpieces

BMW GROUP

100 Meisterstücke | 100 Masterpieces

herausgegeben von / edited by
Andreas Braun

HIRMER

Nur wer seine Herkunft kennt, kann neue Ideen für seine Zukunft entwickeln.

Die BMW Group behauptet sich seit 100 Jahren am Markt – ein großer Meilenstein in unserer Unternehmensgeschichte, den wir gemeinsam mit unseren Kunden, unseren Mitarbeitern und den Fans unserer Marken feiern wollen. Das Herzstück unseres Jubiläumsjahres bildet die Ausstellung *100 Meisterstücke* im BMW Museum in München. Sie eröffnet den Besuchern eine Rückschau auf die bewegte Geschichte der Bayerischen Motoren Werke. Dabei stehen die Leistungen der Mitarbeiter, die technologischen Innovationen und der unternehmerische Mut, immer wieder visionäre Entscheidungen zu treffen, im Mittelpunkt.

Wer die BMW Group kennt, der weiß: Wir schauen stets nach vorn. Unser Jubiläum nehmen wir zum Anlass, um weit in die Zukunft zu blicken. Dafür steht unser Motto »THE NEXT 100 YEARS«. Wir fragen uns: Wie werden die Menschen in den nächsten Jahrzehnten auf der Straße unterwegs sein? Unsere Antwort lautet: nachhaltig, voll vernetzt und autonom. Daran arbeiten wir.

Mit den vier Visionsfahrzeugen unserer Marken BMW, MINI und Rolls-Royce sowie BMW Motorrad geben wir einen Ausblick auf die individuelle Mobilität ab 2030 und danach. Die spektakulären Fahrzeuge sind Teil eines umfangreichen Veranstaltungsprogramms in unserem Jubiläumsjahr in China, den USA und Europa.

Langfristiges Denken gehört zum Selbstverständnis unseres Unternehmens. Für uns ist klar: Wir wollen die Mobilität von morgen mit bahnbrechenden Innovationen vorantreiben. So schaffen wir das Fundament für die nächsten 100 Jahre.

100 Meisterstücke laden Sie ein zu einer Zeitreise durch Vergangenheit und Zukunft. Ich wünsche Ihnen eine inspirierende Lektüre!

**Grußwort
/
Words of Welcome**

You can only create new ideas for your future if you are in touch with your origins.

The BMW Group has been active on the market for 100 years. This centenary represents a major milestone in our company history – one that we want to celebrate with our customers, our employees and all brand enthusiasts. The *100 Masterpieces* exhibition at the BMW Museum in Munich is the very core of our centenary. This retrospective highlights the eventful history of the Bayerische Motoren Werke. The exhibition focuses on everything the employees have achieved, the company's technical innovations and the entrepreneurial courage to keep making visionary decisions.

If there's one thing that characterizes the BMW Group, it's that we are ever looking forward. This centenary gives us the opportunity to look far ahead into the future. This is what our motto 'THE NEXT 100 YEARS' stands for. We are asking ourselves the question: how will we be travelling on the roads in the coming decades? Our answer is: sustainably, fully connected and autonomously. And we are working on achieving these goals.

With the four visionary vehicles of our brands BMW, MINI, Rolls-Royce and BMW Motorrad, we are providing a glimpse of the future of individual mobility from 2030 onwards. These spectacular vehicles are part of a large-scale centenary programme of events in China, the USA and Europe.

The company's philosophy has always been based on long-term thinking. For us, one thing is clear: we want to press ahead with the mobility of tomorrow by creating ground-breaking innovations. This is how we are laying the foundations for the next 100 years.

100 Masterpieces invite you to embark on a journey through the past and into the future. I wish you inspiring and interesting reading!

Maximilian Schöberl
Generalbevollmächtigter /
Executive Vice President

100 Jahre – ein rundes Säkulum. Am 7. März 2016 feierten die Bayerischen Motoren Werke ihr 100-jähriges Bestehen. Ein Geburtstag, den das BMW Museum mit einer groß angelegten Ausstellung würdigt, welche die Unternehmensgeschichte von ihren Anfängen bis heute präsentiert. In Bezug auf die Konzeption boten sich im Vorfeld mehrere Möglichkeiten, dieses Jubiläum im Museum umzusetzen, doch natürlich lag es nahe, die Chronologie und den Blick auf die Historie in den Mittelpunkt zu rücken. Ausgehend von 100 Jahren fiel die Wahl auf »100 Meisterstücke«, auf eine Sammlung denkwürdiger Taten und Ereignisse, Entscheidungen und Produkteinführungen. Ihnen allen ist gemeinsam, dass sie rückblickend die Innovationskraft und den unternehmerischen Mut in ihrer Zeit zum Ausdruck brachten.

Der Begriff »Meisterstück« entstammt dem Handwerk und kennzeichnet eine Arbeit in bester Ausführung und höchster Perfektion. Selbst in der Umgangssprache ist er Ausdruck von Lob und Anerkennung, wenn wir beispielsweise sagen: »Diese Rede neulich, die schwierige Verhandlung, das Projekt – da ist dir ja ein wahres Meisterstück gelungen …« Die Ausstellung wie auch der vorliegende Katalog begreifen die hier aufgeführten »Meisterstücke« als Glanzpunkte im unternehmerischen Kontext, als mutige oder innovative Schritte in ihrer Zeit.

Flugmotoren, Motorräder und Automobile haben BMW-Geschichte. Die bedeutendsten von ihnen sind hier erwähnt. Auch wird an legendäre Erfolge und Meilensteine im Motorsport erinnert. Im Fokus stehen zudem unternehmerische Entscheidungen, die zum Bau von Produktionsstätten oder Verbesserungen in der Arbeitswelt der Mitarbeiter führten.

Aneinandergereiht formen die 100 Meisterstücke – wie sollte es anders sein – eine Zeitreise durch 100 Jahre Bayerische Motoren Werke, die gezeichnet ist von Höhen und Tiefen. In dieser Ära ist ein Facettenreichtum entstanden, der das Unternehmen im Jubiläumsjahr auf besondere Weise charakterisiert.

Ein Unternehmen, das sich in schwierigen Zeiten durchbeißen konnte, das Zeitströmungen geprägt hat, das beherzt den ersten Schritt tat. Das Entscheidungen fällte, die nicht jede Unternehmensberatung gutgeheißen hätte, die sich aber als absolut richtig erwiesen. Das nach Fehlentwicklungen harte Schnitte vollzog, Lösungen fand und gestärkt aus Krisen hervorging. Das faszinierende Autos und Motorräder hervorbrachte. Neue Motoren, alternative Antriebe. Eine verbindliche Corporate Identity, eine gemeinsame Unternehmenskultur.

Der Erfolg der heutigen BMW Group ist vor allem dem Engagement seiner Mitarbeiterinnen und Mitarbeiter zu verdanken. Das ist keine leere Worthülse, sondern

One hundred years – a momentous anniversary. The Bayerische Motoren Werk celebrated its centenary on 7 March 2016. The BMW Museum is honouring this birthday with a major exhibition presenting the history of the company from its very beginnings to the present day. Of course there were a number of possible ways of realizing this anniversary in the museum, but it made sense to focus on chronology and history. The fact that it was 100 years led to the choice of '100 Masterpieces', a collection of memorable achievements and events, decisions and product launches. Looking back, what they all have in common is that they express the innovative power and entrepreneurial courage of their times.

The term 'masterpiece' originates in the world of crafts and describes a product of quality worked on to perfection. Even in everyday use, it expresses praise and recognition, for example when we say: 'Your recent speech, the difficult negotiations, the project – were a real masterpiece…'. The exhibition as well as this catalogue highlight these 'masterpieces' as courageous and innovative entrepreneurial steps of their time.

Aero engines, motorcycles and automobiles are all components of the BMW heritage. The most significant ones are featured here. Legendary achievements and milestones in motor racing are also recalled. Another focus is on entrepreneurial decisions that led to the construction of production facilities or improvements in staff working conditions.

The '100 Masterpieces' invite you to embark on a journey through 100 years of Bayerische Motoren Werke, marked by many ups and downs. This era has brought forth a rich level of diversity that characterizes the company in its centenary year.

It is a company that has weathered hard times, established trends and repeatedly took the first step into the future; a company that made decisions not every management consultant would have endorsed but which turned out to be absolutely right; a company that made hard cuts after things went wrong, then found solutions and emerged from crises even stronger than before; a company that brought forth fascinating cars and motorcycles as well as new engines and alternative drives, characterized by a consistent corporate identity and a common company culture.

The success of today's BMW Group is above all owed to its highly committed staff. This is not just an empty phrase but also a historical fact. Many times in the company's history, above all in times of crisis, the decisive factor turned out to be its outstandingly qualified employees. This catalogue contains photos of colleagues

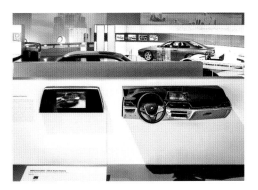

historische Tatsache. Mehrfach in der Unternehmensgeschichte, vor allem in Krisenzeiten, war letztlich das Argument hervorragend qualifizierter Mitarbeiter ausschlaggebend. Fotografien aus vergangenen Zeiten zeigen hier im Katalog Gesichter von Kollegen. Ein Fotograf namens Hans Seufert hatte sie in den Dreißigerjahren porträtiert – manchmal beiläufig in der Mittagspause, wie sie ausruhen, oder während der Arbeit mit hochkonzentriertem Blick. Und ich fühle mich erinnert an vergleichbare Eindrücke beim Gang durch die Produktion vor wenigen Wochen oder an eine Mittagspause im letzten Sommer, als viele Kollegen vor dem BMW Hochhaus die Sonnenstrahlen genossen.

All die Jahre hindurch waren und sind die Mitarbeiter der Garant des Erfolgs von BMW. Ihrer Geschichte von 1916 bis heute fügen sich in diesem Buch besondere Aspekte wie Gesundheit, Architektur, Internationalität, Produktion, Unternehmenskultur und Nachhaltigkeit an.

Die heutigen Mitarbeiter – mit manchmal entwaffnender Bescheidenheit haben sie im Rahmen der Recherchen von dem berichtet, was sie tun. Die Tagesaktualität lässt sie schnell vergessen, was sie vor ca. fünf oder 15 Jahren entwickelten. Das BMW Museum aber vergisst ihre Leistungen nicht, denn auch in ferner Zukunft besteht die Möglichkeit, einst bedeutende Projekte auf die Bühne einer Ausstellung zu heben oder sie in einem Katalog zu erwähnen. Nicht allein, um vor dem Vergessen zu bewahren, sondern vor allem, um die Innovationskraft und die Potenziale dieses Unternehmens und seiner Marken aufzuzeigen. Das BMW Museum beschreibt die DNA der Bayerischen Motoren Werke. Es erinnert die Mitarbeiter an ihre Bedeutung für den Erfolg des Unternehmens und will weit mehr sein als der Traditionsbewahrer.

Zu den schönsten Erfahrungen bei der Vorbereitung von Katalog und Ausstellung zählen die Interviews mit fünf Auszubildenden im Alter zwischen 17 und 22 Jahren. Die meisten mit Migrationshintergrund. Wie sie erzählen, welche Ziele sie haben, was sie sich vom Leben erhoffen. Sie sind lebenshungrig, wollen reisen. Aber da sind auch die Aus- und Weiterbildung, der Beruf der Industriekauffrau, des Mechatronikers. Das Wort »Job« oder »Hauptsache, Kohle verdienen« fällt nicht. »Ich arbeite in der Arbeitnehmervertretung und verbringe manches Wochenende mit Seminaren – aber das macht mir Spaß. Ich helfe gern jungen oder gleichaltrigen Kollegen.« Hier habe ich sie erlebt – die Leistungsträger von übermorgen. Ein Unternehmen, das solchen Nachwuchs an Bord hat, braucht sich um seine Zukunft keine Sorgen zu machen!

from times past. A photographer by the name of Hans Seufert took these portraits in the 1930s, sometimes casually while they were having their lunch break or at work with very concentrated expressions. And I was reminded of something similar as I walked through the production halls a few weeks ago or during a lunch break last summer when many colleagues were enjoying the sun in front of the BMW high-rise.

For all these years it was and remains the employees who are responsible for BMW's success. This book features their history from 1916 until today, as well as specific aspects such as health, architecture, internationality, manufacturing, company culture and sustainability.

In the course of researching this book, today's staff reported on what they do with often disarming modesty. In the daily rush they often forget what they developed five or 15 years ago. However, the BMW Museum does not forget their achievements. In the distant future it will be always be possible to exhibit important projects in an exhibition or mention them in a catalogue, not only to stop them being forgotten, but above all to highlight the innovative power and the potential of this company and its brands. The BMW Museum describes the DNA of Bayerische Motoren Werke. It reminds the employees of the role they play in the success of the company and it wants to do more than simply preserve traditions.

While preparing the catalogue and exhibition, one of the greatest experiences was conducting the interviews with five trainees aged between 17 and 22 years. Most of them come from a migrant background. They speak of their dreams and hopes for the future. They are hungry for life and want to travel. But then there is also their training to become an industrial manager or a mechatronic technician. No one said 'it's just a job' or 'I do it to earn money' but rather 'I work in employee representation and spend many a weekend at seminars, but I like it. I like to help colleagues who are younger than me or the same age'.

This is where I met the high performers of the future. A company that has such young talent on board does not need to worry about its future!

But let me return to the exhibition and pick out a few very special masterpieces in this introduction. There is the founding of the company in 1916 right in the middle of World War I. What remains of this origin is the capital of a pillar made of rusted cast iron, rescued from a small workshop and garage belonging to the Otto-Werke in the middle of Munich. The Otto-Werke is one of the central players in this founding history. This pillar takes us back to the times of the aircraft pioneers. It was

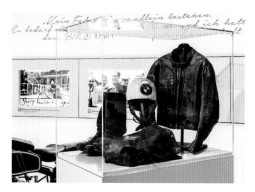

Blick in die Ausstellung *100 Meisterstücke* /
View of the *100 Masterpieces* exhibition, 2016

Doch zurück zur Ausstellung: Ein paar Meisterstücke seien in dieser Einführung besonders hervorgehoben. Da ist die Gründung des Unternehmens im Jahr 1916 – mitten im Ersten Weltkrieg. Was uns vom Ursprung geblieben ist, ist ein Kapitell aus angerostetem Gusseisen, gerettet aus einer kleinen Werkstatt, einer Garage der Otto-Werke mitten in München. Die Otto-Werke sind einer der Akteure dieser Gründungsgeschichte. Das Kapitell entführt uns in die Zeit der Flugzeugpioniere. Es war eine Zeit des Umbruchs – und der Start-up-Unternehmen, die in einfachen Garagen begannen. Das Kapitell – es trägt! Mehr als nur das Dach einer Werkstatt! Was für ein symbolträchtiges Bild für das erste Meisterstück: die Gründung der Bayerischen Motoren Werke.

Hingewiesen sei auch auf den Rennanzug von Schorsch Meier, der 1939 als erster Nicht-Brite die Senior Tourist Trophy auf der Isle of Man gewann. In dieser Lederkleidung ist er fürwahr um sein Leben gefahren.

Ebenso möchte ich auf das Cockpit eines nagelneuen BMW 7er aufmerksam machen. Ziel war es, das enorme Leistungsspektrum der Telematik bei BMW zu illustrieren – also haben wir im Werk in Dingolfing nachgefragt. Jenseits von Prozessen und Vorschriften konnte eigens für diese Ausstellung neben der regulären Fahrzeugproduktion ein komplettes Cockpit termingerecht aufgebaut werden. Ähnlich die Anfrage beim Stammwerk hier in München, ob wir den Aspekt der Produktion anhand der Rohkarosserie eines BMW 4er Coupé in die Ausstellung holen könnten. Mittel und Wege wurden gefunden – plötzlich stand es da – dieses besondere Schnittmodell. Auch da war zu spüren: der besondere Gemeinschaftsgeist, das kollegiale Anpacken. Nicht tausendfach um Erlaubnis bitten – sondern Dinge einfach tun, wenn man von ihrer Richtigkeit überzeugt ist.

Mit dem 100. Meisterstück beenden wir die Zeitreise und schauen gleichzeitig in die Zukunft. Nicht eines der aktuell begehrten Visionsfahrzeuge bildet den Schlusspunkt der Ausstellung, sondern das Architekturmodell des »FIZ Future«. Noch ist es der Entwurf einer Erweiterung, ein Produkt unserer Gedanken, eine Vision unserer zukünftigen Innovationen, eine Denkfabrik der Extraklasse, schon wieder so eine Garage – diesmal eine komfortablere Werkstatt, die an unserer Zukunft arbeitet. Die wird sicherlich auch eine Stütze sein – ein Kapitel der nächsten 100 Jahre!

Abschließend möchte ich mich bedanken bei den Privatsammlern Andy Andexer in Velbert und Harald Kursawe in Plettenberg, dem Isetta Club e.V., der DASA Arbeitswelt Ausstellung in Dortmund, dem Dornier-Museum in Friedrichs-

a period of upheaval and of start-up companies that got underway in small garages. The pillar and capital still hold firm, and support more than just the roof of a workshop! What a symbolic image for the first masterpiece, the founding of Bayerische Motoren Werke.

There is also the racing suit worn by Schorsch Meier who was the first non-Briton to win the Senior Tourist Trophy on the Isle of Man in 1939. He truly rode for his life in this leather gear.

But let me also highlight the cockpit of the brand new BMW 7 Series. The aim was to illustrate the enormously wide range of telematics applications at BMW, so we decided to check with the plant in Dingolfing. In spite of all the ongoing production work and regulations, we managed to construct a complete cockpit in time for the exhibition. It was the same when we asked at the main plant here in Munich whether we could have the body in white of a BMW 4 Series Coupé for the exhibition to highlight the manufacturing side. Ways and means were found and suddenly we had it right here, this special cutaway model. There it was again, that special spirit of community, the willingness to help colleagues out. We did not have to ask for permission a thousand times, it was simply done because it was the right thing to do.

We end the journey through time with the 100th masterpiece and look ahead to the future at the same time. The exhibition does not end with one of the highly sought-after vision cars, but with the 'FIZ Future' architecture model. Currently it is still the draft of the planned extension, a product of our thoughts, a vision of future innovations, a first-rate think tank, a garage, albeit a very comfortable one, where our future is made. It is safe to say that this will be a strong pillar for the next 100 years!

In conclusion I would like to express my gratitude to the private collectors Andy Andexer in Velbert and Harald Kursawe in Plettenberg, the Isetta Club e.V., the DASA Working World Exhibition in Dortmund, the Dornier Museum in Friedrichshafen and the Museum Folkwang and the Deutsches Plakat Museum [German Poster Museum] in Essen. The exhibition also received great support from Samsung Electronics GmbH in Schwalbach, KUKA AG in Augsburg and the archive of Robert Bosch GmbH in Stuttgart. I also wish to thank external specialist planners Dieter Schwarz and Georg Pfaff, my exhibition team and the Group Archive for preparing the documents, digitizing the pictures and film material, as well as for the archive documents and small exhibits. I received valuable help from colleagues in different specialist areas without whom such an overarching exhibition just would not be pos-

hafen sowie dem Museum Folkwang, Deutsches Plakat Museum Essen. Große Unterstützung erfuhr die Ausstellung durch die Samsung Electronics GmbH in Schwalbach, die KUKA AG in Augsburg und durch das Archiv der Robert Bosch GmbH, Stuttgart. Mein Dank gilt ebenso den externen Fachplanern Dieter Schwarz und Georg Pfaff, meinem Ausstellungsteam und dem Konzernarchiv für die Aufbereitung der Dokumente, für die Digitalisierung von Bildern und Filmmaterial sowie für die Archivalien und Kleinexponate. Wertvolle Unterstützung erhielt ich von Kollegen aus unterschiedlichen Fachbereichen, ohne die eine solche Gesamtschau nicht möglich gewesen wäre. Großer Dank gilt vor allem den Produktionswerken der BMW Group in München, Dingolfing, Berlin und Leipzig.

Die Ausstellung sei all den namenlosen Mitarbeitern gewidmet, die in den vergangenen 100 Jahren mitgewirkt haben am Werden und Wachsen dieses Unternehmens, egal ob in der Verwaltung, in der Forschung und Entwicklung, in der Produktion oder im Vertrieb. Wohl dem Unternehmen, das eine gesunde Basis von »100 Meisterstücken« sein Eigen nennt. Das mit Mut zum Risiko und unternehmerischem Sachverstand in die Zukunft investiert. Das gute, qualifizierte Mitarbeiter an sich binden konnte und weiterhin so attraktiv ist, dass ihm die Begeisterungsfähigen und Strebsamen zugetan sind. Dann können sie ruhig kommen – die nächsten 100 Jahre!

sible. Particular thanks are owed to the manufacturing plants of the BMW Group in Munich, Dingolfing, Berlin and Leipzig.

The exhibition is dedicated to all the nameless members of staff who contributed to the development and growth of this company over the past 100 years, be it in administration, research and development, manufacturing or sales. It is a lucky company that can call '100 Masterpieces' its own. It is a company with the courage to take risks and with the entrepreneurial know-how to invest in the future, a company that was able to ensure the loyalty of qualified personnel and which still attracts so many enthusiastic and ambitious people. Bring on the next 100 years!

Dr. Andreas Braun
Kurator BMW Museum,
München / Curator BMW
Museum, Munich

Von Beginn an baute das Unternehmen auf das Engagement und die fachliche Qualifikation seiner Mitarbeiter. Das technische Wissen der Konstrukteure, das handwerkliche Können der Facharbeiter und das Know-how in Verwaltung und Vertrieb verhelfen den Bayerischen Motoren Werken zum Erfolg – damals wie heute. In diesem Wissen waren und sind nachhaltige Investitionen in das Personalwesen ein zentrales Anliegen der Unternehmensführung: Die qualifizierte Ausbildung von Fachkräften, Fortbildungsprogramme, attraktive Arbeitsbedingungen, die sich den Anforderungen der jeweiligen Zeit anpassen, sowie die soziale Absicherung der Mitarbeiter sind über die Zeiten hinweg wesentliche Ziele der Personalentwicklung. Weltweite Investitionen in Forschung und Entwicklung, in zukunftsweisende Technologien und profitable Produktionswerke sollen nicht zuletzt eine langfristige Sicherung der Arbeitsplätze garantieren.

Die gemeinsamen Normen, Wertvorstellungen und Denkmuster, die die Zusammenarbeit der Mitarbeiter bestimmen und die Grundlage für den unternehmerischen Erfolg bilden, prägen die Unternehmenskultur der BMW Group, die – in stetiger Entwicklung begriffen – auch Ausdruck der Geschichte des Unternehmens ist. Die Entwicklung, die Herstellung und der Verkauf innovativer und qualitativ herausragender Produkte setzt seitens der Mitarbeiter ein hohes Maß an Engagement, Eigenverantwortung und Identifikation mit dem Unternehmen voraus. Diese Stärken können sich nur in einer Unternehmenskultur ausbilden, die auf Respekt, Wertschätzung, Ehrlichkeit, Transparenz und Vertrauen basiert.

Dieses Grundprinzip einer werteorientierten Zusammenarbeit, das die Mitarbeiter als das wichtigste Kapital eines Unternehmens anerkennt, zieht sich als wesentliches Merkmal der Firmenkultur durch die Geschichte der BMW Group. Dadurch wurde sie den unterschiedlichen Strömungen des gesellschaftlichen Wandels zu jeder Zeit gerecht und behielt so die Stärke der eigenen Identität und des damit verbundenen Erfolgsanspruchs bei.

Erste Schritte – erste Erfolge. Mitarbeiter 1916–1933

Das junge Unternehmen stand 1917 mit der ersten großen Bestellung für BMW IIIa Flugmotoren vor einer großen Herausforderung. Der Flugmotor existierte bei Auftragserteilung nur auf den Entwurfszeichnungen. Die neuartige Konstruktion musste im Detail ausgearbeitet und von Ingenieuren im Versuch getestet werden. Auch stand der Aufbau der Fabrikation an. Die Mannschaft der Rapp-Motorenwerke umfasste rund 1200 Mitarbeiter. Da diese Kräfte nicht ausreichten, unternahm

Die Geschichte des Personals von den Anfängen bis heute / The history of the workforce from the beginnings to the present day

From the very outset, the company drew its strength from the dedication and skills of its employees. It has always been the technical knowledge of its designers, the craftsmanship of its skilled workers and the expertise of those working in administration and sales that has enabled the Bayerische Motoren Werke to be so successful – both in the past and in the present. Bearing this in mind, the company management always attached key importance to investing in human resources on a lasting basis: over the years, the company's overriding aim has been to provide specialist training, professional development programmes, attractive working conditions that adapt to needs of the times and sound social security benefits. Worldwide investment in research and development, groundbreaking technologies and profitable production plants are likewise geared towards securing jobs in the long term.

The norms, values and attitudes shared by staff are what drive the company's success, defining BMW Group corporate culture and ultimately – as they change over the years – reflecting the company's history. The development, manufacture and sales of innovative and excellent quality products require a high level of dedication, responsibility and identification on the part of employees. Strengths of this kind can only develop within a culture based on respect, appreciation, honesty, transparency and trust.

The underlying principle of value-oriented collaboration – recognized by employees as the company's most valuable asset – is a key feature of BMW Group corporate culture that runs as a golden thread throughout the company's history. Indeed, this has what enabled the company to adapt to social change through the ages, while always retaining its own distinctly powerful identity and drive for success.

First steps – first achievements. Employees 1916–33

In 1917 the young company faced a major challenge when it received a large-scale order for BMW IIIa aircraft engines. When the contract was awarded, this engine only existed on paper: the novel design had yet to be elaborated in detail and tested by engineers. Production facilities had to be set up, too. Rapp Motorenwerke employed a workforce of some 1,200 staff. Since this was clearly inadequate, BMW immediately set out to hire designers, production specialists and mechanics. Job vacancies were placed in newspapers and success was not long in coming: up until October 1917, the workforce increased to more than 1,700 employees. Since the production halls were very cramped, the work schedule was broken down into three shifts of eight hours each, running round the clock.

Arbeiter aus dem Montagebereich mit ihrem Meister /
Assembly workers with their foreman, 1918

Angestellte der Einkaufsabteilung /
Purchase department employees, 1927

BMW umgehend Anstrengungen, Konstrukteure, Fabrikationsspezialisten und Mechaniker einzustellen. In Zeitungen wurden mit Erfolg Inserate geschaltet: Bis Oktober 1917 wuchs die Belegschaft auf über 1700 Arbeiter und Angestellte an. Da die Fabrikationshallen sehr beengt waren, behalf man sich mit der Arbeit rund um die Uhr in drei Schichten zu je acht Stunden.

Im Norden des Oberwiesenfelds baute BMW 1918 eine neue und größere Fabrikanlage. Dieser Gebäudekomplex ist seit 2014 wieder in BMW Group-Besitz und seit März 2016 die Heimat der BMW Group Classic. Im letzten Kriegsjahr 1918 warb BMW weiterhin um Fachpersonal und stellte zunehmend Frauen ein. Mit Kriegsende im November 1918 musste die Belegschaft zunächst entlassen werden. Auf behördliche Anweisung aber konnten die Arbeiter zurückkehren. Als Folge des Waffenstillstandsvertrags wurden sie nun beauftragt, Flugmotoren zu zerstören und Komponenten wie Kurbelwellen unbrauchbar zu machen. Da keine Flugmotoren mehr gefertigt werden durften, bauten sie fortan Boots-, Automobil- und Stationärmotoren. Zum Jahresende 1920 folgte der erste Motorradmotor.

Mit der BMW R 32 kam im September 1923 das erste BMW-Motorrad auf den Markt. Zum Jahresende durften für zivile Zwecke auch wieder Flugmotoren gefertigt werden. Die Mitarbeiter stellten sich auf die neue Produktion ein: Wenn keine Aufträge für Flugaggregate vorlagen, wechselten einige von ihnen in die Motorradproduktion. Mit der Übernahme der Fahrzeugfabrik Eisenach im Oktober 1928 wuchs der Mitarbeiterstamm von 1200 auf mehr als 4500 Arbeiter und Angestellte an. In Folge der Weltwirtschaft musste BMW im Oktober 1929 einen Teil der Belegschaft entlassen und die Arbeitszeit ab Ende 1931 von 48 auf 40 Stunden reduzieren.

Arbeit im Dritten Reich. Mitarbeiter 1933–1945

Nach der Machtübernahme durch die Nationalsozialisten Ende Januar 1933 wurde bei jedem Unternehmen, so auch bei BMW, die Mitarbeitervertretung »gleichgeschaltet«. Die Rolle der Gewerkschaften übernahm die »Nationalsozialistische Betriebsorganisation«. Doch gelang es der NSDAP laut Zeitzeugenberichten nur teilweise, BMW zu einem linientreuen Betrieb umzuwandeln. Die BMW-Belegschaft verhielt sich weitgehend unpolitisch. Die Betriebsleitung konnte die von der Deutschen Arbeitsfront initiierte Abschaffung der Stechuhren und deren Ersatz durch Betriebsappelle erfolgreich abwehren. Ab 1934 entstanden in Allach nordwestlich von München und in Dürrerhof bei Eisenach neue BMW-Werke für die Produktion

In 1918 BMW built a new, larger factory in the north of the Oberwiesenfeld district of Munich. This building complex was re-acquired by BMW Group in 2014 and has housed BMW Group Classic since March 2016. In 1918, the last year of the war, BMW continued to hire specialists and increasingly recruited women, too. When the war ended in November 1918 the workforce initially had to be laid off, but staff were later allowed to return by official order. The armistice treaty required all aircraft engines to be destroyed, and components such as camshafts had to be rendered unserviceable. Since the production of aircraft engines was no longer permitted, the company manufactured boat and automobile engines instead, as well as stationary engines. The first motorcycle engine followed at the end of 1920.

The BMW R 32 went on the market in September 1923: it was the first BMW motorcycle. By the end of that same year, permission was granted to resume production of aircraft engines for civilian purposes. The company's employees adapted to production requirements: when there were no orders for aircraft engines, some of them were redeployed in motorcycle production instead. When BMW acquired the Eisenach factory in October 1928, the workforce increased in size from 1,200 to more than 4,500 workers and administrative staff. As a result of the global economic crisis, BMW had to lay off some of its workforce in October 1929, and working hours per week were reduced from 48 to 40 at the end of 1931.

Stellenanzeige / Job advert, 1917

Schweißen von Wassermänteln an Zylindern
des BMW VI-Motors / Welding water jackets to cylinders
of the BMW VI engine, 1925

von Flugmotoren. Die Zahl der Mitarbeiter stieg auf über 10 000. Mit dem Kauf der Brandenburgischen Motorenwerke 1939 hatte der Konzern eine Monopolstellung bei luftgekühlten Flugmotoren in Deutschland. Seit Kriegsbeginn 1939 wurden immer mehr Fachkräfte zur Wehrmacht eingezogen. Zunehmend ersetzten Frauen diese im Arbeitsprozess. Als Anreiz für junge Mütter richtete BMW einen Betriebskindergarten ein. Bei Kriegsende beschäftigte BMW mehr als 56 000 Mitarbeiter.

Arbeit unter Zwang

Im Laufe der Dreißigerjahre entwickelte sich BMW zu einem der wichtigsten Rüstungsunternehmen in Deutschland. Das Militär verlangte nach einer immer höheren Stückzahl von Flugmotoren. Da seit Kriegsbeginn 1939 Arbeitskräftemangel herrschte, beschäftigte BMW zunächst Mitarbeiter aus der Motorrad- und Automobilproduktion in der Flugmotorenfertigung. Ab Dezember 1939 arbeiteten polnische Kriegsgefangene im Werk in Eisenach. Ein Jahr später setzte das Unternehmen auch in den Münchener Werken ausländische Zivilarbeiter aus Westeuropa ein. 1941 kamen Strafgefangene der SS, russische Kriegsgefangene und ab 1942 KZ-Häftlinge hinzu. Waren 1941 konzernweit etwa zehn bis 15 Prozent der BMW-Belegschaft Zwangsarbeiter, so stieg deren Anteil bis 1945 spürbar an. 1944 stellten sie die Hälfte des Personals bei BMW.

Krise und Aufschwung. Mitarbeiter 1946–1970

Das Ende des Zweiten Weltkriegs in Europa im Mai 1945 bedeutete auch das Ende der BMW-Rüstungsproduktion. Die alliierten Besatzer verfügten umgehend deren Stilllegung. Die Zwangsarbeiter kehrten heim. Der Rest der deutschen Belegschaft begann in den teilweise zerstörten Werksanlagen mit Aufräumarbeiten und der Demontage von Maschinen und Werkzeugen bzw. mit deren Abtransport. Während in Eisenach unter den sowjetischen Besatzern die Automobil- und Motorradproduktion mit Vorkriegsmodellen wieder anlief, fanden ehemalige Flugmotorenmechaniker des Werkes Allach bei München Arbeit im Karlsfeld Ordnance Depot der US Army. Zur gleichen Zeit begann im Stammwerk in München eine Notproduktion von Gegenständen für den zivilen Bedarf: In der Stunde Null fertigten die Bayerischen Motoren Werke Kochtöpfe und andere Küchenutensilien und nahmen 1948 wieder die Produktion eines Motorrades auf. In den Reihen der Belegschaft befand sich eine große Zahl an Facharbeitern, Meistern und Ingenieuren aus der Motorradfertigung der Dreißigerjahre. Ihr Wissen gewährleistete den weitgehend

Work during the Third Reich. Employees 1933–45

After the National Socialists seized power at the end of January 1933, the employee representative body of every company – including that of BMW – was forced to conform to totalitarian control. The role of the trade unions was taken over by the so-called 'National Socialist Workers' Organization'. According to contemporary witnesses, however, the NSDAP only partially succeeded in making BMW loyal to the party line. The BMW workforce remained largely apolitical. The German Workers' Front initiated the abolition of time-punching devices, replacing them with company roll calls, but the BMW management was able to resist this change. From 1934 onwards, new BMW facilities were built for the production of aircraft engines in Allach to the north-west of Munich and in Dürrerhof near Eisenach. The number of employees increased to more than 10,000. In 1939 BMW purchased the company Brandenburgische Motorenwerke: this gave it a monopoly in the production of air-cooled aircraft engines in Germany. After the war started in 1939, more and more skilled workers were drafted to the military and increasingly replaced by women. BMW even established its own kindergarten as an incentive for young mothers. By the end of the war the BMW workforce numbered more than 56,000.

Forced labour

In the course of the 1930s, BMW became one of the most important armaments manufacturers in Germany. There was increasing military demand for aircraft engines. The start of the war in 1939 caused a labour shortage, so BMW initially redeployed staff from motorcycle and automobile production to manufacture aircraft engines. Polish prisoners of war worked at the Eisenach plant from December 1939. A year later the company also deployed foreign civilian labourers from Western Europe at the Munich plants. These were joined by SS detainees and Russian prisoners of war in 1941, and in 1942 concentration camp inmates were forced to work for the company. In 1941, some 10 to 15 per cent of the BMW workforce consisted of forced labourers, and this share increased noticeably up to 1945. By 1944 they accounted for half of BMW personnel.

Crisis and recovery. Employees 1946–70

When the Second World War came to an end in Europe in May 1945, BMW armaments production was stopped and the Allied occupying forces ordered an immediate shutdown. All those in forced labour returned home. The remainder of the

Komm zu BMW

Wer was kann ist unser Mann

Bayerische Motoren Werke AG München Lerchenauerstr. 76 Strassenbahn Linie 7

Werbeplakat / Advertising poster, 1955

reibungslosen Produktionsanlauf der BMW R 24. Schwieriger war jedoch die Wiederaufnahme der Automobilfertigung. Mit dem »Eisernen Vorhang« hatte BMW nicht nur sein Werk in Eisenach, sondern auch sämtliche Entwicklungs- und Produktionsunterlagen sowie das Know-how der Belegschaft verloren. Einige wenige Mitarbeiter aus dem BMW Werk in Eisenach schlugen sich nach München durch und boten der Werksleitung ihre Dienste für eine zukünftige Automobilproduktion an.

Erst mit dem erfolgreichen Absatz der BMW-Automobile im Lauf der Sechzigerjahre entwickelte sich die Zahl der Mitarbeiter stetig nach oben. Nur die Rezession 1966/67, die das Ende des »Wirtschaftswunders« markierte, bremste die Entwicklung kurzzeitig. Schon bald stießen die Werksanlagen in München an ihre Kapazitätsgrenzen. Mit dem Kauf der Hans Glas GmbH in Dingolfing erwarben die Bayerischen Motoren Werke zudem einen großen Stamm gut ausgebildeter Facharbeiter.

Gastarbeiter

Nach dem Krisenjahr 1959 wurde das Unternehmen grundlegend saniert. Der Erfolg der »Neuen Klasse« war enorm und kam so überraschend, dass bei BMW die Zahl der qualifizierten Mitarbeiter nicht mehr ausreichte, um die Nachfrage zu bedienen. Ab Anfang der Sechzigerjahre warb BMW daher Gastarbeiter an. Herkunftsländer waren vor allem Türkei, Jugoslawien und Griechenland. BMW versuchte, die ausländischen Arbeitskräfte durch langfristige Verträge zu binden und bemühte

German workforce began clearing the partially destroyed production facilities, as well as dismantling and removing the various machines and tools. In Eisenach, production of pre-war automobile and motorcycle models was able to restart under the Soviet occupying troops, while former aircraft engine mechanics from the Allach plant near Munich were employed at the US army's Karlsfeld Ordnance Depot. At the same time, an emergency programme was started at the company's main plant in Munich which involved items being manufactured for civilian use: after the devastation of war the Bayerische Motoren Werke produced saucepans and other kitchen utensils, eventually starting production of a motorcycle in 1948. The workforce included large numbers of specialist workers and engineers who had worked in motorcycle production during the 1930s. It was thanks to the skills and expertise of these individuals that production of the BMW R 24 got underway smoothly. Resumption of automobile production proved more difficult, however. With the fall of the Iron Curtain, BMW not only lost its plant in Eisenach but also the entire set of development and production documentation as well as the expertise of the workforce. A small number of staff from the BMW plant in Eisenach were able to find their way to Munich and offered their services for future automobile production.

Successful sales of BMW automobiles in the course of the 1960s led to a constant increase in the number of people employed by the company. The 1966/1967 recession which marked the end of Germany's 'Economic Miracle' was the only brief period during which development was slowed down. Production capacity at the BMW plant in Munich soon reached its limits. When it purchased the company Hans Glas GmbH in Dingolfing, the Bayerische Motoren Werke also acquired large numbers of well-trained specialists.

Guest workers

The company underwent thorough restructuring after the crisis year 1959. The success of the 'New Class' was enormous and came as such a surprise that BMW no longer had enough qualified staff in its employ to be able to meet demand. So in the early 1960s BMW began to recruit guest workers, who originated primarily from Turkey, Yugoslavia and Greece. BMW tried to assimilate these foreign employees by offering long-term contracts and proactively encouraging integration. Language and professional development courses were offered so as to facilitate collaboration across linguistic and cultural boundaries. It was not until 1967 that the situation on

Rechts / Right
Aufsetzen der Karosserie einer BMW Isetta auf das Fahrgestell /
Placing the body of a BMW Isetta on the chassis, 1960

17

Der griechische Botschafter Alexis Kyrou besucht Gastarbeiter am Montageband / The Greek ambassador Alexis
Kyrou visits guest workers on the assembly line, 1963

sich um eine aktive Integration. Sprach- und Fortbildungskurse wurden angeboten, um die Zusammenarbeit über Sprach- und Kulturgrenzen hinweg zu erleichtern. Erst ab 1967 entspannte sich die Situation auf dem Arbeitsmarkt zunehmend, so-dass 1973 ein Anwerbestopp erfolgte. Der Anteil der Gastarbeiter lag zu diesem Zeitpunkt bei über 30 Prozent der Gesamtbelegschaft.

Innovationen und Perspektiven. Mitarbeiter 1971 – heute

Ende der Sechzigerjahre führte der Aufbau weiterer Kapazitäten im Verwaltungs-bereich zu einem massiven Engpass an Büroflächen. Längst drohte auch das Werk aus allen Nähten zu platzen. 1968 wurden die Weichen für den Bau eines neuen Verwaltungsgebäudes gestellt. 1973 konnten die ersten Mitarbeiter die modernen Großraumbüros im neuen BMW Hochhaus beziehen. Im Unternehmen brach spür-bar eine neue Zeit an: Für die Mitarbeiter in der Verwaltungszentrale wurde die Gleitzeit eingeführt, eine neue Regelung der Arbeitszeit und -organisation. Für das nun geltende System wurden neue Werksausweise ausgegeben und Ausweisleser installiert, um die »Komm- und Gehzeiten« erfassen zu können. Ebenfalls 1973 eröffnete das Unternehmen ein neues Bildungszentrum. Das Angebot an Weiter-bildungsmaßnahmen umfasste Kurse und Seminare, um Wissen und Kenntnisse der BMW-Mitarbeiter zu vertiefen. Zum Jahreswechsel 1973/74 wurde erstmals der *bayern motor* an die Belegschaft verteilt. Die Werkszeitung erschien monatlich und berichtete aktuell aus dem Unternehmen. Die ersten Ausgaben enthielten die wichtigsten Beiträge auch in türkischer, griechischer, serbokroatischer und italie-nischer Sprache.

Im Laufe der Siebzigerjahre stieg die Zahl der Mitarbeiter von etwa 20 000 auf über 37 000. Damit stiegen auch die Anforderungen an die Personalverwaltung. Das Unternehmen trug dieser Entwicklung Rechnung, indem das Personal- und Sozialwesen zu einem eigenständigen Vorstandsressort aufgewertet wurde. Die ersten Führungsleitsätze wurden entwickelt, welche die Zusammenarbeit von Mitarbeitern und Führungskräften neu regelten und in denen die Mitarbeiter explizit als ein entscheidender Faktor für den Unternehmenserfolg benannt wurden.

Neue Formen der Arbeit

In enger Zusammenarbeit mit dem Betriebsrat erarbeiteten die Personalstellen Modelle, die mehr Flexibilität bei der Gestaltung der individuellen Arbeitszeit er-möglichten. Die zentrale Idee war die Entkopplung der Maschinenlaufzeiten von

the labour market eased, and active recruitment of foreign workers was discontin-ued in 1973. At this stage guest workers accounted for more than 30 per cent of the total workforce.

Innovations and perspectives. Employees 1971–the present

At the end of the 1960s, extension of administration capacity led to a massive shortage of office space: the company was bursting at the seams. In 1968, plans were made for the construction of a new administrative building, and in 1973 the first staff members began work in the modern open-plan offices of the brand new BMW Tower. Throughout the company, there was a tangible sense of a new era get-ting underway: flexitime was introduced for head office staff, for example – a whole new approach to scheduling and organizing work. For this new system, company IDs were issued and ID readers installed so as to be able to register individual arrival and departure times. The company also opened a new training centre in 1973. The range of professional development activities available included courses and seminars so as to enable BMW employees to extend their knowledge. The com-pany magazine *bayern motor* was distributed among staff for the first time at the beginning of 1974. It was published on a monthly basis and featured the latest company news. The first editions contained main articles in Turkish, Greek, Serbo-Croatian and Italian, too.

During the 1970s the workforce expanded from approx. 20,000 to more than 37,000. This also increased the demands made upon the human resources depart-ment. In response to this, HR and social affairs was established as its own separate division. The first management guidelines were developed to put collaboration between staff and managers on a new basis, explicitly stating that employees were a key factor in the success of the company.

New forms of work

In close collaboration with the Works Council, the personnel department developed models that allowed greater flexibility in creating individual work schedules. The main aim was to ensure that the machines could be operated independently of employee working hours. As a result, prolonged operational phases enabled the company to make more efficient use of the capital-intensive machinery, while free shifts also gave BMW employees more leisure time. In 1989 there were some 200 different work-scheduling models; today there are more than 300.

Auszubildender der BMW AG / BMW AG trainee, 2015

den Arbeitszeiten der Mitarbeiter. Durch längere Betriebsphasen konnte das Unternehmen die kapitalintensiven Anlagen besser auslasten. Gleichzeitig gewannen die BMW-Mitarbeiter über Freischichten mehr Freizeit. Im Jahr 1989 existierten bei BMW etwa 200 unterschiedliche Arbeitszeitregelungen, heute sind es mehr als 300.

Hatte im Bereich der Produktion schon Ende der Siebzigerjahre die Automatisierung einen Wandel in der Belegschaftsstruktur herbeigeführt, so veränderten sich in den Achtzigerjahren die Arbeitsabläufe und -strukturen auch in den Entwicklungs- und Verwaltungsbereichen. Das digitale Zeitalter revolutionierte den Arbeitsalltag. Heute sind die Arbeitsabläufe in den Verwaltungsbereichen ohne Computer und die Möglichkeiten der digitalen Datenverarbeitung und Kommunikationsmittel nicht mehr denkbar.

Auch in der Produktion führten die neuen Anforderungen zu weitreichenden Veränderungen: Die Automatisierung erforderte von den Facharbeitern Kenntnisse in Mechanik, Elektronik und Steuerungstechnik. Nicht anders in den Bereichen Forschung und Entwicklung: Die komplexen Aufgabenstellungen in der Automobilkonstruktion erforderten immer mehr Mitarbeiter mit speziellen Qualifikationen.

Veränderungen durch Digitalisierung finden über eine Vielzahl von kleinen Innovationen statt. Diese Entwicklungen verändern langfristig auch die Rolle des Menschen in der Produktion. Er wird in Zukunft viel mehr als heute Gestalter und Befähiger von Prozessen sein. Die Arbeitswelt wird dadurch weiter modernisiert. Und die Reduktion körperlich anstrengender Tätigkeiten ist auch vor dem Hintergrund des demografischen Wandels ein Gewinn.

Digitalisierung – Innovationen in der Produktion
Die BMW Group verfügt über ein hochmodernes Produktionsnetzwerk und beteiligt sich aktiv an Forschungsprojekten im Bereich von »Industrie 4.0«. Die zunehmende Digitalisierung, die unsere Lebens- und Arbeitswelt verändert, nutzt das Unternehmen, um seine Mitarbeiter in der Produktion zu entlasten und die Effizienz der Prozesse sowie die Qualität der Automobile und Motorräder zu steigern. Industrie 4.0 bedeutet für die BMW Group, den Menschen als Gestalter der Produktion optimal zu unterstützen sowie neue Technologien sinnvoll zu nutzen. So können mit intelligenten Mensch-Roboter-Systemen ergonomisch ungünstige Arbeitsvorgänge spürbar verbessert werden. Vor allem für einfache Arbeitsumfänge mit hoher Wiederholhäufigkeit und erheblichem Kraftaufwand bietet sich eine Unterstützung der Mitarbeiter durch Automatisierung an. Roboter, die den Menschen in der Ferti-

While automation brought about a shift in the structure of the workforce in production at the end of the 1970s, it was work processes and structures in development and administration that also underwent change during the 1980s. The digital era revolutionized day-to-day working life. Today it is impossible to imagine administrative workflows functioning without computers or the capabilities of digital processing and communication.

New demands in production resulted in far-reaching changes, too: automation required employees to have specialist skills in mechanics, electronics and control engineering. The same was true in research and development: complex tasks in automobile design called for more and more staff with specialized qualifications.

Digitization brings about change through numerous small-scale innovations, and ultimately these developments influence the role of the human being in production, too: in future, people will act as shapers and enablers of processes even more so than they do today as the world of work undergoes progressive modernization. The reduction of physically strenuous activity is certainly an improvement in view of demographic change, too.

Digitization – innovations in production
The BMW Group has a state-of-the-art production network and is actively involved in 'Industry 4.0' research projects. While increasing digitization changes our lives and our world of work, the company makes use of it to relieve staff in production as well as increasing the process efficiency and enhancing the quality of automobiles and motorcycles. From the BMW Group's perspective, Industry 4.0 means providing the best possible support for employees as shapers of production and making effective use of new technologies. As a result, intelligent man–robot systems can bring about tangible improvements to ergonomically unfavourable work processes. Automation is an especially effective support for staff where highly repetitive activities are involved that require considerable physical exertion. Robots that help production workers and relieve them of heavy manual labour will be a salient feature in factories of the future. Collaborative robots have provided relief for staff on BMW assembly lines ever since 2013, helping to ensure the very highest level of manufacturing quality. In the area of door assembly, man and robot work side by side as a team without a protective fence in between. Where employees once carried out the attachment process manually using a hand roller, machines with rolling heads on a robotic arm now perform this arduous task, which requires enormous precision.

»Industrie 4.0«: Zusammenarbeit zwischen Mensch und Roboter im BMW Group Werk Regensburg / 'Industry 4.0': collaboration between humans and robots in the BMW Group Regensburg plant, 2014

gung zur Hand gehen und ihnen schwere körperliche Arbeiten abnehmen, werden die Fabrik der Zukunft prägen. Bereits seit 2013 entlasten kollaborative Roboter die Mitarbeiter am Montageband und sichern höchste Fertigungsqualität. In der Türmontage arbeiten Mensch und Roboter Seite an Seite – ohne Schutzzaun – im Team. Wo früher Mitarbeiter den Fixierprozess manuell mit einem Handroller ausführten, übernehmen Automaten mit Rollköpfen am Roboterarm diese Kräfte zehrende Arbeit, die präzise ausgeführt werden muss. Im Gegensatz zu den bekannten großen Karosserie- oder Lackrobotern, die hinter Gittern arbeiten, brauchen die Leichtbauroboter keine Absperrungen. Sie agieren mit geringer Geschwindigkeit in einem definierten Umfeld und stoppen bei einem Hindernis sensorgesteuert.

Die digitale Technik erlaubt unter anderem auch die Digitalisierung ganzer Fabrikanlagen. Mit Hilfe von 3D-Scannern und hochauflösenden Kameras können Produktionshallen virtuell vermessen werden. So hat das digitale Erfassen realer Strukturen einer Fertigung in 3D-Daten erhebliche Vorteile. Vorhandene Strukturen lassen sich so einfacher und schneller auf neue Anforderungen oder die Integration neuer Maschinen und Fahrzeugmodelle anpassen. Neue Software-Programme unterstützen die komplexen Planungs- und Steuerungsprozesse, indem sie mehr Transparenz bei der Versorgung der Werke mit Bauteilen bieten. Sie garantieren den optimalen Fluss aller benötigten Teile und informieren darüber, welches Teil für welches Fahrzeug sich wann und wo in welchem Fertigungszustand befindet.

Additive Fertigung
Schon seit 1989 nutzt die BMW Group, zunächst im Konzeptfahrzeugbau, additive Fertigungsverfahren wie das selektive Lasersintern, die Stereolithografie, den Polyjetdruck oder das Strahlschmelzen von Metallen. Das »Rapid Technologies Center« im Münchener Forschungs- und Innovationszentrum (FIZ) stellt heute im Laufe eines Jahres ungefähr 100 000 Bauteile bereit. Das Spektrum reicht vom kleinen Kunststoffhalter über Designmuster bis hin zu Fahrwerkskomponenten für die Funktionserprobung. Je nach Verfahren und Bauteilgröße stehen die Bauteile schon nach wenigen Tagen zur Verfügung. Für die Zukunft sieht die BMW Group ein großes Potenzial im Serieneinsatz und für neue Kundenangebote.

Die BMW Group international. Mitarbeiter weltweit
Die BMW Group ist ein international erfolgreich tätiger Konzern. Er beobachtet die weltweiten Automobilmärkte fortlaufend nach Wachstumschancen und verfolgt da-

Unlike the familiar large-scale body and paintshop robots which operate behind protective grids, lightweight construction robots do not need to be cordoned off. They operate at low speeds within a defined area and are sensor-controlled, which means they stop automatically if they come up against an obstacle.

Computer technology also allows the digitization of entire factories. 3D scanners and high-resolution cameras can be used to virtually survey production halls. The digital capture of real-life manufacturing structures in 3D data offers great advantages. It means that existing facilities can be adapted more simply and more quickly to new requirements, facilitating the integration of new machines and car models. New software programmes support the complex planning and control processes by ensuring greater transparency in the supply of components to plants. They guarantee an optimum flow of all parts required as well as providing information on the precise current status and whereabouts of each part for each vehicle.

Additive manufacturing
The BMW Group has made use of additive manufacturing techniques since 1989, initially for building concept vehicles: these include selective laser sintering, stereolithography, PolyJet printing and selective laser melting of metals. The 'Rapid Technologies Center' at the Research and Innovation Center (FIZ) in Munich currently produces some 100,000 components in the course of a year. The spectrum ranges from small plastic holders and design samples to chassis components for functional testing. The components are often ready within a few days, depending on the technique used and the size of the component. The BMW Group sees great potential in such technologies for future use in serial production and for new customer offers.

The BMW Group internationally. Employees worldwide
The BMW Group operates successfully on an international scale. It constantly observes the worldwide automotive markets to identify growth opportunities and pursues the goal of being the most successful supplier of premium automobiles in

Links / Left
Endmontage BMW i3 im BMW Group Werk Leipzig / BMW i3 final assembly in the BMW Group Leipzig plant, 2015

21

Mitarbeiter im BMW Group Werk
Spartanburg/USA / Employee in the BMW Group
Spartanburg plant, USA, 2011

bei das Ziel, in jedem relevanten Markt der erfolgreichste Anbieter von Premium-Automobilen zu sein. Denn Wachstum kennt bekanntlich keine geografischen Grenzen. Auch begeistern sich Kunden in aller Welt für Fahrzeuge der Marken BMW, BMW Motorrad, MINI und Rolls-Royce. Das Unternehmen betreibt derzeit 30 Produktions- und Montagestätten in 14 Ländern sowie ein globales Vertriebsnetzwerk mit weltweit 42 Vertriebsstandorten sowie Vertretungen in 140 Ländern. Auch die unternehmenseigenen Forschungs- und Entwicklungsbereiche sind bereits international aufgestellt – so zum Beispiel in den USA, in Österreich, China und Japan. Weltweit vertreten sind ebenfalls die Finanzdienstleistungen der BMW Group.

Seit mehr als 40 Jahren ist die Globalisierung ein wichtiger Teil der Unternehmensstrategie. Bereits 1972 konnte in Rosslyn/Südafrika das erste Auslandswerk eröffnet werden. Von historischer Bedeutung war der Entschluss 1992, in den USA ein eigenes Produktionswerk zu errichten, das heute zu den erfolgreichsten und profitabelsten zählt. Neben Europa und Amerika ist die BMW Group inzwischen auch in den asiatischen Wachstumsmärkten präsent, so zum Beispiel mit dem Werk Shenyang im Nordosten Chinas, in dem seit 2004 BMW-Automobile vom Band laufen.

Die Belegschaft der BMW Group ist von kultureller Vielfalt geprägt: An den deutschen Standorten arbeiten Mitarbeiter aus über 110 Ländern der Erde zusammen, allein im Stammwerk in München trifft man auf mehr als 60 Nationen. Von den insgesamt rund 122 000 Mitarbeitern sind mehr als 30 000 außerhalb Deutschlands beschäftigt. Als global aktives und zukunftsgerichtetes Unternehmen setzt die BMW Group auf eine vielfältige Belegschaft. Denn die Vielfalt stärkt die Innovationskraft und die Wettbewerbsfähigkeit. Die richtige Mischung hilft, besser zu reflektieren und klüger zu entscheiden.

Erklärtes Ziel weltweit ist daher die Förderung personeller Vielfalt im Unternehmen: Einzigartigkeit und Unterschiede der Mitarbeiter stellen einen wichtigen Wert dar. Die BMW Group setzt bei ihrer Personalpolitik unter anderem auf eine gute Altersmischung, eine interkulturelle Belegschaft und eine angemessene Vertretung von Frauen in Führungspositionen.

Nachhaltigkeit und Verantwortung
Die BMW Group hat den Anspruch, das nachhaltigste Unternehmen der Automobilindustrie zu sein. Der Begriff Nachhaltigkeit umfasst heute mehr als den Fokus auf ökologische Komponenten wie den verantwortungsbewussten Umgang mit

each relevant market. After all, growth knows no geographical limits, and the brands BMW, BMW Motorrad, MINI and Rolls-Royce are popular among customers all over the world. The company currently operates 30 production and assembly facilities in 14 countries as well as a global sales network comprising 42 sales subsidiaries worldwide and branch offices in 140 countries. The BMW Group's research and development operations are also conducted internationally, with centres in such countries as the USA, Austria, China and Japan. The BMW Group's financial services are represented worldwide, too.

Globalization has been a key element in the company's strategy for more than 40 years. The first foreign plant was opened in Rosslyn, South Africa as long ago as 1972. The company's decision to set up its own plant in the USA in 1992 was a momentous step: today this plant is one of the company's most successful and most profitable production facilities. In addition to Europe and America, the BMW Group is now also present in the Asian growth markets with a plant in Shenyang in north-eastern China, for example, where BMW automobiles have been coming off the production line since 2004.

The BMW Group workforce is culturally diverse, too: at the company's German sites employees come from more than 110 countries, with more than 60 nations represented at the main plant in Munich. Of a total of some 122,000 staff, more than 30,000 are employed outside Germany.

As a globally active and future-oriented company, the BMW Group cultivates diversity among its staff: this is because diversity enhances innovative strength and competitiveness. The right mixture results in a broader outlook and smarter decisions.

For this reason, the company's stated aim is to promote diversity in its workforce: the unique qualities of individual employees and the differences between them are a key asset. In its human resources policy, the BMW Group aims to achieve a sound balance of ages and intercultural backgrounds as well as appropriate representation of women in leading positions.

Sustainability and responsibility
The BMW Group aspires to be the most sustainable company in the automotive industry.

Today the term 'sustainability' encompasses more than just a focus on ecological aspects such as using resources responsibly and avoiding emissions. A

Ressourcen oder die Vermeidung von Emissionen. Eine Entwicklung kann erst dann als nachhaltig bewertet werden, wenn sie »den Bedürfnissen der heutigen Generation entspricht, ohne die Möglichkeiten künftiger Generationen zu gefährden, ihre eigenen Bedürfnisse zu befriedigen und ihren Lebensstil zu wählen« (Brundtland-Bericht). Die BMW Group kann zahlreiche Belege für ihr umfassendes Engagement im Bereich Nachhaltigkeit vorweisen.

Die Auswirkungen auf Natur und Umwelt zu reduzieren, hat in diesem Unternehmen Tradition. Die BMW Group verfolgt den Anspruch, den Ressourcenverbrauch zu senken, Emissionen zu reduzieren, Abfall zu vermeiden und eine ökologisch bewusste Standortwahl zu betreiben. Das Unternehmen berücksichtigt Umweltaspekte in allen Prozessen, Produkten und Dienstleistungen. Die Produktionsprozesse werden entsprechend der Clean Production Philosophie gestaltet. Hierbei sollen die Umweltauswirkungen und der Ressourcenverbrauch so gering wie möglich gehalten werden. Zum nachhaltigen Engagement der BMW Group zählen traditionsgemäß aber auch soziale Aspekte, Mitarbeiterorientierung und gesellschaftliche Beteiligung. Die Mitarbeiter sieht das Unternehmen als Grundlage für den Erfolg der BMW Group. Gleichzeitig versteht sich das Unternehmen als Corporate Citizen, der einen Beitrag zur Lösung gesellschaftlicher Herausforderungen leistet.

Mit dem dauerhaften Einsatz im Bereich Nachhaltigkeit schafft die BMW Group nicht nur einen Mehrwert für Umwelt und Gesellschaft, sondern auch für das Unternehmen selbst. Nachhaltiges Wirtschaften schafft bessere Rahmenbedingungen für Geschäftserfolge. Es senkt Kosten, generiert zusätzliche Gewinne und hat damit positive Auswirkungen auf Umsatz und Ertrag.

development can only be deemed sustainable if it 'meets the needs of the present without compromising the ability of future generations to meet their own needs' (Brundtland Report). The BMW Group's commitment to the principles of sustainability is demonstrated in numerous ways.

The company has a tradition of reducing its impact on nature and the environment. The BMW Group aims to diminish the use of resources, reduce emissions, avoid waste and select its production sites in the light of ecological considerations, taking account of environmental aspects in all its processes, products and services. Production processes are designed in line with the philosophy of Clean Production, whereby environmental impact and the use of resources are kept to an absolute minimum. But the BMW Group's commitment to sustainability has traditionally included social aspects, staff orientation and social engagement, too, and the company regards its employees as the foundation of its success. At the same time the BMW Group sees itself as a corporate citizen, helping to tackle the challenges that confront society at large.

With its ongoing commitment in the area of sustainability, the BMW Group creates added value not just for the environment and society but also for itself. After all, sustainable management enhances commercial success. It reduces costs and generates additional profits, thereby impacting positively on turnover and revenue.

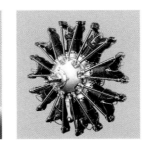

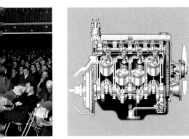

100

BMW Group

Meisterstücke
Masterpieces

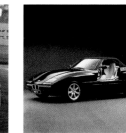

Werbemotiv für BMW Motoren / Advertisement for BMW Engines, 1917

Markenzeichen der Rapp-
Motorenwerke GmbH /
Trademark of the Rapp-
Motorenwerke GmbH, 1913

Österreichische Marinesoldaten in der Produktionshalle der
Rapp-Motorenwerke in München / Austrian marine soldiers in the
production hall of the Rapp-Motorenwerke in Munich, 1916

**Am 7. März 1916 wurde die Bayerische Flug-
zeugwerke AG gegründet. Es ist das offizielle
Gründungsdatum der heutigen BMW AG, der
Geburtstag eines Unternehmens, das 2016
sein 100-jähriges Bestehen feiert.**

Zwei parallele historische Entwicklungen haben zu
diesem Ereignis vor 100 Jahren geführt: Da ist
zunächst das Jahr 1913, in dem der Ingenieur Karl
Rapp und der Kaufmann Julius Auspitzer im Norden
Münchens die Rapp-Motorenwerke GmbH gründeten.
In der Fabrik an der Schleißheimer Straße entstanden
»Motoren aller Art, insbesondere Explosionsmotoren
für Flugzeuge und Kraftfahrzeuge«. Mit dem Ausbruch
des Ersten Weltkriegs im August 1914 erhöhte sich
die Nachfrage an Flugmotoren – auch das Militär von
Österreich-Ungarn benötigte Aggregate für seine
Marineflieger und bezog Rapp-Motoren aus München.
Da diese jedoch erhebliche Qualitätsmängel auf-
wiesen, beauftragten die Österreicher das junge
Unternehmen, Motoren der Austro-Daimler-Werke in
Lizenz zu produzieren. Um die Qualität sicherzustellen,
entsandten die Auftraggeber eine Kommission unter
der Leitung von Franz Josef Popp, der als versierter
Maschinenbau- und Elektroingenieur die Aufstiegs-
chance wahrnahm und schon nach kurzer Zeit in die
Geschäftsleitung der Rapp-Motorenwerke wechselte.
Das Münchener Unternehmen zog weitere gute Mitarbeiter an, so den Ingenieur Max Friz, der mit zu-
kunftsweisenden Ideen eine technisch überragende
Grundkonstruktion für einen »Höhenmotor« für Flug-

zeuge konstruierte. Doch fürchtete das Unternehmen,
dass der schlechte Ruf der Rapp-Werke einem Erfolg
des »Höhenmotors« im Wege stehen würde. Also entschloss sich die Leitung zu einem Namenswechsel –
ein geschickter Schachzug: Die Rapp-Motorenwerke
benannten sich am 27. Juli 1917 um in die Bayerische
Motoren Werke GmbH. Im Oktober bekam sie ein
blau-weißes Markenzeichen, das noch heute in aller
Welt als besonderes Gütesiegel gilt.

Um finanzielle Mittel für den Ausbau einer neuen,
größeren Werksanlage zu erhalten, wurde die GmbH
im August 1918 in eine Aktiengesellschaft umgewandelt.

Die Bayerischen Motoren Werke erwiesen sich
zwar in den letzten Kriegsmonaten als ein sehr erfolgreicher Produzent von Flugmotoren, doch mangelte
es dem jungen Unternehmen an einem zweiten Stand-
bein, das auch in Friedenszeiten Wachstum versprach.
Mit dem Ende des Ersten Weltkriegs verfügten die
Siegermächte im Versailler Friedensvertrag von 1919,
dass Deutschland fortan weder eigene Luftstreitkräfte
besitzen noch Flugzeuge und Flugmotoren bauen
durfte. Das klang nach dem sicheren Aus für das Münchener Werk. Dem Generaldirektor Franz Josef Popp
gelang der Coup, mit der Knorr-Bremse AG, die ebenfalls in München ansässig war, einen Lizenzvertrag für
die Produktion von Eisenbahnbremsen abzuschließen
– die rund 1200 Mitarbeiter atmeten auf!

Doch sollten sie sich zu früh freuen, denn eine
bedeutende Rolle spielte nun Camillo Castiglioni,
ein österreichischer Spekulant und Finanzier mit

Produktionshalle der Gustav Otto Flugmaschinenwerke an der Lerchenauer Straße, München / Production hall of the Gustav Otto Flugmaschinenwerke in Lerchenauer Strasse, Munich, 1914

Logo der Bayerischen Flugzeugwerke AG München / Logo of the Bayerische Flugzeugwerke AG, Munich, 1916

Luftbild der Bayerischen Flugzeugwerke an der Lerchenauer Straße (heutiges BMW Group Werk München). Im Hintergrund das ursprüngliche BMW Werk an der Moosacher Straße (heute BMW Group Classic) / Aerial photo of the Bayerische Flugzeugwerke in Lerchenauer Strasse (BMW Group Munich plant today). In the background: the original BMW plant in Moosacher Strasse (BMW Group Classic today), 1920

italienischen Wurzeln, der das gesamte Aktienkapital der BMW AG besaß. Da er nicht mehr an deren Erfolg glaubte, verkaufte er kurzerhand seine Anteile an die Knorr-Bremse AG. Das hinderte ihn jedoch nicht daran, in den Nachkriegsjahren die Geschicke von BMW im Auge zu behalten.

Hier folgen wir dem zweiten Strang der Gründungsgeschichte: Camillo Castiglioni hielt ebenso Anteile an der Gustav-Otto-Flugmaschinenfabrik, die seit 1911 Flugzeuge herstellte, jedoch unrentabel arbeitete. Aus diesem Grund drängte das Bayerische Kriegsministerium auf eine Neugründung – aus der Fabrik Ottos entstand die Bayerische Flugzeugwerke AG, ins Handelsregister eingetragen am 7. März 1916.

Schon 1922 sah Castiglioni erhöhte Chancen für deutsche Firmen, wieder Flugmotoren fertigen zu dürfen. Also kaufte er der Knorr-Bremse AG den Motorenbau mitsamt allen Produktionsanlagen und Zeichnungen wieder ab. Auch die Mitarbeiter wollte er übernehmen. Vor allem legte er Wert auf die Übernahme der Firmenbezeichnung Bayerische Motoren Werke mitsamt dem blau-weißen Markenzeichen. Dieses Unternehmen verband er mit den damals glücklosen Bayerischen Flugzeugwerken (BFW). Außerdem trieb er eine folgenreiche Umfirmierung voran: Die BFW hießen von nun an Bayerische Motoren Werke. Mit den neuen Namen erhielt die »neue BMW AG« auch das damals schon bekannte blau-weiße Logo als Markenzeichen. Das offizielle Gründungsdatum der Bayerischen Motoren Werke blieb der 7. März 1916.

Bayerische Flugzeugwerke AG (Bavarian Aircraft Works) was founded on 7 March 1916. This is the official foundation date of what is now BMW AG, which celebrates its centenary in 2016.

Two parallel historical developments led to the foundation of the company: firstly, the engineer Karl Rapp and the entrepreneur Julius Auspitzer established Rapp Motorenwerke GmbH in the north of Munich in 1913. The factory on Schleißheimer Straße produced 'engines of all kinds, in particular internal combustion engines for aircraft and motor vehicles'. When the First World War broke out in August 1914, demand for aircraft engines increased and the Austro-Hungarian military ordered engines from Rapp in Munich to power its naval aeroplanes. The Rapp products were hampered by considerable quality defects, however, so the Austrians had the young company produce engines under licence to Austro-Daimler instead. For quality assurance purposes, the clients sent a commission under the direction of Franz Josef Popp, a skilled mechanical and electrical engineer. Seeing an opportunity for advancement, the latter soon joined the management of Rapp-Motorenwerke. The Munich-based company continued to attract well-qualified staff such as engineer Max Friz, whose pioneering ideas culminated in a blueprint for a technologically ingenious high-altitude aircraft engine. Fearing that Rapp's poor reputation would thwart the success of the high-altitude engine, the management made a

clever move and decided to change the company's name: on 27 July 1917, Rapp-Motorenwerke was renamed Bayerische Motoren Werke GmbH (Bavarian Motor Works). In October it adopted the blue-and-white trademark that is regarded today as a symbol of outstanding quality all over the world.

In order to raise funds for a new, larger production facility, the limited company was converted into a joint-stock corporation in August 1918.

Bayerische Motoren Werke proved a highly successful manufacturer of aircraft engines during the last months of the war, but the young company lacked a second foothold which would promise growth during peacetime, too. After the end of the First World War, the victorious powers signed the Treaty of Versailles in 1919 which banned Germany from maintaining its own air force and from building both aircraft and aircraft engines. The Munich-based company appeared to be doomed to closure, but managing director Franz Josef Popp managed to secure a contract to produce railway brakes under licence to Knorr-Bremse AG – a coup that brought a huge sigh of relief to the 1,200 employees.

Their problems were not over, however, because an Austrian speculator and financier with Italian roots by the name of Camillo Castiglioni held the entire equity of BMW AG. Since he did not believe the company would be successful, he sold his shares to Knorr-Bremse AG without further ado. However, he continued to keep an eye on the development of the Bayerische Motoren Werke during the post-war years.

Here we take a step back in history as this is where the second strand of the story comes in: Camillo Castiglioni also held shares in the Gustav-Otto-Flugmaschinenfabrik, a manufacturer of aircraft since 1911 which was operating unprofitably. Thus the Bavarian Ministry of War pushed for a new company to be established: the Gustav-Otto factory became Bayerische Flugzeugwerke AG, and was entered in the commercial registry on 7 March 1916.

As early as 1922 Castiglioni saw increased opportunities for German companies to manufacture aircraft engines again, so he purchased the entire engine construction division of Knorr-Bremse AG, complete with all production facilities and drawings, and he wanted to keep on the staff, too. But he was especially keen to take over the company's name Bayerische Motoren Werke, including the blue-and-white trademark. He merged this company with Bayerische Flugzeugwerke AG (BFW), which was unsuccessful at the time. Castiglioni also pushed for a momentous name change: BFW now bore the title Bayerische Motoren Werke. Along with its new name, the 'new BMW AG' adopted the already familiar blue-and-white symbol as its logo. The official founding date of Bayerische Motoren Werke remained 7 March 1916.

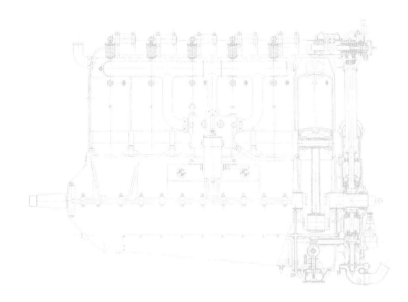

Der Flugmotor BMW IIIa, dessen Bezeichnung »III« auf eine bestimmte Leistungsklasse hinweist, ist das erste Produkt der Bayerischen Motoren Werke. Der aus sechs Zylindern bestehende Reihenmotor wurde in den Jahren 1917 bis 1926 gebaut. Er verfügt über 19 Liter Hubraum und zählt zu den frühen Höhepunkten der Motorentechnik.

Der Motor ist in seiner Konzeption außergewöhnlich. In Kombination mit einem speziellen Vergaser konnte er bis zu einer Höhe von 2000 Metern eine konstante Leistung von 185 PS erbringen. Er war damit der leistungsstärkste Höhenmotor seiner Zeit.

Bis zum Ersten Weltkrieg waren Flugmotoren vor allem auf eine hohe Startleistung ausgelegt, da beim Beschleunigen in der Regel die höchste Kraft aufgewendet wird. In den Luftkämpfen kam es aber zunehmend darauf an, auch in großen Höhen auf ausreichende Leistungsreserven zurückgreifen zu können. Da mit zunehmender Höhe der absolute Sauerstoffanteil pro Kubikmeter Luft abnimmt, verloren die Motoren beim Steigflug kontinuierlich an Leistung. Die Technologie, den Motor mit Hilfe eines Kompressors oder Turboladers aufzuladen, steckte damals noch in den Anfängen.

Der junge Ingenieur Max Friz fand eine ebenso einfache wie erfolgreiche Lösung, den Leistungsabfall bei zunehmender Flughöhe zu vermeiden: Er konzipierte den Motor als »überdimensioniert und überverdichtet«. Der BMW IIIa wurde damit schon vom Grundlayout auf große Höhe ausgelegt. Im bodennahen Einsatz musste er eher gedrosselt werden, um ihn nicht zu überlasten. Außerdem entwickelte Friz einen Höhenvergaser, bei dem der Pilot das Mischungsverhältnis von Luft und Benzin manuell verändern konnte. Erstmals im Flugmotorenbau wurden Aluminiumkolben verwendet. Das junge Unternehmen begründete damit seine Kompetenz im Guss von Leichtmetallen – ein Verfahren, das noch heute BMW kennzeichnet.

Der Flugmotor hielt, was seine Konstruktion auf dem Papier versprach: Im Kriegseinsatz erwies er sich auf Seiten der Mittelmächte als bester Flugmotor. BMW nahm damit eine Spitzenposition im deutschen Motorenbau ein. Kaum zu übersehen: Den Flugmotor IIIa ziert bereits das noch heute gültige blau-weiße BMW-Markenzeichen.

The aircraft engine BMW IIIa – the 'III' in the designation refers to a particular output class – is the first product ever to be manufactured by the Bayerische Motoren Werke. The 6-cylinder in-line engine was built between 1917 and 1926. It has a capacity of 19 litres and is regarded as one of the early highlights in the development of engine technology.

The engine is unusual in its construction design. In conjunction with a special carburettor, it was able to deliver a constant output of 185 hp up to an altitude of 2,000 m, making it the most powerful aviation engine of its day.

Up until the First World War, aircraft engines were mainly geared towards high take-off performance since maximum power was generally required for acceleration. As time went on, however, it became more and more important to be able to draw on sufficient power reserves in aerial combat at high altitudes, too. Since absolute oxygen content per cubic metre of air decreases as altitude increases, the engines continuously lost power when climbing. At this point in time, the technology of supercharging an engine by means of a compressor or turbocharger was still in its infancy.

The young engineer Max Friz hit upon a simple yet effective solution to prevent the loss of power at increasing flight altitudes: he designed the engine to be 'over-sized and over-compressed'. So the underlying conception of the BMW IIIa was geared towards high altitudes, while flying near the ground it had to be throttled back to avoid overload. Friz also developed a high-altitude carburettor that allowed the pilot to manually adjust the air/fuel mixture ratio. Aluminium pistons were used for the first time in aircraft engine manufacture. The young company thus established its expertise in light alloy casting – a hallmark BMW process to this day.

The BMW IIIa delivered what its design promised on paper and proved to be the best aircraft engine in combat on the side of the Central Powers. As a result, BMW moved to the forefront of German engine manufacture. One striking feature: the IIIa engine already bears the BMW trademark that remains in use even to this day.

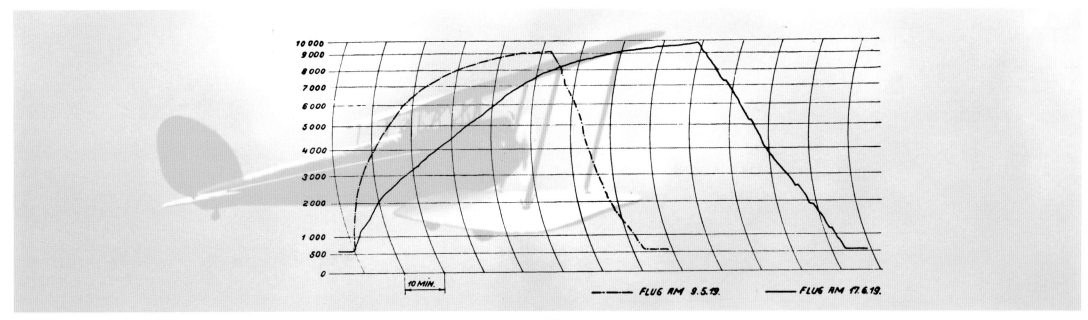

Barogramm des Rekordfluges von Franz Zeno Diemer am 17. Juni 1919 / Barogram of the record flight by Franz Zeno Diemer on 17 June 1919

1919 erreichte ein Pilot erstmals die Flughöhe von 9760 Metern. Dabei konnte er sich auf die Zuverlässigkeit und das große Leistungsvermögen des BMW Flugmotors IV verlassen. Auch wenn diesem Rekordflug die offizielle Anerkennung durch die FAI (Fédération Aéronautique Internationale) versagt blieb, die internationale Aufmerksamkeit war ihm sicher. Und BMW brachte mit diesem Coup sein Leistungsvermögen zum Ausdruck. Jahre später sollte sich das tollkühne Abenteuer als die beste Werbung für den Neustart des Unternehmens erweisen.

Erst 1917, in der Schlussphase des Ersten Weltkriegs, war der Flugmotor BMW IIIa zum Einsatz gekommen. Mit seinem Erfolg konnte sich das junge Unternehmen an die Spitze der deutschen Luftfahrtindustrie setzen. Nach dem Kriegsende unterzeichnete Deutschland am 28. Juni 1919 den von den Siegermächten vorgelegten Versailler Vertrag, der den Besitz eigener Luftstreitkräfte sowie die Produktion von Flugzeugen und Flugmotoren verbot.

Die Unternehmensleitung ließ sich aber nicht entmutigen und versuchte gemeinsam mit den Deutschen Flugzeugwerken und dem Piloten Franz Zeno Diemer den absoluten Höhenrekord für Flugzeuge zu erringen. Dieser Testflug war damals eine große Herausforderung für Mensch und Material: Der Pilot musste während des Fluges gegen Temperaturen von bis zu minus 50 Grad ankämpfen. Da der absolute Sauerstoffgehalt der Luft in großer Höhe kontinuierlich abnimmt, stand er unter hoher körperlicher Belastung. Auch die Motorenentwickler standen vor Problemen: Um den Leistungsabfall in großen Höhen abzufangen, wurde der Flugmotor von vornherein für große Höhen ausgelegt. Für den Rekordversuch überarbeiteten die Konstrukteure das Aggregat. Der BMW IV unterschied sich vom BMW IIIa durch eine Vergrößerung von Bohrung und Hub um jeweils zehn Millimeter, ein Eingriff, der die Leistung von 185 auf 230 PS steigerte. Nach mehrwöchigen Vorbereitungen startete Diemer am 17. Juni 1919 mit einem DFW F37/III Zweidecker. Innerhalb von nur 89 Minuten stieg das Flugzeug bis auf 9760 Meter, eine Höhe, die bis zu diesem Zeitpunkt noch kein Mensch je erreicht hatte.

In 1919 a pilot reached a flight altitude of 9,760 m for the first time. In doing so he was able to count on the reliability and enormous performance capacity of the BMW aircraft engine IV. Even though this record flight was not officially recognized by the FAI (Fédération Aéronautique Internationale), it certainly attracted international attention – and allowed BMW to showcase its own capabilities. Years later this daring venture proved to be excellent advertising when the company staged its comeback.

The BMW IIIa aircraft engine was not put to use until 1917, in the closing stages of the First World War. But its success enabled the young company to establish a leading position within the German aviation industry. On 28 June 1919, after the war ended, Germany was forced to sign the Treaty of Versailles imposed by the victorious powers: this banned the country from having its own air force and prohibited production of aeroplanes and aircraft engines.

The BMW management were not discouraged, however, and in collaboration with aircraft builder DFW and pilot Franz Zeno Diemer, an attempt was made to set the absolute aircraft altitude record. At the time this test flight posed an enormous challenge to both man and machine. The pilot had to endure temperatures as low as minus 50 degrees during the flight, and since the absolute oxygen content of the air drops continuously at high altitudes, he was under extreme physical strain. The engine developers faced problems, too: they designed the aircraft engine in such a way as to compensate for the power loss at high altitudes. It was also adapted for the record attempt: the BMW IV differed from the BMW IIIa in that its bore and stroke were each enlarged by 10 mm – thereby increasing output from 185 to 230 hp. After several weeks of preparation, Diemer took off in a DFW F37/III on 17 June 1919. In just 89 minutes the plane climbed to 9,760 m – an altitude that nobody had ever reached in an aircraft before.

Mit dem BMW Motor M 2 B 15, auch bekannt als Bayern-Kleinmotor, legten die Bayerischen Motoren Werke 1920 den Grundstein für eine zweite Produktlinie, die 1923 im ersten eigenständigen BMW-Motorrad R 32 ihren Ausdruck fand. Durch das Verbot, Flugmotoren zu produzieren, war dem jungen Unternehmen das gesamte Geschäftsfeld weggebrochen. Mit dem raschen Wechsel zur Herstellung von Motorradmotoren bewies BMW erstmals Flexibilität und die Zielstrebigkeit, sich in neuen Märkten zu behaupten.

Mit dem Ende des Ersten Weltkriegs waren Flugzeugmotoren durch den Versailler Vertrag verboten. Allerdings hatte sich das Unternehmen in wenigen Jahren einen guten Ruf als Motorenhersteller erarbeitet. Da lag der Gedanke nahe, Motoren für den zivilen Einsatz, für Traktoren, Lastkraftwagen, Busse, Boote oder den stationären Einsatz anzubieten. Da die wirtschaftliche Lage in den ersten Jahren nach dem Krieg angespannt war, stieg der Bedarf an Maschinen, die vor allem wartungsarm, leicht zu bedienen und sparsam

waren. Aus dem erfolgreichen Flugzeugmotor IIIa leitete BMW verschiedene große Motoren ab und verkaufte sie unter dem Namen Bayern-Motoren. Als deren wirtschaftlicher Erfolg aber ausblieb, entwickelte BMW einen Stationär- und Einbaumotor.

Bei der Entwicklung dieses kleinen Motors – offiziell Bayern-Kleinmotor genannt – entschied man sich für das Konzept des luftgekühlten Boxers, den man mit 500 ccm und 6,5 PS Leistung eher konservativ auslegte. Ab 1920 wurde dieser Antrieb an zahlreiche Motorradhersteller in ganz Deutschland ausgeliefert, so an Victoria, Helios, Bison, SMW, Corona oder Hoco. Für die Konstruktion eines Boxermotors hatte sich der damals verantwortliche BMW-Konstrukteur Martin Stolle ausgesprochen. Der gute Absatz dieses Motortyps sollte ihm Recht geben. Kein Wunder, dass auch das erste BMW-Motorrad, die BMW R 32, mit einer Weiterentwicklung dieses Motors bestückt wurde. Während aber die Konkurrenz ihn konventionell mit längs liegenden Zylindern verbaute, lagen die Zylinder bei der BMW R 32 quer zur Fahrtrichtung im kühlen Fahrtwind. Bis heute ist der Boxermotor der charakteristische Antrieb der BMW Motorräder.

Also known as the Bayern-Kleinmotor (Bavaria Small Engine), the BMW engine M 2 B 15 laid the foundations for a second product line in 1920: the R 23, the first independently manufactured BMW motorcycle which went into production in 1923. The ban on aircraft engines had robbed the young company of an entire business segment. With its rapid shift to the production of motorcycle engines, for the first time BMW demonstrated flexibility and the determination to assert itself in new markets.

After the First World War the manufacture of aircraft engines was banned by the Treaty of Versailles. However, the company had established a sound reputation as an engine manufacturer within just a few years. So it was therefore an obvious choice to market engines for civilian use – in tractors, lorries, buses, boats and stationary applications, for example. The economic situation in the early post-war years was strained, and there was a growing need for machines that were maintenance-friendly, easy to operate and economical. BMW derived various large power units from the IIIa

aircraft engine and sold them under the name Bayern-Motoren (Bavaria Engines). Since these failed to bring the desired economic success, the company then developed a stationary integrated engine.

In developing this small engine, as it was officially known, BMW opted for the concept of the air-cooled boxer, designed conservatively with a capacity of 500 cc and an output of 6.5 hp. From 1920 onwards this engine was supplied to numerous motorcycle manufacturers throughout Germany including Victoria, Helios, Bison, SMW, Corona and Hoco. Martin Stolle, chief BMW designer at the time, was responsible for choosing to develop a boxer-type engine, and healthy sales were to prove him right. So it was no surprise that the first BMW motorcycle, the R 32, was fitted with a more advanced version of this same power unit. But while the competition mounted it conventionally with the cylinders positioned horizontally, the cylinders in the BMW R 32 were placed transversely to the direction of travel, benefiting from the cool airstream. The boxer remains the characteristic engine of BMW motorcycles to this day.

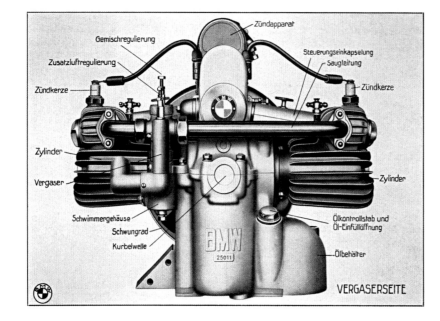

Ausbildung einer BMW Berufsschulklasse / Training of a BMW vocational college class, 1939

Auszubildende der BMW AG / BMW AG trainee, 2015

Die Bayerischen Motoren Werke tragen Verantwortung für ihre rund 122 000 Mitarbeiter weltweit. Dabei spielt die betriebsinterne Förderung in Form einer Aus- und Weiterbildung eine entscheidende Rolle. Sie erweitert und sichert die Zukunftsperspektive und Entwicklungsmöglichkeit jedes Einzelnen und steigert nachhaltig die Effizienz des Unternehmens.

Mit der erfolgreichen Produktion des Bayern-Kleinmotors sowie der Lizenzfertigung von Eisenbahnbremsen ab 1920 suchte BMW mit Nachdruck nach Facharbeitern. Hierfür begannen die Bayerischen Motoren Werke 1921 mit dem Aufbau einer firmeneigenen Berufsausbildung. Ziel war es, ausreichend qualifizierte Facharbeiter für die Produktion zur Verfügung zu haben. Bei einer Belegschaft von etwa 1800 Arbeitern beschäftigte das Unternehmen bereits 200 Lehrlinge in einer eigenen Werksschule. Auch Mitarbeiter, die nicht im Werk ansässig waren, erhielten Weiterbildungen. Anfang 1930 wurde im BMW-Automobilwerk in Eisenach die Muster-Reparaturwerkstatt eröffnet, in der technische Aus- und Weiterbildungen für die Mitarbeiter der Handelsbetriebe und Werkstätten angeboten wurden. Dieses Konzept der Lehrwerkstätten wurde in Folge auch auf die anderen BMW-Standorte ausgedehnt. 1940 begann BMW, ein zentrales Personalwesen aufzubauen, das zwei Jahre später eingerichtet werden konnte und fortan standortübergreifend alle Belange des Personals leitete. Auch die Aus- und Weiterbildung der Mitarbeiter wird nun durch diese Zentralstelle koordiniert.

Heute unterhält die BMW Group weltweit an vielen Werks- und Vertriebsstandorten eigene Berufsausbildungen und ist bestrebt, qualifizierten Nachwuchs zu gewinnen. So befinden sich derzeit rund 4600 Nachwuchskräfte in Ausbildungen und Nachwuchsförderprogrammen (Stand Ende 2015).

Zukünftig wird der Bedarf an Fachkräften im Unternehmen steigen. Themen wie die digitale Vernetzung oder die Elektrifizierung des Antriebs stellen BMW vor große Herausforderungen und machen geschultes Personal zum wichtigsten Garanten für Erfolg. Um auch in Zukunft wettbewerbsfähig zu sein, unterstützt das Unternehmen konsequent den Gedanken des lebenslangen Lernens.

The Bayerische Motoren Werke is responsible for a workforce of some 122,000 staff worldwide. In-house support in the form of initial training and professional development has a key role to play in this context. It extends and secures the future prospects and development opportunities of each individual, as well as increasing the company's efficiency on a lasting basis.

When BMW successfully produced the Bayern-Kleinmotor (Bavaria Small Engine) and manufactured railway brakes under licence from 1920 onwards, it was in urgent need of skilled specialists. In response to this, an in-house apprenticeship scheme was initiated in 1921. The aim was to recruit sufficiently qualified employees to work in production. With a workforce of some 1,800, the company already had 200 apprentices training at its own in-house education facility. Staff who were not based at the plant were provided with further training, too. At the beginning of 1930 a demonstration repair garage was set up at the BMW automobile plant in Eisenach in which initial and further training was provided for the staff of dealerships and garages. This concept of apprentice garages was later extended to other BMW sites. In 1940 BMW began to establish a centralized personnel system: this was finalized two years later and handled personnel issues across all sites. Initial and further training of staff was also coordinated through this central office. Today the BMW Group has its own apprenticeship programmes at many of its plants and sales subsidiaries worldwide, and constantly endeavours to attract well-qualified individuals.

Currently are 4,600 young people are doing apprenticeships and graduate trainee programmes (Status: end of 2015).

The company has now extended its dual apprenticeship programme to the national plants and subsidiaries as well as eight international sites. Demand for specialist qualifications in the company will continue to increase in the future. Areas such as digital connectivity and electric drive pose enormous challenges for BMW, and well-trained staff are the most important guarantee of success. The company consistently supports the idea of life-long learning in order to remain competitive in the future.

Produktion der BMW R 32 im Werk München / Production of the BMW R 32 in the Munich plant, 1924

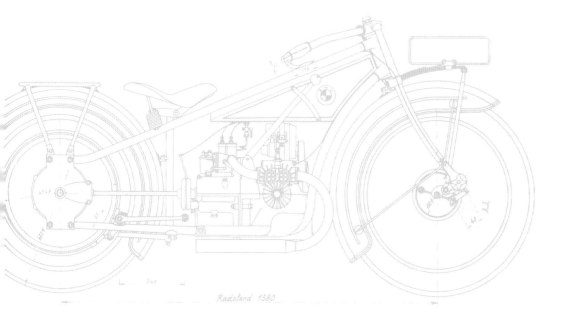

Die Bayerischen Motoren Werke waren als Flugmotorenhersteller etabliert, als sie 1923 mit der R 32 ihr erstes Motorrad vorstellten. Die für Flugmotoren bestehenden hohen Qualitätsstandards wurden auf den Motorradbau übertragen. Deshalb galten BMW-Motorräder vom ersten Modell an als zuverlässig und wartungsfreundlich. Die BMW R 32 markiert den Beginn einer Erfolgsgeschichte auf zwei Rädern, die bis heute anhält.

Hatte BMW bereits ab 1920 mit der Produktion eines kleinen Motorradmotors begonnen, wurden 1923 die Weichen für eine Neuausrichtung gestellt: Während die auf dem Markt angebotenen motorisierten Zweiräder ihre Verwandtschaft zum Fahrrad nicht verleugnen konnten, entwickelte Chef-Konstrukteur Max Friz ein von Grund auf eigenständiges Fahrzeug. Auf der Deutschen Automobilausstellung in Berlin wurde 1923 mit der BMW R 32 ein Motorrad vorgestellt, bei dem hochwertige und ungewöhnliche Detaillösungen zu einer harmonischen Einheit verschmolzen. Bereits diese erste BMW besaß einen Boxermotor mit quer zur Fahrtrichtung liegenden Zylindern sowie einer Welle, die die Kraft auf das Hinterrad übertrug. Im Vergleich zu den sonst üblichen Ketten oder Riemen war der Wellenantrieb wartungsfreundlicher. Das Fahrwerk bestand aus einem Doppelrohrrahmen mit vorderer Kurzschwinge. Optisch beeindruckte das Motorrad durch seine dezente schwarze Farbgebung. Tank und Kotflügel waren zudem mit weißen Linien konturiert und verliehen dem Fahrzeug besondere Eleganz.

Der mit nur 8,5 PS sehr niedrig ausgelegte Motor erreichte angesichts der meist unbefestigten Straßen eine erstaunliche Höchstgeschwindigkeit von 95 km/h und versprach das Maß an Zuverlässigkeit, das man von einem Produkt der Marke BMW erwartete. Die Qualität hatte allerdings ihren Preis: Mit 2200 Reichsmark – ohne Licht, Tachometer und Soziussitz – war die R 32 deutschlandweit das teuerste Motorrad.

Das aber minderte keineswegs ihren Erfolg, denn sie kam genau zum richtigen Zeitpunkt auf den Markt. Mit der Überwindung der Hyperinflation begann 1923 der wirtschaftliche Aufschwung auch im Deutschen Reich und mit ihm die Motorisierung. Ein Motorrad wie die BMW R 32 begeisterte zwar das breite Publikum, war aber zu dieser Zeit nur für Wenige erschwinglich.

The Bayerische Motoren Werke was established as a manufacturer of aircraft engines when in 1923 it presented its first motorcycle – the R 32. The high-quality standards that had been applied to aircraft engines were now introduced to motorcycle manufacture. This was why BMW motorcycles were regarded as reliable and maintenance-friendly from the first model onwards. The BMW R 32 marks the beginning of a success story on two wheels that continues to this day.

BMW started production of a small motorcycle engine as early as 1920 but a new course was set in 1923: while the motorized two-wheelers available on the market could barely hide their kinship with the bicycle, head designer Max Friz developed a completely distinctive vehicle altogether. A motorcycle that offered a harmonious combination of exceptional, high-quality details, the BMW R 32 was launched at the Berlin Motor Show in 1923. Even this very first BMW was fitted with a boxer engine with cylinders arranged transversely to the direction of travel and a shaft that transmitted the power to the rear wheel. This shaft drive was more maintenance-friendly than the chains or belts commonly used. The suspension consisted of a twin tubular frame with a short swinging arm. The motorcycle was visually impressive with its discreet black finish, while contoured white lines on the fuel tank and mudguards gave it a distinct elegance.

The engine had a very low output of just 8.5 hp, but despite the fact that roads were generally unsurfaced at the time, it still reached a top speed of 95 km/h as well as promising the kind of reliability people had come to expect of a BMW-brand product. This quality came with a price tag, however: at 2,200 Reichsmarks – without light, speedometer or passenger seat – the R 32 was the most expensive motorcycle in Germany.

This did nothing to diminish its success, however, as it went on the market at exactly the right time. Once hyperinflation had been overcome, the German Reich began to see an economic upturn in 1923 that increased the pace of motorization. A motorcycle such as the BMW R32 certainly enthralled the public at large but at the time it would only have been affordable by the very few.

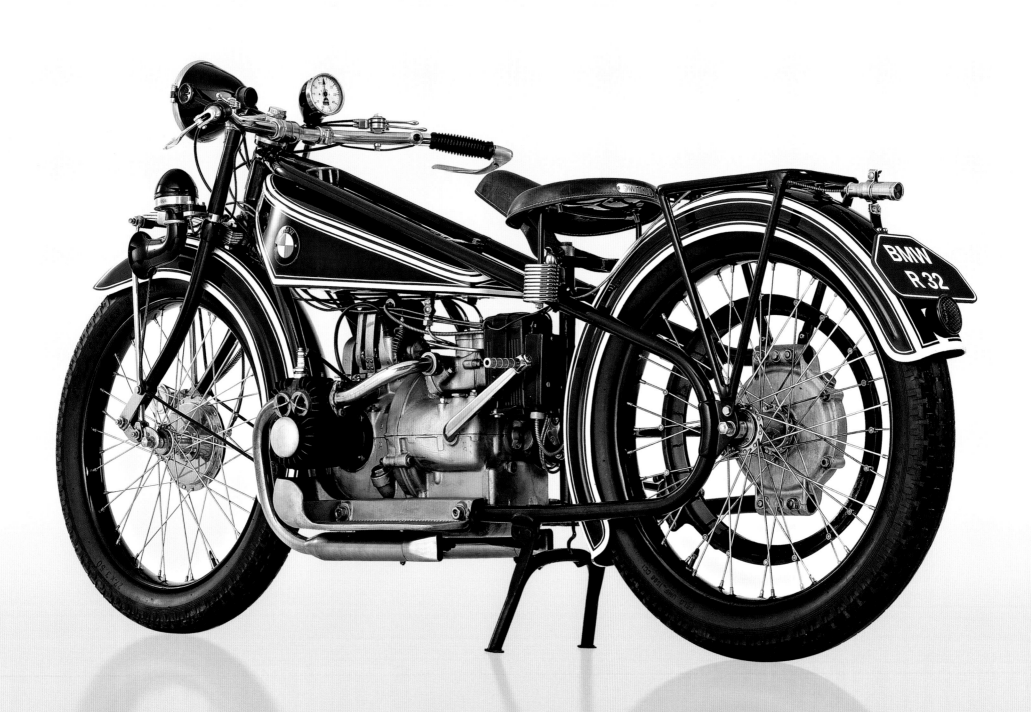

Mit der BMW R 37 präsentierten die Bayerischen Motoren Werke ein Motorrad, das für den harten Sporteinsatz geeignet war und die Dynamik der Marke betonte. Die Motorleistung konnte gegenüber dem Tourenmodell R 32 verdoppelt werden und garantierte BMW einen erfolgreichen Start im Motorradrennsport. Beachtliche Erfolge bei nationalen und internationalen Rennen machten erstmals die Fachpresse auf das Münchener Unternehmen aufmerksam.

Mit der R 32 war BMW der eigenständige Auftritt in der Welt des Motorrads gelungen. Zwar überzeugte dieses Motorrad durch seine Zuverlässigkeit, doch konnte man mit einer Motorleistung von 8,5 PS kaum sportliche Lorbeeren erringen. Also machten sich die BMW-Ingenieure, allen voran der junge Ingenieur und Rennfahrer Rudolf Schleicher, daran, das bestehende Modell zu überarbeiten. Dabei übernahmen sie das Fahrwerk, jedoch unterschied sich der Motor weitgehend. Die seitengescheuerten Ventile wurden durch hängende ersetzt. Dafür wurde der gesamte Zylinderkopf umgestaltet. Für die R 37 konstruierte Schleicher den weltweit ersten Leichtmetall-Zylinderkopf. Die Veränderungen zahlten sich aus, denn mit 16 PS konnte die Motorleistung fast verdoppelt werden. Erste Motorsporterfolge ließen nicht lange auf sich warten: Im Frühjahr 1924 fuhr Schleicher den Sieg für BMW an der Mittenwalder Steige ein. Auch beim Rennen auf der Solitude in Stuttgart startete BMW mit drei Prototypen der R 37 und errang drei Klassensiege. Gekrönt wurde die Rennsportbilanz 1924 durch den Gewinn der Deutschen Meisterschaft durch Franz Bieber auf einer BMW 37. Sportliche Erfolge wie diese waren gute Verkaufsargumente und förderten den Absatz. Zum Jahresende 1924 präsentierte BMW auf der Berliner Automobilausstellung die Serienversion – mit 2900 RM die teuerste deutsche Maschine auf dem Markt. Entsprechend gering war die Produktion von nur 152 Exemplaren.

In 1924 the Bayerische Motoren Werke launched the BMW R 37, a motorcycle designed to be used in tough racing conditions that emphasized the brand's dynamic performance. Engine output was doubled by comparison with the touring model, the R 32, thereby guaranteeing BMW a successful start to motorcycle racing. As a motorcycle brand still in its infancy, the remarkable achievements of BMW in both national and international races were excellent advertising.

The R 32 marked the successful entry of BMW into the world of motorcycles. The model offered impressive reliability, but its engine output of 8.5 hp was not sufficient to gain much racing prestige. So the BMW developers set about adapting the existing model, in particular a young engineer and racing rider named Rudolf Schleicher. In doing so they left the chassis as it was and focused their efforts on the engine. For the R 37, Schleicher designed the world's first ever light alloy cylinder head. Here the valves were arranged in an overhead position – the R 32 had been fitted with vertical valves. The changes paid off: it was now possible to almost double output to 16 hp. And motorracing success was not long in coming: Schleicher himself won the victory for BMW in the Mittenwalder Steige Hill Climb Race in spring 1924. BMW also entered three R 37 prototypes in the Solitude in Stuttgart and came away with three class victories. The crowning achievement was Franz Bieber's German Championship win on a BMW R 37 in 1924. Racing feats such as these were excellent selling points and did much to boost sales. BMW presented the mass-production version of the model at the Berlin Motor show at the end of 1924 – it was the most expensive motorcycle on the German market at a price of 2,900 Reichsmarks. As a result, only 152 were produced.

Flugmotoren – Motorräder – Bootsmotoren
Bayerische Motoren Werke

Werbemotiv / Advertisement, 1925

Rennfahrer Bruno Oehms mit seiner BMW R 37 /
Racer Bruno Oehms with his BMW R 37, 1925

BMW R 37 beim Start zum Schleizer
Dreieck-Rennen / BMW R 37 at the start
of the Schleizer Triangle Race, 1926

BMW 3/15 PS DA 2 Sport-Kabriolett / Sports Convertible, 1931

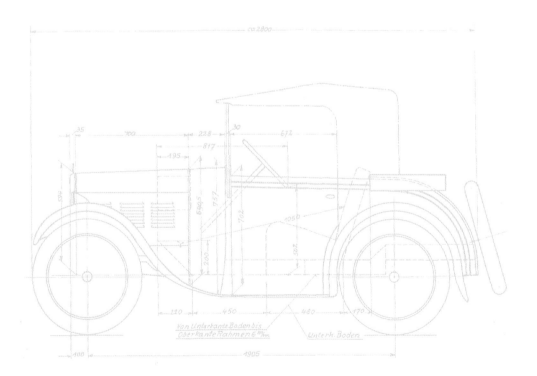

Mit dem Kauf der Fahrzeugfabrik Eisenach AG stiegen die Bayerischen Motoren Werke 1928 in die Automobilproduktion ein. Die Übernahme brachte BMW nicht nur die Werksanlagen und einen gut ausgebildeten Mitarbeiterstamm, sondern auch die Lizenz für die Produktion und den Vertrieb eines englischen Kleinwagens. Dieser war auf die Anforderungen der modernen Serienfertigung hin konzipiert und somit günstig herzustellen.

Die Fahrzeugfabrik Eisenach AG – gegründet Ende des 19. Jahrhunderts und Hersteller der Dixi-Automobile – war während der Inflation in finanzielle Schwierigkeiten geraten. Mit dem Dixi 3/15 PS, einem Lizenzbau des erfolgreichen britischen Austin Seven, wollte man ab 1927 den Erhalt der Fabrik sichern, doch konnte seine Einführung in den Markt im Jahr 1927 das Unternehmen nicht mehr sanieren. 1928 übernahmen die Bayerischen Motoren Werke die Fabrik für 1 Million RM und bauten den kleinen Dixi bis Mitte des Folgejahres weiter. Unter der neuen Ägide wurde jedoch eine Anzahl an technischen Verbesserungen vorgenommen, was dazu führte, dass der Wagen ab März 1929 als BMW 3/15 PS DA2 angeboten wurde. Neu war die Ausführung der Karosserie in Ganzstahl, die AMBI-Budd aus Berlin-Johannisthal lieferte. Auch war die Karosserie geräumiger als die des Vorgängers – worauf der legendäre Werbeslogan »innen größer als außen« eigens hinwies.

Ab der ersten Bestellung konnten die Kunden zwischen mehreren Karosserievarianten wählen. Die offenen Modelle wurden weiterhin im Werk in Eisenach produziert, wo man die klassische Leichtbauweise fortsetzte und beim Karosseriebau Eschenholz und Kunstleder verwendete. Der Motor verfügte über einen Hubraum von 750 ccm, ein Umfang, der drei sogenannten Steuer PS entsprach. Die 15 PS Leistung reichten für eine Spitzengeschwindigkeit von 75 km/h. Schon 1929 entschloss sich BMW zum Einstieg in den automobilen Motorsport und entschied mit diesem Modell sogleich die internationale Alpenfahrt für sich. Die drei BMW 3/15 PS DA2, mit denen das Werksteam angetreten war, konnten in fünf »Prüfungen für serienmäßig hergestellte Tourenwagen« ihre Zuverlässigkeit und Wendigkeit unter Beweis stellen.

Bis 1932 konnte BMW immerhin fast 16 000 Einheiten seines ersten Automobils verkaufen.

The Bayerische Motoren Werke started producing automobiles in 1928 after buying up the Eisenach AG car factory. This acquisition gave BMW not only plant facilities and a well-trained workforce but also the licence to produce and market a small British car. The latter had been designed to meet the requirements of modern mass production so it was inexpensive to manufacture.

Founded at the end of the 19th century and maker of the Dixi automobiles, the Eisenach AG car factory had fallen into financial difficulties due to the huge inflation rates of the 1920s. The intention had been to save the plant by manufacturing the successful British model Austin Seven under licence as the Dixi 3/15 PS, but when the car was launched on the market in 1927 it failed to give the company the necessary boost. The Bayerische Motoren Werke bought up the factory for one million Reichsmarks in 1928 and continued to build the little Dixi until halfway through the following year. A range of technical improvements was made under the new management, however, and the car was marketed as the BMW 3/15 PS DA2 from March 1929. A new feature was the solid steel body supplied by Ambi Budd, based in Berlin-Johannisthal. The body was also more spacious than in the predecessor model, giving rise to the legendary advertising slogan 'bigger inside than outside'.

When they placed their order, customers were given a choice of several different body variants. The open-top models continued to be produced at the Eisenach plant, where classic lightweight construction was applied with ash wood and artificial leather used for the bodywork. The engine had a capacity of 750 cc, giving a so-called taxable horsepower of three. The output of 15 hp was sufficient to enable a top speed of 75 km/h. BMW opted to go into motor racing as early as 1929 and this model even won the International Alpine Rally at its first attempt. The three BMW 3/15 PS DA2 driven by a factory team demonstrated their reliability and agility on five 'tests for mass-produced touring cars'.

By 1932 BMW had sold almost 16,000 units of its first automobile.

Verladung fertiger BMW 3/15 im Werk Eisenach / Loading assembled BMW 3/15 in the Eisenach plant, 1929

Insgesamt sieben absolute Geschwindigkeits-weltrekorde stellte der BMW-Werksfahrer Ernst Jakob Henne mit einem BMW-Motorrad auf. Den ersten errang er 1929, seine letzte Rekordfahrt unternahm er 1937. Damals erreichte er mit einer vollverkleideten Maschine mit 279,503 km/h eine Bestmarke, die 14 Jahre lang, bis 1951, nicht zu überbieten war. Die Wirkung seiner Weltrekordfahrten auf das sportliche und innovative Image der Marke BMW war enorm.

Mit Beginn der Motorradproduktion 1923 engagierte sich BMW auch im Motorradsport. Schon ein Jahr später gewann die Marke die Deutsche Meisterschaft. Jeder Erfolg, jeder Sieg verschaffte BMW als Neuling im Motorradmarkt einen willkommenen Anlass, für seine Motorräder zu werben. Hunderte von Fabriken existierten bereits – allein in Deutschland belief sich die Zahl auf fast 400. Schnell musste sich das Münchener Unternehmen daher einer breiten Öffentlichkeit bekannt machen. Medien wie Radio und Fernsehen waren noch kaum verbreitet, und das Angebot an Fachpresse war gering. Wollte ein Kunde objektiv zwischen Modellen verschiedener Hersteller vergleichen, blieben ihm oft nur die Ergebnisse der Rennwochenenden. Um sich mit ihren qualitativ hochwertigen Motorrädern hervorzuheben, strebte die Marke BMW daher mit dem absoluten Geschwindigkeitsrekord eine weltweit anerkannte Bestmarke an. Hierzu war das Reglement für alle Beteiligten bindend und auf der ganzen Welt gültig.

Eine treibende Kraft hinter diesem Vorhaben war Ernst Jakob Henne, gelernter Kraftfahrzeugmechaniker und seit 1926 Werksfahrer der Bayerischen Motoren Werke. Am 19. September 1929 startete er auf der Ingolstädter Landstraße seinen ersten Weltrekordversuch, bei dem ihm eine modifizierte Kompressor-Rennmaschine zur Verfügung stand. Laut den Bestimmungen musste die Strecke von einem Kilometer oder einer Meile mit fliegendem Start in beiden Richtungen durchfahren werden. Anschließend wurde der Durchschnitt beider Fahrten ermittelt. Mit 216,75 km/h überbot Henne den alten Rekord um rund 9 km/h. Fortan schmückte der Slogan: »Das schnellste Motorrad der Welt« zahlreiche BMW-Plakate und -Prospekte. In den folgenden acht Jahren gelang es Henne und BMW, den Rekord stetig zu verbessern und im Duell mit britischen und italienischen Fahrern und Fabrikaten zu verteidigen.

BMW factory rider Ernst Jakob Henne set a total of seven absolute speed records on a BMW motorcycle. His first record-breaking run took place in 1929, the last in 1937. On the latter occasion he reached a top speed of 279.503 km/h on a fully faired machine – a record that was not to be broken until 14 years later in 1951. Henne's world records had an enormous impact on the sporty, innovative image of BMW brand.

When BMW started producing motorcycles in 1923 it began to get involved in racing, too. Just one year later the brand won the German Championship. Since BMW was a newcomer to the motorcycle market, every achievement and every victory provided a welcome opportunity for the company to promote its motorcycles. There were hundreds of manufacturers in existence at the time – almost 400 in Germany alone – so the Munich-based company quickly had to make itself known to a broad public. Media such as radio and television were not very widespread at the time, and there were very few specialist magazines. If customers wanted an objective comparison between the models of different manufacturers, they often had to rely on the results of the weekend races. So in its effort to establish a distinct profile with its high-quality motorcycles, BMW brand endeavoured to create an internationally recognized benchmark by setting the absolute speed record. The rules that applied here were binding for everyone involved all over the world.

Ernst Jakob Henne was a driving force behind this project: he was a trained motor vehicle mechanic and had been a factory rider for Bayerische Motoren Werke since 1926. He embarked on his first world record attempt on the Ingolstädter Landstrasse on 19 September 1929 riding a modified compressor racing machine. According to the regulations the distance of one kilometre or one mile had to be covered twice, once in each direction with a flying start on both occasions. The average speed of the two runs was then calculated. Henne reached a speed of 216.75 km/h, about 9 km/h faster than the existing record. From then on the slogan, 'The fastest motorcycle in the world' appeared on numerous BMW posters and brochures. In the following eight years, Henne and BMW managed to improve on the record constantly, defending it against riders and makes from Britain and Italy.

Ernst Jakob Henne beim Start der Rekordfahrt am 28. November 1937 auf der Autobahn bei Frankfurt, bei der er die Bestmarke von 279,503 km/h erreichte / Ernst Jakob Henne starting off on his record-breaking ride on the motorway near Frankfurt on 28 November 1937 where he achieved the record speed of 279.503 km/h

Werbeplakat / Advertising poster, 1929

Ernst Jakob Henne auf einer Rekordfahrt in der Nähe von Wien / Ernst Jakob Henne on his record ride near Vienna, 1931

Der BMW VI, ein wassergekühlter Flugmotor, wurde Anfang der 1920er Jahre entwickelt. Dieser erste Zwölfzylinder des Unternehmens wurde bei zahlreichen Pionier- und Rekordflügen eingesetzt und hatte großen Anteil am Entstehen der zivilen Luftfahrt in Deutschland. Bis zur Produktionseinstellung 1939 wurden etwa 6000 Motoren des Typs BMW VI hergestellt.

Nach der teilweisen Revision des Versailler Vertrags im Jahr 1922 stieg BMW wieder in den Flugzeugmotorenbau ein. Der erste Auftrag 1923 umfasste 100 BMW IIIa-Motoren für die Junkers Flugzeugwerke. Im gleichen Jahr begann das Unternehmen, einen Zwölfzylindermotor zu entwickeln, und stieß damit auf das Interesse der militärischen Stellen. 1924 erteilte diese einen offiziellen Entwicklungsauftrag. Grundprinzip der Konstruktion war die Verdoppelung des Sechszylindermotors BMW IV, die beiden Zylinderreihen standen im 60-Grad-V-Winkel zueinander. Zwei Jahre später, im Jahr 1926, absolvierte der erste V12-Flugmotor von BMW erfolgreich seine Musterprüfung. Der BMW VI gehörte mit 46,9 Litern Hubraum und einer Spitzenleistung von 700 PS zu den leistungsstärksten Aggregaten seiner Zeit.

Der BMW VI bot hohe Leistung bei geringem Verbrauch und war überaus zuverlässig, weshalb er sich bei der Motorisierung für Flugrekorde und Pionierleistungen als ideal erwies – so unter anderem für die erstmalige Atlantiküberquerung in einem Flugboot von Ost nach West. Die am Bodensee ansässigen Dornier-Werke hatten dieses Flugboot mit offener Pilotenkanzel zuvor bereits bei einer Polarexpedition unter der Leitung von Roald Amundsen eingesetzt. Bei dem spektakulären Versuch der Atlantiküberquerung hatte sich der renommierte Pilot Wolfgang von Gronau für BMW VI-Motoren entschieden. Am 18. August 1930 startete er den Transatlantikflug in Warnemünde. Über Island und Grönland ging es Richtung New York, wo er nach einer Flugzeit von 47 Stunden landete bzw. »vor Anker ging«. Auch der amerikanische Präsident war beeindruckt: Er lud Wolfgang von Gronau zur Audienz ins Weiße Haus ein.

The BMW VI, a water-cooled aircraft engine, was developed in the early 1920s. The company's first 12-cylinder engine was used for numerous pioneering and record flights and had a major role to play in the development of civil aviation in Germany. Some 6,000 Type VI engines were manufactured until production was discontinued in 1939.

BMW started manufacturing aircraft engines again after the Treaty of Versailles was partially revised in 1922. The first order was received in in 1923: 100 BMW IIIa engines for the aircraft builder Junkers. In the same year the company started work on developing a 12-cylinder engine which attracted the interest of the military, and an official development contract was issued in 1924. The underlying design principle was to double the BMW IV 6-cylinder engine, with the two cylinder banks positioned at a 60-degree V angle to one another. The first BMW V12 aircraft engine passed inspection in 1926. With a capacity of 46.9 litres and a peak output of 700 hp, the BMW VI was one of the most powerful engines of its time.

Its combination of high power, low fuel consumption and reliability made it the ideal engine for flight records and pioneering aviation achievements – one example being the first ever east-to-west Atlantic crossing in a flying boat. Aircraft manufacturer Dornier based at Lake Constance had previously used this same open-cockpit flying boat on a Polar expedition led by Roald Amundsen. When it came to the spectacular Atlantic crossing attempt, it was the acclaimed pilot Wolfgang von Gronau who opted for BMW VI engines. He set out on his transatlantic flight from Warnemünde on 18 August 1930. His route took him via Iceland and Greenland to New York, where he landed – or 'dropped anchor' – after a flying time of 47 hours. The American President was suitably impressed and von Gronau was invited for an audience at the White House.

Fliegt in die Bäder

Werbeplakat der Luft Hansa AG für Flüge zu den Kurbädern an Nord- und Ostsee mit Dornier Wal / Luft Hansa AG poster advertising flights on the Dornier Wal to spa resorts on the North and Baltic Seas, 1926

BMW VI mit drei Monteuren / BMW VI with three mechanics, 1926

Dornier Wal von Wolfgang von Gronau nach der »Landung« in New York / Wolfgang von Gronau's Dornier Wal after 'landing' in New York, 1930

BMW 303 Limousine, Zeichnung von Herbert Schlenzig /
BMW 303 saloon, drawing by Herbert Schlenzig, 1960

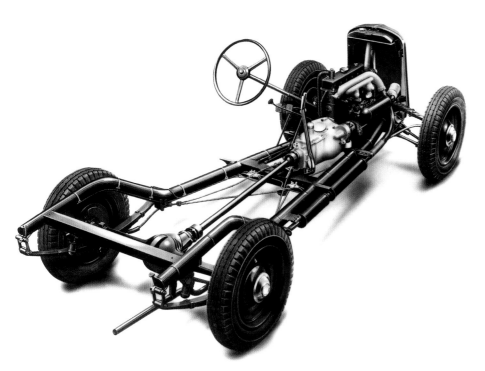

BMW 303 Fahrgestell / chassis, 1933

Der BMW 303 ist Urvater der langen Tradition von BMW-Fahrzeugen mit Sechszylindermotoren. Ein neu konstruiertes Rohrrahmen-Chassis machte aus dem BMW 303 einen sogenannten Leichtwagen. Damit war er das erste BMW-Automobil, bei dem die Konstrukteure einen innovativen Leichtbau konsequent umsetzten. Für die Marke BMW bedeutend ist auch der Kühlergrill in Form der charakteristischen »BMW Niere«, der man hier erstmals begegnet und die sich bis heute als eines der Designmerkmale gehalten hat.

Nach dem Bau von Flugzeugmotoren und Motorrädern waren die Bayerischen Motoren Werke im Jahr 1928 in die Produktion von Automobilen eingestiegen und hatten sich selbst in den wirtschaftlich schwierigen Folgejahren auf dem Markt behaupten können. Luxuslimousinen waren seit der Wirtschaftskrise 1929 kaum mehr gefragt und wurden ersetzt durch kleinere Wagen, die sich in den höheren Kreisen der Gesellschaft durchaus als salonfähig erwiesen – vorausgesetzt, sie verfügten über genug Tempo, Eleganz und Prestige. Daher entschied das Unternehmen 1931, sich nicht auf die Klasse der typischen Kleinwagen zu beschränken, sondern ein technisch anspruchsvolles Modell mit einem kleinen Sechszylindermotor zu entwickeln. Im Februar 1933 präsentierte BMW anlässlich der Berliner Automobilausstellung den neuen Typ 303.

Das Fachpublikum war von den Laufeigenschaften des Reihen-Sechszylindermotors beeindruckt. Das Fahrgestell wurde völlig neu konstruiert, wobei die Ingenieure um Chefkonstrukteur Fritz Fiedler auf das Leichtbauprinzip setzten und einen einfachen, leichten Doppelrohrrahmen mit unterschiedlichen Querschnitten entwickelten. Mit Bedacht wählten sie das richtige Material für die richtige Stelle und wendeten torsions- und biegesteife Strukturen an, welche die bisherigen schweren U-Profilrahmen überflüssig machten. Dieses Konzept sollte alle folgenden BMW-Automobile zu den fahrsichersten und schnellsten Wagen der Dreißigerjahre machen.

Auch bei der Gestaltung der Karosserie ging BMW neue Wege: Der BMW 303 verfügte über einen geräumigen Aufbau sowie über eine auffällige Kühlerverkleidung. Der große Lufteinlass an der Front wurde in zwei Felder getrennt, die an nebeneinander liegende Nieren erinnern. Dieser sogenannte Nierenkühler wurde zum markanten Erkennungszeichen nahezu aller nachfolgenden BMW-Automobile.

The BMW 303 is the godfather of the long-standing tradition of BMW vehicles with 6-cylinder engines. A newly conceived tubular frame chassis made the BMW 303 a so-called 'light car' – the first ever BMW automobile where designers consistently applied the principles of innovative lightweight construction. Another key aspect in terms of the BMW brand was the radiator grille in the shape of the hallmark BMW 'kidney': this was featured for the first time on the BMW 303 and remains a characteristic design element to this day.

Having manufactured aircraft engines and motorcycles, the Bayerische Motoren Werke started producing automobiles in 1928 and became successfully established in the market despite the difficult economic situation of subsequent years. After the economic crisis of 1929 luxury saloons were barely in demand: they were being replaced by smaller cars that were deemed respectable in the upper echelons of society, providing they offered sufficient speed, elegance and prestige. For this reason, in 1931 the company took the decision not to focus on the typical small car category of the time but to develop a technologically sophisticated model with a small 6-cylinder engine. BMW launched the new Type 303 at the Berlin Motor Show in February 1933.

Experts were impressed by the running properties of the straight-six engine. The chassis was completely newly designed: head designer Fritz Fiedler and his engineers had opted to apply the lightweight construction principle, developing a simple, light twin tubular frame with varying cross-sections. They took care to select the right material for the right places and used torsionally stiff and bend-proof structures that obviated the need for the heavy U-shaped profile frames previously employed. This concept was to make all subsequent BMW automobiles of the 1930s the safest and fastest cars of their era.

BMW adopted a new approach to body design as well: the BMW 303 had a generously sized superstructure with a conspicuous radiator grille. The large air inlet at the front of the car was divided into separate sections that were suggestive of two adjacent kidneys. This so-called 'kidney grille' became the striking hallmark of virtually all subsequent BMW automobiles.

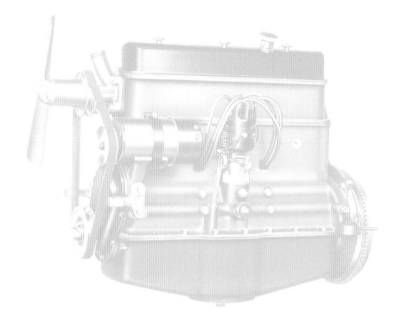

Werbemotiv / Advertisement, 1933

Der Sechszylinder-Reihenmotor ist das Symbol für eine lange und erfolgreiche Kompetenz im BMW-Motorenbau. Seit dem ersten Flugmotor von 1917 hat das Unternehmen die Konzeption dieses Aggregats stets weiterentwickelt. Mit dem Motor M78 schließlich fand der Sechszylinder-Reihenmotor erstmals Einzug in ein BMW-Automobil. Für Jahrzehnte sollte er der zentrale Antrieb aller BMW-Baureihen sein. Ihm ist zu verdanken, dass die Marke BMW bis heute zur absoluten Spitze im Motorenbau zu gehört.

Schon mit den ersten Flugmotoren, die als Sechszylinder-Reihenmotoren gestaltet waren, hatte die Marke BMW hohes Ansehen gewonnen. Als für die Konstruktion eines neuen Automobils ein passender Motor entwickelt werden sollte, legte der Motorenkonstrukteur Max Friz einen Entwurf vor, bei dem die fortschrittlichen Erkenntnisse auch aus dem Flugmotorenbau berücksichtigt wurden. Beste Materialien und damit höchstes Leistungsvermögen hatten jedoch einen hohen Preis zur Folge. Daher kam es zu einem Gegenentwurf des in Eisenach arbeitenden BMW-Kollegen Martin Duckstein, der aus einem einteiligen Graugussblock einen deutlich günstigeren Motor

entwickelte. Generaldirektor Popp zeigte sich jedoch mit beiden Vorschlägen nicht zufrieden und beauftragte Rudolf Schleicher, ein Gutachten zu erstellen. Dieser kombinierte gemeinsam mit Karl Rech die besten Elemente aus beiden Vorschlägen zu einem dritten Entwurf. Das neue Konzept zeichnete sich insbesondere dadurch aus, dass erprobte Konstruktionsprinzipien des hauseigenen Vierzylindermotors zur Anwendung kamen, was den Vorteil bot, bei der Herstellung auf bewährte Produktionsmaschinen zurückgreifen zu können.

Mit dem BMW M 78 wurde der erste Schritt hin zu einem Baukastenprinzip im Motorenbau erfolgreich umgesetzt. Es entstand ein Reihensechszylinder mit hängenden Ventilen, der im günstigen Grauguss ausgeführt wurde. Der Motor, der ab 1933 im BMW 303 verbaut wurde, leistete bei 1,2 Liter Hubraum 30 PS und zeichnete sich ebenso durch hohe Laufruhe wie große Drehfreude aus. Dieser allererste Reihensechszylinder in einem BMW-Automobil wurde in den folgenden Jahren ständig weiterentwickelt. 1936 sorgte er für den sportlichen Antrieb im BMW 328 und hatte entscheidenden Anteil an dessen weltweitem Erfolg. Auch heute ist der Sechszylinder-Reihenmotor, dessen Tradition bis zum M 78 zurückreicht, ein fester Bestandteil im Angebot der BMW-Automobile.

The 6-cylinder in-line engine symbolizes the long-standing and successful expertise demonstrated by BMW in the field of engine manufacture. Ever since producing its very first aircraft engine in 1917 the company consistently advanced the conception of this power unit. The M78 engine was the first straight-six engine to be fitted in a BMW automobile. It was to remain the central drive unit of all BMW Series for decades to come – and it is the reason why BMW brand still remains one of the absolutely top-class engine manufacturers.

BMW brand had already established an excellent reputation with its first aircraft engines designed as in-line 6-cylinder units. When the time came to develop the appropriate engine for a new automobile, engine designer Max Friz put forward a draft which incorporated the progressive insights gathered from aircraft-engine production. Excellent materials and top-class performance capacity were costly, however. An alternative proposal was therefore submitted by Friz's BMW colleague Martin Duckstein, working in Eisenach, who developed a significantly lower-priced engine from a single-section grey cast-iron block. But General Manager Popp was not satisfied with either

of the two suggestions and commissioned Rudolf Schleicher to compile an expert assessment. The latter worked with Karl Rech to create a third proposal that combined the best elements of the two previous suggestions. What was interesting about this new concept was that it applied the tried-and-tested design principles of the company's own 4-cylinder engine, so it offered the advantage of being able to use existing production machines to manufacture the new engine. The BMW M78 thus constitutes the first successful step towards establishing a modular principle in engine manufacture. The result was a straight-six engine with overhead valves made of inexpensive grey cast iron. Installed in the BMW 303 from 1933, the engine had an output of 30 hp with a capacity of 1.2 litres and was very smooth-running and high-revving. This first ever in-line 6-cylinder engine in a BMW automobile underwent consistent further development in the years that followed. In 1936 it supplied dynamic power for the BMW 328 and was a key factor in the latter's international success. With its tradition stretching back to the M78, the straight-6-cylinder engine is still an inherent fixture in the BMW automobile range today.

Seit 1928 beschäftigten sich BMW-Ingenieure mit luftgekühlten Sternmotoren. Ein Lizenzvertrag mit einem amerikanischen Hersteller erlaubte es den Bayerischen Motoren Werken, einen bereits erprobten Flugmotor weiterzuentwickeln und so den Einstieg in diese Technologie zu bekommen. Mit diesem unter der Bezeichnung BMW 132 angebotenen Sternmotor schrieb das Münchener Unternehmen Luftfahrtgeschichte, denn er sorgte für den Antrieb eines der berühmtesten Flugzeuge der Welt, der Junkers Ju 52.

In den Zwanzigerjahren erfreuten sich in Deutschland wassergekühlte Flugmotoren großer Beliebtheit. In den USA und Großbritannien dagegen setzte man zunehmend auf luftgekühlte Sternmotoren, die weniger Gewicht hatten und einen geringeren Wartungsaufwand erforderten. Die Bayerischen Motoren Werke erkannten diese Entwicklung frühzeitig und erwarben 1928 von der Pratt & Whitney Aircraft Company die Lizenz, deren Sternmotoren Hornet und Wasp nachzubauen. Man beschloss, zunächst lediglich den Hornet zu fertigen, der dann als BMW Hornet vertrieben wurde. Der Motor war allerdings wegen geringer Nachfrage zunächst nicht erfolgreich. Das änderte sich erst mit einem Großauftrag des Flugzeugherstellers Junkers. Auf Betreiben der Lufthansa sollte die neue Junkers Ju 52 mit drei luftgekühlten Sternmotoren der Marke BMW ausgestattet werden. Der Lizenzvertrag mit Pratt & Whitney wurde um das verbesserte Modell Hornet S4D2 erneuert und dieses von BMW in vielen Details überarbeitet. 1933 wurde dieser Neunzylinder-Sternmotor unter der Bezeichnung BMW 132 vorgestellt.

Mit der Ju 52 wurden zahlreiche neue Strecken im Passagierverkehr, wie beispielsweise die Verbindung München– Rom, eröffnet. Jedoch konnte bei keinem anderen Einsatz die Leistungskraft und Zuverlässigkeit der BMW 132-Motoren besser unter Beweis gestellt werden als 1937 beim legendären Flug einer Ju 52 über das Pamir-Hochgebirge, auf dem Weg von Berlin nach Shanghai. Die BMW-Sternmotoren überstanden nicht nur den extremen Langstreckenflug, sie meisterten zudem die schroffe Gebirgslandschaft mit ihren bis ca. 8000 Meter hohen Gipfeln.

Von der Qualität der BMW 132-Motoren kann man sich auch heute noch überzeugen: So bietet die Schweizer Ju-Air regelmäßig Touristenflüge mit drei Junkers Ju 52 an.

BMW engineers had been interested in air-cooled radial engines ever since 1928. The company gained access to this technology through a licence contract with an American manufacturer, allowing the Bayerische Motoren Werke to carry out further development work on a tried and tested aircraft engine. BMW made aviation history with this radial engine, which bore the designation BMW 132: it was used to power one of the most famous aircraft in the world – the Junkers Ju 52.

Water-cooled aircraft engines were highly popular in Germany in the 1920s. But in the USA and Great Britain, air-cooled radial engines were increasingly given preference as they were lighter and required less maintenance. The Bayerische Motoren Werke became aware of this development early on and acquired the licence to build the radial engines 'Hornet' and 'Wasp' from the Pratt & Whitney Aircraft Company in 1928. The decision was made to initially produce the 'Hornet' only, marketed as the 'BMW Hornet', but this engine was unsuccessful at first due to a lack of demand. It was not until the aircraft builder Junkers placed a large-scale order that this situation changed. At the instigation of Lufthansa, the new Junkers Ju 52 was to be fitted with three air-cooled radial engines made by BMW. The Pratt & Whitney licence contract was extended to include the improved Hornet S4D2 model, many details of which were subsequently adapted by BMW. This 9-cylinder radial engine was launched under the designation BMW 132 in 1933.

Numerous new commercial flight routes were opened with the Ju 52, such as Munich to Rome. But the sheer power and reliability of the BMW 132 engines was demonstrated most impressively on the legendary flight of a Ju 52 across the Pamir Mountains on its way from Berlin to Shanghai in 1937. The BMW radial engines not only endured the extreme distance, they also overcame the rugged mountain landscape with peaks towering as high as 8,000 m.

It is still possible to gain a first-hand impression of the BMW 132 engines today: the Swiss airline Ju-Air offers regular tourist flights in three Junkers Ju 52.

Junkers Ju 52 mit drei BMW Sternmotoren / Junkers Ju 52 with 3 BMW radial engines, 1930

Werbemotiv / Advertisement, 1938

BMW R 5 bei der Dreigrenzengebirgsfahrt in Ungarn / BMW R 5 at the three-border mountain ride in Hungary, 1936

Im Januar 1936 präsentierten die Bayerischen Motoren Werke in Mailand mit der BMW R 5 ein neu entwickeltes Motorrad. Dieses Modell hatte zahlreiche Komponenten aus dem Rennsport übernommen. Äußerlich auf das technisch Notwendige reduziert, gewann die neue Serie an Sportlichkeit und Dynamik, die man bisher nur von Rennmaschinen kannte. Die BMW R 5 wurde zum Prototyp des sportlichen Motorrads der Dreißigerjahre.

Im Straßenrennsport hatte BMW 1935 auf der AVUS eine komplett neue Werksrennmaschine vorgestellt. Der 500-ccm-Kompressormotor hing in einem neuen Fahrgestell aus verschweißten konischen Ovalrohren, das der Maschine ein dynamisches Aussehen verlieh. Dieses sportliche Design unterschied sich diametral von dem der BMW-Serienmodelle jener Jahre. Diese hatten mit ihren wuchtigen Pressstahlrahmen Ende der Zwanzigerjahre die sogenannte Deutsche Schule des Motorradbaus begründet.

1936 erschien dann mit der R 5 ein neues Serienmodell, das sich völlig von dieser Optik löste und den Werksrennmaschinen zum Verwechseln ähnlich sah. Während man statt eines Kompressormotors ein herkömmliches Vergaseraggregat verbaut hatte, entsprach das Fahrwerk komplett dem der Werksmaschine. Am Vorderrad sorgte eine hydraulisch gedämpfte und in drei Stufen einstellbare Teleskopgabel für beste Bodenhaftung. Das Getriebe wurde erstmals mit dem Fuß statt mit der Hand geschaltet, eine Neuerung, die ebenfalls ihren Weg aus dem Rennsport in die Serie gefunden hatte. Einfache Fußrasten lösten die bisherigen Trittbretter ab, und gebremst wurde nun mit der Fußspitze statt mit dem Absatz.

Die sportliche Optik fand ihre Entsprechung in den Fahrleistungen: Der 500-ccm-Boxermotor – dessen Ventildeckel sich in ihrer Form ebenfalls an der Werksrennmaschine anlehnten – leistete 24 PS. Damit erreichte die R 5 eine Spitzengeschwindigkeit von 135 km/h.

Mit ihrer filigranen Linie, den glatten Flächen und Freiräumen, die dem Betrachter Durchblicke ermöglichten, begründete die BMW R 5 eine neue Designrichtung, die bis Ende der Sechzigerjahre den BMW-Motorradbau prägte.

In January 1936, the Bayerische Motoren Werke launched a newly developed motorcycle in Milan – the BMW R 5. This model incorporated a range of components drawn from motor racing. With its external appearance reduced to the technical essentials, the new series had a sporty, dynamic flair previously only associated with racing machines. The BMW R 5 became the prototype of the sporting motorcycle in the 1930s.

BMW had entered an entirely novel factory racing machine in the 1935 AVUS race. The 500 cc compressor engine was mounted on a new chassis made of welded conic oval tubing, giving the motorcycle a dynamic look. This sporty design was in complete contrast to the mass-production models of the time. With their bulky pressed steel frames, the latter had established what was known as the German School of Motorcycle Construction at the end of the 1920s.

The R 5 then came out in 1936 – a new volume-production model that broke the mould entirely in that it was virtually identical in appearance to the factory racing bikes. The compressor engine had been replaced with a conventional carburettor power unit, but the chassis was exactly the same as that of the factory motorcycle. On the front wheel, a hydraulically damped telescopic fork with three adjustment levels made for excellent road grip. For the first time, the gears were shifted by foot rather than by hand – another innovation that had found its way from motor racing to mass production. Simple footrests replaced the previous running boards, and the brakes were now applied using the toe rather than the heel.

The motorcycle's sporty look was reflected in its performance figures: with a valve cover also shaped like that of the factory racing machine, the 500 cc boxer engine had an output of 24 hp. This enabled the R 5 to achieve a top speed of 135 km/h.

With its filigree lines, smooth surfaces and open, see-through spaces, the BMW R 5 established a new style that was to dominate BMW motorcycle design right through to the end of the 1960s.

Werbeplakat / Advertising poster 1936

Ernst Jakob Henne im ersten Prototyp des BMW 328 beim
Training zum Eifelrennen / Ernst Jakob Henne in the first
BMW 328 prototype while training for the Eifel race, 1936

Ohne großes Aufsehen präsentierten die Bayerischen Motoren Werke 1936 den Roadster BMW 328 der Öffentlichkeit. Niemand konnte damals absehen, dass er der schnellste Serien-sportwagen seiner Klasse und der exklusivste seiner Zeit werden würde. Zwar wurde der leistungsstarke, aerodynamisch und gestalte-risch überzeugende Wagen nur 464-mal gebaut, doch verdankt ihm die Marke BMW hohes An-sehen im Bereich Sportlichkeit und Dynamik.

1936, nur sieben Jahre nach dem Einstieg in den Automobilbau, gelang den Bayerischen Motoren Werken ein echter Meilenstein. Unter Leitung der Kon-strukteure Rudolf Schleicher und Fritz Fiedler war im Zeitraum von knapp einem Jahr und trotz begrenzter finanzieller Mittel ein ausgereifter, zweisitziger Sport-wagen der Extraklasse entstanden. Um die Entwick-lungskosten niedrig zu halten, griff man wie schon bei den Roadstern BMW 319/1 und BMW 315/1 auf das innovative Rohrrahmen-Chassis des BMW 303 zurück. Der 2-Liter-Motor basierte auf dem soliden Sechs-zylinder-Reihenmotor des BMW 326. Ein veränderter Zylinderkopf und weitere Detailinnovationen sorgten für eine Leistung von 80 PS – in der Rennversion sogar von 130 PS.

Der BMW 328 besaß eine nahezu perfekte Strom-linienkarosserie. Auf überflüssige Kanten und frei-stehende Anbauteile wurde verzichtet, integrierte Scheinwerfer und Hinterradabdeckungen optimierten die Aerodynamik. Kombiniert mit der seit 1933 exis-tierenden »BMW Niere« ergab sich ein Erscheinungs-bild, welches das BMW-Design in den Folgejahren bestimmen sollte.

Gleich bei seinem Debüt, dem Eifelrennen auf dem Nürburgring 1936, fuhr Ernst Jakob Henne in einem BMW 328 als Sieger durchs Ziel. Das war eine Sensation, denn bis dahin dominierten die weitaus stärkeren Kompressorwagen den Rennsport. Deren Handikap war allerdings ihr hohes Gewicht. Dank kon-sequenter Leichtbaukonstruktion brachte der BMW 328 nur 780 Kilogramm auf die Waage.

Die 1937 begonnene Serienproduktion musste 1940 nach nur vier Jahren kriegsbedingt eingestellt werden. In diesem Zeitraum verließen 464 BMW 328 das Eisenacher Werk. Etwa die Hälfte dieser Fahr-zeuge hat bis heute überlebt, sie zählen zu den wert-vollsten BMW-Klassikern.

The BMW 328 roadster was presented to the public by the Bayerische Motoren Werke in 1936 without much ado. At the time, nobody could have imagined that it would become one of the fastest serial production sports car in its class and the most exclusive of its era. Even though the production volume of this high-performance car with its impressive aerodynamic design only extended to 464 units, it nonetheless establi-shed the BMW brand's reputation for sporty flair and dynamic performance.

In 1936, just seven years after starting automobile manufacture, the Bayerische Motoren Werke suc-ceeded in producing a real milestone. Under the direc-tion of designers Rudolf Schleicher and Fritz Fiedler, a sophisticated, top-class, two-seater sports car was developed in a period of just under one year, in spite of limited financial resources. In order to keep develop-ment costs low, the innovative tubular-frame chassis of the BMW 303 was used, as was the case with the BMW 319/1 and BMW 315/1 roadsters. The 2-litre engine was based on the sturdy 6-cylinder in-line en-gine of the BMW 326. An altered cylinder head and other detail innovations produced an output of 80 hp – increased to 130 hp in the racing version.

The BMW 328 had an almost perfectly stream-lined body. Superfluous edges and protruding attach-ment parts were avoided entirely, while integrated headlamps and rear wheel covers ensured optimized aerodynamics. In combination with the BMW 'kidney grille', introduced in 1933, a look was created that was to have a formative influence on BMW design in sub-sequent years.

Ernst Jakob Henne was the first to cross the finishing line in a BMW 328 at his debut in the Eifel-rennen on the Nürburgring in 1936. This was a sensa-tion, since motor racing had been dominated by the much more powerful compressor cars up until that time. However, the latter suffered from being heavy. With its consistent lightweight construction, the BMW 328 weighed in at just 780 kg.

Serial production started in 1937 but had to be stopped after just four years in 1940 because of the war. The Eisenach plant turned out 464 BMW 328 during this period. Approximately half of these cars survive to this day: they are among the most valuable BMW classics.

Schon 1938 bauten die Bayerischen Motoren Werke als eines der ersten deutschen Unternehmen ein eigenes Gesundheitswesen auf, das einen Werksarzt beschäftigte. Ferner wurde für die Mitarbeiter ab 1943 ein Erholungsheim auf dem Land errichtet. Aus damals etwa 17000 Mitarbeitern sind heute weltweit rund 122000 geworden. Die Förderung und Aufrechterhaltung der Gesundheit in der Belegschaft ist ein selbstverständlicher Bestandteil der sozialen Verantwortung der BMW Group.

Das Jahr 1936 markierte im Deutschen Reich aufgrund der Rüstungspolitik den Übergang von einer großflächigen Arbeitslosigkeit zum Arbeitskräftemangel, der in der Metallindustrie besonders ausgeprägt war. Da die Höhe der Löhne weitgehend vom Staat reguliert wurde, bemühten sich die Bayerischen Motoren Werke, der Belegschaft andere Vorzüge zu bieten.

So erhielt das Werk in Eisenach 1936 eine Betriebskrankenkasse, die bei niedrigen Beitragssätzen gute Leistungen bot. Die Gesundheitsleistungen wurden auf alle Standorte ausgeweitet. Werksärzte kümmerten sich um die Gesundheit aller Mitarbeiter: Zu ihren Aufgaben zählte die medizinische Notversorgung, Aufklärungsarbeit und Vorsorgeuntersuchung. Dafür wurde in München 1938 eigens ein Gesundheitshaus mit Warte- und Behandlungszimmern, Gymnastikraum und Inhalatorium nebst Dampfbad ausgestattet. Die Einrichtung, die auch über einen eigenen Röntgenapparat verfügte und Massagen, Physiothera-

pie und medizinische Bäder anbot, wurde mustergültig für andere Unternehmen. Auch die Unfallverhütung wurde intensiviert: Sicherheitsbeauftragte machten die Belegschaft auf nachlässige, weil gefährliche Arbeitsweisen aufmerksam. Als kriegsbedingt immer mehr Frauen in den Arbeitsprozess integriert wurden, richtete man 1940 auf dem Werksgelände eine Kinderkrippe ein. Auch bot die Werkskantine verschiedene Diätkosten an.

Nach Kriegsende blieb das gesundheitliche Wohl der Beschäftigten und der Erhalt ihrer Leistungsfähigkeit ein zentrales Interesse des Unternehmens, beständig wurde in die Gesundheitsfürsorge aller Mitarbeiter investiert. Infolge der wachsenden Anforderungen an Führungskräfte im expandierenden Unternehmen wurde im Jahr 1972 ein Programm zur Gesundheitsvorsorge speziell für leitende Angestellte entwickelt, das später auf die Gesamtbelegschaft übertragen wurde. Seit 1990 bildet die BMW-Betriebskrankenkasse den Kern des Gesundheitswesens. Sie bietet einen reichhaltigen Katalog an Maßnahmen zur Gesundheitsförderung aller Beschäftigten des Unternehmens. Ende der Neunzigerjahre zählte die BKK BMW bereits 46000 Mitarbeiter und ihre Familienangehörigen als Kunden.

Auch an den ausländischen Standorten fühlt sich das Unternehmen seiner Belegschaft gegenüber verpflichtet und übernimmt mit diversen Programmen soziale Verantwortung. Die 2001 in Südafrika eingeführte Maßnahme zur Bekämpfung von HIV und AIDS ist nur eines von vielen Beispielen dieses Engagements.

The Bayerische Motoren Werke was one of the first Germany companies to establish its own in-house healthcare system and medical officer as early as 1938. A rest home in the country was even provided for staff from 1943 onwards. The workforce numbered 17,000 at the time – a figure that has since increased to some 122,000 worldwide. The promotion and preservation of health among staff is an integral aspect of BMW Group's social responsibility.

As a result of the pre-war armaments policy there was a shift in the German labour market in 1936. Although unemployment had been high in the German Reich up to that point, there was now a shortage of personnel, especially in the metal industry. Since wages were largely regulated by the state, Bayerische Motoren Werke endeavoured to offer its employees other benefits.

The plant in Eisenach set up an in-house health insurance scheme in 1936, for example, offering good benefits at low contribution rates. These healthcare services were then extended to all production sites. Medical officers were appointed to look after employees' health: their responsibilities included emergency care, information and screening. A medical centre was established in Munich especially for this purpose, complete with waiting and treatment rooms, gym, inhalation room and steam bath. Equipped with its own x-ray machine and offering massages, physiotherapy and medical baths, this facility became a role

model for other companies. Accident prevention was also intensified: safety supervisors gave instructions to staff as to how to avoid negligent and therefore potentially hazardous work habits. Increasing numbers of women were integrated into the working process as a result of the war effort and a childcare facility was provided on the premises in 1940. The canteen also offered a range of dietary foods.

Maintaining staff health and work capacity remained a key concern for the company in the decades that followed, too, and continual investments were made in healthcare for all BMW employees. With managerial staff subject to growing demands in the wake of company expansion, preventive healthcare was introduced specifically for senior executives in 1972. The company's in-house health insurance scheme BMW BKK has been at the heart of its healthcare programme since 1990, offering a wide range of health promotion activities for the entire workforce. By the end of the 1990s 46,000 employees and their family members were signed up to the BMW BKK. The company serves its staff at sites abroad, too, offering a number of programmes that reflect its philosophy of social responsibility: the programme introduced in South Africa in 2001 to combat HIV and AIDS is just one of many examples.

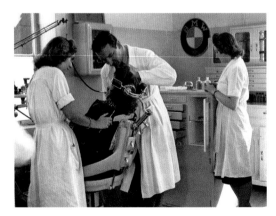

Behandlung in der Zahnarztpraxis im Gesundheitshaus im Werk Milbertshofen / Treatment at the dental practice in the Milbertshofen plant health centre, 1941

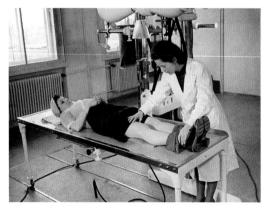

Untersuchung / Examination, 1939

Werkskinderkrippe / Company crèche, 1940

Nach zahlreichen großen Erfolgen im Motorradrennsport, darunter dem Gewinn der Europameisterschaft 1938, fehlte BMW ein Titel in der Trophäensammlung: der Sieg bei der Senior TT auf der britischen Isle of Man. Georg Meier gelang es 1939, dieses schwerste Rennen der Dreißigerjahre für BMW zu gewinnen. Die Marke BMW setzte sich damit endgültig an die Spitze des europäischen Motorradrennsports.

Schon seit den Zwanzigerjahren hatte BMW an Motorradsportveranstaltungen teilgenommen. Um künftig noch erfolgreicher zu sein, wurden ab etwa 1935 spezielle Werksrennmaschinen entwickelt. Die Anstrengungen sollten sich lohnen: 1937 holte BMW fünf Große Preise und wurde damit der erfolgreichste Motorradhersteller Europas. Nach einer Änderung im Reglement wurde der Europameister 1938 erstmals über die ganze Saison ermittelt. Ausgerechnet der Neuling im BMW-Team, der 27-jährige »Schorsch« Meier, konnte die Konkurrenz überflügeln und den Europameister-Titel nach München holen. Weil damals noch keine Weltmeisterschaften ausgetragen wurden, fehlte BMW nur noch eine Auszeichnung: ein Sieg bei der Senior TT, dem ältesten Motorradrennen der Welt. Wer bei diesem Wettbewerb, einem 60 Kilometer langen Straßenrundkurs, mit 500-ccm-Maschinen an den Start ging, gehörte zu Europas besten Rennfahrern. Die Senior TT war für die Briten ein Heimspiel, stets stellten sie den Sieger. Davon ging man auch 1939 aus, als die BMW-Fahrer Georg Meier, Karl Gall und Jock West antraten. Als Gall beim Trainingslauf tödlich verunglückte, war das Unternehmen bereit, die Nominierung der beiden anderen Fahrer zurückzuziehen. Trotz der hohen psychischen Belastung entschieden sich diese jedoch für eine Teilnahme am Rennen.

Am 16. Juni 1939 geschah das Motorsport-Wunder: Nach sieben Runden mit 2 Stunden, 57 Minuten und 19 Sekunden gewann Meier das Rennen, im Abstand von 2 Minuten folgte sein Teamkollege West. Es war der erste Sieg der Senior TT durch einen ausländischen Fahrer, damit schrieb Meier zusammen mit BMW Rennsportgeschichte.

After numerous outstanding achievements in motorcycle racing – including winning the 1938 European Championship – BMW was still missing one trophy in its collection: the Senior TT on the Isle of Man. Georg Meier took the title in 1939, winning what was the toughest race of the 1930s. This finally established the brand BMW as the leader in European motorcycle racing.

BMW had been involved in motorcycle racing ever since the 1920s. In 1935 work began on developing special factory racing machines so as to achieve even greater success in the future. And these efforts were to pay off: in 1937 BMW won five Grand Prix, making it the most successful motorcycle manufacturer in Europe. After a change in the regulations, the 1938 European Championship was decided by taking into account the season as a whole, and it was none other than 27-year-old BMW team newcomer Georg ('Schorsch') Meier who outperformed the competition and took the title home to Munich. Since there were no world championships at the time, BMW lacked just one more prize: victory at the Senior TT, the oldest motorcycle race in the world. Using 500 cc machines and with a 60 km road circuit, this contest attracted the very best of Europe's racers, but since it was held on British soil, the winner of the Senior TT had always been from the home nation. This was the expectation in 1939, too, when BMW riders Georg Meier, Karl Gall and Jock West lined up at the start. Tragically, Gall was killed in an accident during training and BMW was prepared to withdraw the entry of its other two riders. Despite the enormous mental strain they were under, however, the two men decided to go ahead.

A motor racing miracle occurred on 16 June 1939: Meier won the race after seven laps lasting two hours 57 minutes and 19 seconds, followed two minutes later by his team colleague, West. It was the first time victory in the Senior TT had gone to a foreign rider: Meier and BMW made racing history.

Schorsch Meier und Jock West nach ihrem Sieg /
'Schorsch' Meier and Jock West after their victory, 1939

Schorsch Meier während des Rennens / Schorsch Meier during the race, 1939

Werbeplakat zum BMW-Sieg beim I. Gran Premio Brescia delle Mille Miglia /
Advertising poster after the victory at the first Gran Premio Brescia delle
Mille Miglia, 1940

1940 erzielte BMW den Gesamtsieg bei der Mille Miglia, dem legendären italienischen Straßenrennen. Dieser Triumph gilt als das bedeutendste Ereignis der BMW-Automobil-Renngeschichte vor 1945. Nie zuvor waren bei Sportwagenrennen derart beeindruckende Geschwindigkeiten erreicht worden, weshalb die Siegerfahrzeuge zu den wertvollsten BMW-Rennklassikern überhaupt zählen.

Die Mille Miglia war seinerzeit das längste und bedeutendste Autorennen der Welt und galt für Mensch und Maschine als eine der größten Herausforderungen. Der klassische Parcours führte vom norditalienischen Brescia über 1000 Meilen, also 1600 Kilometer, nonstop auf Landstraßen und durch mittelalterliche Städte. Den südlichsten Punkt bildete Rom, bevor es wieder zurück nach Brescia ging.

Nach Unfällen, die 1938 zu einem Veranstaltungsverbot geführt hatten, und einem kaum beachteten Rennen 1939 in der Wüste Libyens, wurde der »I. Gran Premio Brescia delle Mille Miglia« 1940 wieder in seinem Ursprungsland Italien abgehalten, wenn auch eingeschränkt: Die Strecke wurde auf einen 167 Kilometer langen Dreieckskurs zwischen Brescia, Cremona und Mantua verkürzt, den es neunmal zu durchfahren galt.

Das erklärte Ziel der Rennsportabteilung von BMW war der Gesamtsieg. Auf Basis des BMW 328 wurden fünf silberfarbene Fahrzeuge entwickelt: zwei Coupés und drei Roadster, allesamt spezielle Rennversionen. Das sogenannte »Kamm-Coupé« war nach aerodynamischen Erkenntnissen von Wunibald Kamm entwickelt worden. Ein weiteres Coupé, das bei seinem ersten Einsatz in Le Mans 1939 den Klassensieg errungen hatte, sowie zwei Roadster wurden bei dem Mailänder Unternehmen Touring karossiert.

Extrem leichte Gitterrohrrahmen, speziell geformte Stromlinienkarosserien aus Aluminium und Motoren mit rund 135 PS Spitzenleistung brachten die BMW-Rennwagen auf die vorderen Plätze. Den Gesamtsieg sicherten sich die Fahrer Fritz Huschke von Hanstein und Walter Bäumer im BMW Touring Coupé, während die Roadster die Plätze drei, fünf und sechs belegten. Nur das »Kamm-Coupé« musste wegen technischer Probleme vorzeitig aus dem Rennen genommen werden. Mit der hervorragenden Gesamtwertung gelang BMW zusätzlich der Sieg in der Mannschaftswertung.

In 1940 BMW achieved outright victory in the legendary Italian road race Mille Miglia. This triumph is regarded as the most outstanding event in BMW automobile racing history before 1945. Never before had such impressive speeds been reached in sports-car racing, and this is why the winning cars are among the most valuable classic BMW race cars in existence.

The Mille Miglia was once the longest and most important car race in the world and regarded as one of the biggest challenges to both man and machine. The original route covered 1,000 miles or 1,600 km, starting in Brescia in Northern Italy in a non-stop run along country roads and through medieval towns. The southernmost point was Rome, from where the cars then headed back to Brescia.

After accidents led to a ban on the event in 1938 and a race in the Libyan desert in 1939 which barely attracted any interest, the 'First Gran Premio Brescia delle Mille Miglia' returned to its country of origin once again in 1940, though this time with limitations: the route was shortened to a 167-km triangle between Brescia, Cremona and Mantua which was to be covered nine times.

The BMW motor-racing department set its sights on outright victory. Five silver cars were developed based on the BMW 328: two coupés and three roadsters, all of them special racing versions. The so-called 'Kamm Coupé' was developed based on Wunibald Kamm's aerodynamic findings. The other coupé that had already clinched class victory at its first race entry in Le Mans in 1939 and two roadsters were fitted with new bodies by the Milan-based coachbuilding company Touring.

Featuring extremely light tubular trellis frames, specially shaped, streamlined bodies made of aluminium and engines with a peak output of some 135 hp, all the BMW racing cars took top positions. Overall victory went to the drivers Fritz Huschke von Hanstein and Walter Bäumer in the BMW Touring Coupé, while the roadsters finished in third, fifth and sixth place. The 'Kamm Coupé' was forced to withdraw from the race prematurely due to technical problems. Its excellent overall performance meant that BMW also topped the team ranking.

Das BMW 328 Touring Coupé mit dem Fahrerteam Fritz Huschke von Hanstein und Walter Bäumer kurz vor Vollendung der 5. Runde / The BMW 328 Touring Coupé with driver team Fritz Huschke von Hanstein and Walter Bäumer before completing the 5th lap, 1940

BMW 328 Touring Coupé während des I. Gran Premio Brescia delle Mille Miglia / BMW 328 Touring Coupé during the first Gran Premio Brescia delle Mille Miglia, 1940

Gestapelte BMW-Kochtöpfe / A stack of BMW cooking pots, 1946

Unmittelbar nach dem Ende des Zweiten Welt-krieges war an eine Wiederaufnahme der Pro-duktion von Automobilen und Motorrädern nicht zu denken. Dank der im Krieg verschont gebliebenen Aluminiumbestände waren die Bayerischen Motorenwerke jedoch schon 1946 in der Lage, eine Notproduktion aufzunehmen: Kochtöpfe und andere Haushaltsgeräte markier-ten den Anfang und sicherten den Mitarbeitern sowie ihren Angehörigen das Überleben.

Nach dem Zweiten Weltkrieg lag Deutschland in Schutt und Asche. Wie viele andere Industriestandorte war auch das BMW Werk in München – während des Krieges ein bedeutender Rüstungsbetrieb – stark zer-stört worden. Die Militäradministration der Alliierten beschränkte die Materialversorgung und reglementierte, was hergestellt werden durfte.

Im BMW Werk waren nach Zerstörung und De-montage nur wenige Maschinen verblieben. Zudem war die Leichtmetallgießerei noch funktionsfähig und Aluminium, ursprünglich für den Motorenbau gedacht, in Lagern vorrätig. So lag es für das Unternehmen nahe, sich in den ersten Nachkriegsjahren auf die Produktion von Aluminiumteilen zu konzentrieren. Den Anfang machten Haushaltsgeräte wie Kochtöpfe, Schlagbesen, Brotkörbe, Kartoffelpressen und Rührmaschinen. Für den Wiederaufbau fertigten die Bayerischen Motoren Werke Türgriffe, Beschläge und Fenstergriffe. Viele Gegenstände aus Metall, die während des Kriegs als nicht »kriegswichtig« eingestuft und deshalb einge-schmolzen worden waren, wurden nun neu hergestellt. Im Berliner Werk wurden zur gleichen Zeit Sensen, Spaten und »Sparherde« gefertigt. Die Notproduktion des Unternehmens, die damals unter der Rubrik »Artikel und Geräte« gelistet wurde, endete weitgehend 1947, nur wenige Kleinteile führte das Unternehmen bis 1949 weiter im Programm.

Immediately after the end of the Second World War, there was no question of BMW going back to producing automobiles and motorcycles right away. Due to the fact that its stock of aluminium had been spared, however, Bayerische Motoren Werke was able to start an emergency production programme in 1946: the manufacture of kitchen pans and other household utensils, enabled BMW employees and their families to survive.

Germany was in a state of ruin after the Second World War. Like many industrial facilities the BMW plant in Munich was badly damaged, having been an important wartime armaments factory. The Allied military admin-istration imposed rigorous restrictions on materials and manufacturing. Only a few machines remained intact at the BMW plant after all the destruction and dismantling. The light alloy foundry was still opera-tional, however, and there were also stocks of aluminium available, originally intended for engine production. So in the immediate post-war years it made sense for the company to focus on the manufacture of aluminium parts. The first of these were household utensils such as pans, whisks, bread baskets, potato presses and mixing machines. To contribute to the reconstruction process, the Bayerische Motoren Werke also produced door handles, furniture fittings and window handles. Many metal parts melted down during the war as 'strategically irrelevant' material were now restored. Scythes, spades and simple cookers were produced at the Berlin plant. The company's emergency produc-tion programme, listed under 'Articles and utensils' at the time, largely came to an end in 1947, though the company did continue to produce a few small items up until 1949.

Produktion einer Teigteilmaschine / Production of a dough separating machine, 1947

Das Motorrad BMW R 24 war das erste Fahrzeug, das BMW nach dem Zweiten Weltkrieg in München produzierte. Dadurch konnten sehr bald nach der Währungsreform mehrere Tausend qualifizierte Arbeitsplätze für das Unternehmen gerettet werden. Die R 24 wurde als Zweirad der 250-ccm-Klasse gebaut und bot die Qualität, für die BMW bekannt war. Im Jahr 1948 vorgestellt, konnten bereits im ersten vollen Produktionsjahr rund 9400 Exemplare verkauft werden – trotz des stolzen Preises von 1750 DM.

Unmittelbar nach Ende des Zweiten Weltkriegs waren Teile der Werksanlagen der Bayerischen Motoren Werke in München zerstört, noch vorhandene Maschinen zur Demontage freigegeben. Ein Jahr später, 1946, genehmigten die Alliierten dem Unternehmen, ein Motorrad mit einer Hubraumbeschränkung von 250 ccm zu fertigen.

Die Entwicklung und Produktion wurde vor allem dadurch erschwert, dass die Konstrukteure nicht mehr auf Konstruktionspläne und den Maschinenpark zugreifen konnten. Ausschlaggebend dafür war die 1942 verlegte Motorradproduktion 1942 ins thüringische Eisenach, das nunmehr zur sowjetischen Besatzungszone gehörte. Also nahmen die Konstrukteure eine Vorkriegsmaschine vom Typ R 23 zur Hilfe, zerlegten sie in ihre Einzelteile und vermaßen sie bis auf die kleinste Schraube. Es dauerte bis Mai 1948, bis die BMW R 24 auf der Exportmesse in Hannover präsentiert werden konnte. Mehr als 2500 Vorbestellungen ermutigten das Unternehmen dazu, die Produktion mit aller Kraft voranzutreiben.

Das Fahrgestell bildete die verschraubte Rohrrahmenkonstruktion der R 23 mit Telegabel und starrer Hinterradaufhängung. Der Motor leistete 12 PS bei 5600 U/min. Eine Neuerung war das Getriebe mit nunmehr vier Gängen.

Das Motorrad fand großen Absatz und trat auch insofern früh in das öffentliche Blickfeld, als beispielsweise die Begleitstaffel des ersten Bundespräsidenten Theodor Heuss mit der BMW R 24 ausgerüstet wurde.

The BMW R 24 motorcycle was the first motor vehicle to be produced by BMW in Munich after the Second World War. It saved several thousand skilled jobs for the company, very soon after the currency reform. The R 24 was built as a 250 cc machine and offered the quality for which BMW was renowned. Launched in 1948, some 9,400 units were sold in its first full year of production – despite a hefty price tag of DM 1,750.

Immediately after the Second World War much of the Bayerische Motoren Werke production facilities in Munich lay in ruins, and the machinery that had survived was approved for dismantling. One year later in 1946, the Allies authorized the company to build a motorcycle with a capacity limited to 250 cc. However, development and production were significantly hindered since unfortunately the constructing engineers no longer had access to its blueprints and machinery: in 1942 motorcycle production had been shifted to Eisenach in Thuringia – now in the Soviet zone of occupation.

So instead a pre-war R 23 was stripped down entirely and every component measured, down to the tiniest screw. It was not until May 1948 that the BMW R 24 was finally launched publicly at the Expo in Hanover. More than 2,500 advance orders encouraged the company to go ahead with production at full throttle.

The chassis was provided by the bolted tubular frame construction of the R 23 with a telescopic fork and rigid rear-wheel suspension. The engine output was 12 hp at 5,600 rpm. The gearbox had been renewed and now comprised four gears.

The R 24 became a bestseller and appeared in the public spotlight early on – for instance as part of the motorcade of the first ever President of the Federal Republic of Germany, Theodor Heuss.

Werbemotiv / Advertisement, 1948

Auftragen der Zierlinien an der BMW R 24 / Putting the decorative lines on the BMW R 24, 1949

Endmontage der BMW R 24 / Final assembly of the BMW R 24, 1950

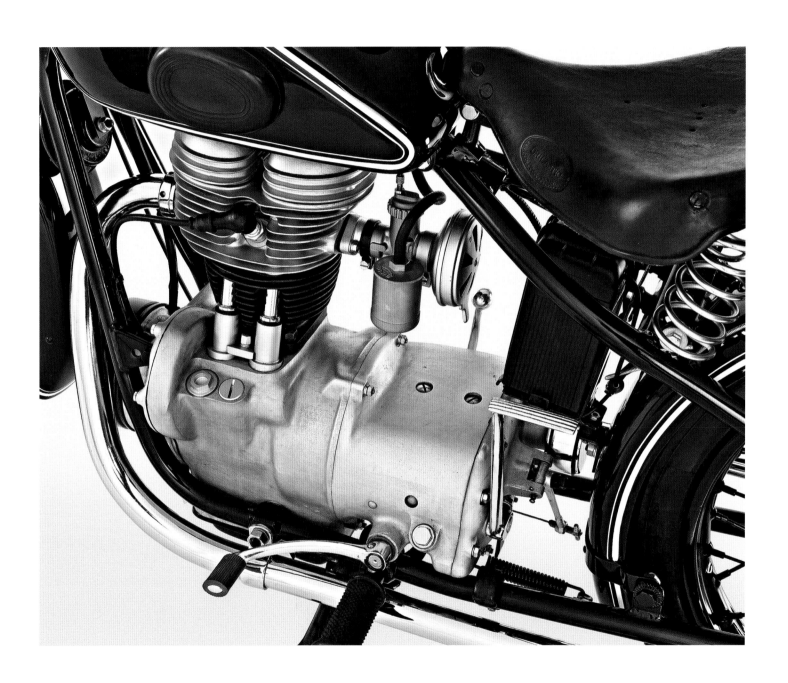

Mit einem überaus leistungsstarken Motor aus Leichtmetall sorgte BMW im Jahr 1954 für Aufsehen. Bei dem V8-Motor handelte es sich um ein damals hochmodernes Aggregat aus Aluminium. Erstmals wurde in einem Großserienfahrzeug ein V8-Motor mit Motorblock und Zylinderkopf aus Leichtmetall angeboten, der seinem Hersteller einen weltweiten Prestigegewinn bescherte.

Die Jahre nach dem Zweiten Weltkrieg bedeuteten für BMW eine Zeit der Entbehrung. Zwar hatte sich das Münchener Unternehmen 1951 mit dem BMW 501 auf der automobilen Bühne eindrucksvoll zurückgemeldet, doch war unübersehbar, dass das Modell im Vergleich zu seinen Vorgängern keine technischen Neuerungen aufwies und mit einem Sechszylinder-Reihenmotor ziemlich untermotorisiert war. Das sollte sich drei Jahre später, 1954, mit der Präsentation des Schwestermodells BMW 502 ändern. Denn dieser Wagen besaß einen zu diesem Zeitpunkt völlig neuen Antrieb: einen V8-Motor aus Aluminiumguss mit 2,6 Liter Hubraum und einer Leistung von 100 PS. Es handelte sich um den ersten V8-Motor, der in Deutschland nach dem Zweiten Weltkrieg überhaupt wieder angeboten wurde.

Die Karosserie des BMW 502 hingegen bot – von wenigen Details abgesehen – kaum Veränderungen gegenüber dem 501, den der Volksmund »Barockengel« nannte. Allein der dezente Code – eine in Chrom ausgeführte »8« und ein rahmendes »V« – sowie die zusätzlichen Scheinwerfer gaben den Hinweis auf die eigentliche Innovation, die sich im Motorraum befand.

Zwar erntete der BMW 502 in der Fachpresse gute Kritiken, doch blieben die Verkaufszahlen hinter den Erwartungen zurück. Schon 1955 wurde der Hubraum auf 3,2 Liter vergrößert – der BMW 502 erzielte damit eine Höchstgeschwindigkeit von 170 km/h. Insgesamt verließen in zwölf Jahren Produktion nur etwa 22 000 »Barockengel« das Münchener Werk.

In 1954 BMW caused a sensation with an extremely high-performance light alloy engine. The aluminium V8 was absolutely state-of-the-art at the time. It was the first time that a volume-production car had ever been offered with a V8 engine featuring an engine block and cylinder head made of light alloy. This power unit gave its manufacturer a huge boost in terms of international prestige.

The years after the Second World War were a time of hardship for BMW. Although the Munich company had made an impressive comeback to the automobile stage in 1951 with the BMW 501, this model clearly failed to offer any technological advancements over its predecessors and was rather underpowered with a straight-six engine. This was to change three years later in 1954 when the BMW 501's sibling model, the BMW 502, was launched. The latter was fitted with an engine that was completely new at the time: a V8 engine made of die-cast aluminium with a capacity of 2.6 litres and an output of 100 hp. It was the first V8 engine to go on the German market at all after the Second World War.

Meanwhile the body of the BMW 502 only differed in a few details from the 501, which had been popularly dubbed the 'Baroque Angel'. The real innovation under the bonnet was simply hinted at with a discreet inscription – an '8' in chrome framed by a 'V' – and additional headlights.

Even though the BMW 502 was well received by critics, sales figures failed to meet expectations. The capacity was enlarged to 3.2 litres in 1955, increasing the top speed of the BMW 502 to 170 km/h. In total only about 22,000 'Baroque Angels' were produced at the Munich plant.

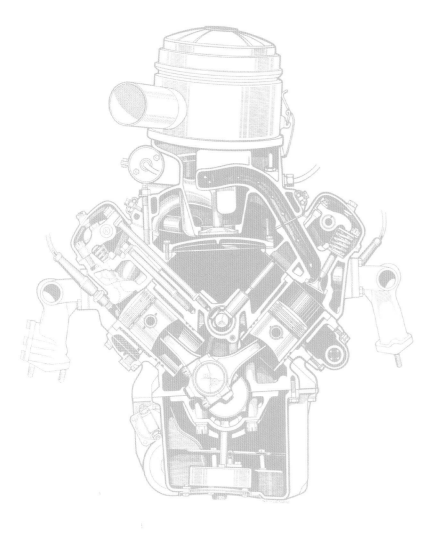

Albrecht Graf Goertz neben einem BMW 507 im BMW Pavillon, München /
Albrecht Graf Goertz next to a BMW 507 in the BMW Pavilion, Munich, 1956

Erster Entwurf des BMW 507 von Albrecht Graf Goertz /
First draft of the BMW 507 by Albrecht Graf Goertz, 1955

Der BMW 507 gilt weltweit als einer der schönsten Sportwagen seiner Zeit. Mit seiner dynamischen Ausstrahlung und zeitlosen Eleganz erweist sich der Roadster als überaus modern. Zwar wurden nur 254 Exemplare gebaut, doch kann der Beitrag des BMW 507 für das Image der Marke in den nachfolgenden Jahrzehnten nicht hoch genug geschätzt werden.

Zu Beginn der Fünfzigerjahre unternahm BMW große Anstrengungen, die sportlichen Erfolge der Dreißigerjahre fortzusetzen. Großes Vorbild war hier der legendäre BMW 328, dem ein neuer faszinierender Sportwagen nacheifern sollte, um den wirtschaftlichen Erfolg, unter anderem durch den Export in die USA, zu sichern.

Der Österreicher Max Hoffmann, ein in Amerika tätiger Importeur von Nobelmarken, hatte BMW 1954 die Zusammenarbeit mit dem jungen Designer Albrecht Graf Goertz empfohlen. Das Unternehmen zeigte sich von dessen Entwürfen begeistert: Ein leichter Roadster mit Aluminiumkarosserie und leistungsstarkem V8-Motor. Als der Wagen im September 1955 auf der Internationalen Automobilausstellung

in Frankfurt vorgestellt wurde, feierte ihn die Presse überschwänglich als »BMW Sensation«, als »Traum von der Isar«.

Das Design des Wagens beeindruckte durch die Leichtigkeit und Eleganz der Karosserie und die klassischen Roadster-Proportionen. Pfeilförmig ragt die Front nach vorn, dynamisch und elegant streckt sich die Motorhaube, betont schmal ist die Taille auf Höhe der Seitentüren ausgebildet, muskulös dagegen die Ausformung der hinteren Kotflügel. Auch prägen den BMW 507 kleinere Details wie die seitlichen Kiemen, den erstmals als »liegende Niere« ausgeführten BMW-Kühlergrill und die moderne Anmutung des Cockpits.

Die erhofften Verkaufszahlen, vor allem im amerikanischen Markt, blieben weit hinter den Erwartungen zurück. Anders als ursprünglich geplant, musste die Fertigung im Rahmen einer Kleinserie erfolgen. Nach nur 254 gebauten Exemplaren wurde die Produktion 1959 eingestellt. Fast alle BMW 507 Roadster haben sich erhalten – heute zählen sie zu den gesuchtesten und wertvollsten klassischen Fahrzeugen weltweit.

The BMW 507 is regarded all over the world as one of the best-looking sports cars of its time. With its dynamic flair and timeless elegance, the roadster has a very contemporary appearance. Although only 254 of them were built, the contribution of the BMW 507 to the brand's image in subsequent decades cannot be overstated.

In the early 1950s BMW made a major effort to revive its sporting success of the 1930s. The paradigm here was the legendary BMW 328, which was to be emulated by a fascinating new sports car designed to secure economic success, not least derived from exports to the USA.

In 1954 Max Hoffmann, an Austrian importer of luxury brands who had been based in America for many years, had suggested to BMW that the company should collaborate with designer Albrecht Graf Goertz. The company was very impressed with Goertz's blueprints: a light roadster with an aluminium body and a high-performance V8 engine. When the car was launched at the Frankfurt Motor Show in September 1955, it was highly acclaimed by the press as the 'BMW sensation' and the 'dream from the River Isar'.

With an impressively light and elegant body, its design featured classic roadster proportions. The front section protrudes forward like an arrow, the bonnet is outstretched in dynamic, elegant style, and while the waistline is markedly slim at the level of the side doors, the rear fenders have a muscular, arched shape. The striking character of the BMW 507 also derives from smaller details such as the side gills, the BMW radiator grille – configured here as a horizontal 'kidney' for the first time – and the modern style of the cockpit.

However, sales figures remained far below expectations, especially in the American market. Production was on a small-series basis only, which had not been the original plan, and it was discontinued in 1959 after only 254 units had been built. Virtually all BMW 507 Roadsters have been preserved to this day – they are among the most valuable and sought-after classic cars in the world.

Mit der Isetta bot BMW ab 1955 ein Kleinmobil an, das sich über 160 000-mal verkaufen und damit einen bedeutenden Beitrag zur Mobilisierung leisten sollte. Für die Bayerischen Motoren Werke wurde der Wagen gleich in mehrfacher Hinsicht zum Glücksfall.

In den frühen Fünfzigerjahren baute das Unternehmen die Automobilproduktion zwar weiter aus, doch bescherten die Luxusmodelle 501 und 502 dem Unternehmen keine guten Verkaufszahlen. Dabei wurde Westeuropa von einem wahren Mobilitätsschub erfasst. Zahlreiche Firmen entwickelten Kleinstwagen sowie Rollermobile, die in Kauf und Unterhalt erschwinglich waren und nur einen Motorradführerschein erforderten. Der Motorradmarkt brach hingegen ein – zu viele Kunden sprachen sich für mehr Wetterschutz aus. Die Bayerischen Motoren Werke erkannten diese Entwicklung frühzeitig und entschieden 1954, ebenfalls einen Kleinstwagen in hoher Stückzahl zu produzieren. Für die langwierige Entwicklung eines eigenen Fahrzeugs bis zur Marktreife blieb zu wenig Zeit. Also warb BMW um die Lizenz eines geeigneten Gefährts, ein Motocoupé der Mailänder Firma Iso, das zwei bis drei Personen Platz bot. Auffällig war die unkonventionelle Konstruktion der Fronttür, die beim Öffnen Armaturentafel und Lenkrad beiseiteschob und damit einen bequemen Einstieg erlaubte. Bei dem in Lizenz gefertigten Auto ersetzte BMW den lauten und nicht sehr leistungsstarken Zweitakter durch einen laufruhigeren Viertaktmotor aus der eigenen Motorradproduktion. Ein kluger Schachzug, denn so konnte BMW seine Mitarbeiter im Motorradbereich, dessen Produktionszahlen deutlich sanken, halten und für die zukünftige Automobilproduktion qualifizieren.

Die Isetta traf genau den Nerv der Zeit. Sie wurde zum Sympathieträger und Verkaufsschlager der Marke BMW. Erst 1962 ging ihre Ära zu Ende, wurde der Übergang vom Zweirad zum »richtigen« Automobil vollzogen.

From 1955 onwards BMW marketed the Isetta – a small vehicle which sold more than 160,000 units, thereby contributing significantly to mass mobility. As far as the Bayerische Motoren Werke was concerned, the car turned out to be a real piece of good fortune in a number of different ways.

The company continued to expand its automobile production in the early 1950s but the luxury models 501 and 502 failed to do well on the market. Yet Western Europe was seeing a huge boost in mobility. Numerous companies were developing very compact cars such as the so-called bubble cars: these were affordable to purchase and run, and they only required a motorcycle licence to drive. Meanwhile motorcycles were going into decline – too many customers wanted more weather protection. The Bayerische Motoren Werke was aware of this development early on and took the decision to build its own large-volume compact car in 1954. There wasn't enough time to develop a model from scratch so BMW acquired the licence for a suitable vehicle – a motocoupé made by the Milan-based company Iso that accommodated two to three people. Striking features included the unconventional design of the front door: when it was opened, the dashboard and steering shifted to the side to allow easy entry. Manufacturing the car under licence, BMW replaced the loud and not especially high-performance 2-stroke engine with a smoother-running 4-stroke power unit from its own motorcycle production. This was a wise move since it enabled BMW to retain its staff in the motorcycle department – even though production figures here were declining steeply – and train them instead for future automobile manufacture.

The Isetta tapped perfectly into the spirit of the age, becoming hugely popular and a BMW bestseller. Its era finally came to an end in 1962, when the transition from two-wheelers to 'real' cars was completed.

Werbeplakat / Advertising poster, 1956

Blick in die Zukunft

Die Zukunft hat große blaue Augen. Mit Sommersprossen drumherum. Thomas ist einer der Jungen, die wir nach ihrer Experten-Meinung befragten. Seine Antworten sind typisch für die seiner »Kollegen«: »Ich finde, daß BMW Spitze ist.« »Geht ab wie eine Rakete.« »Auch der große BMW ist ein Heuler: "Gerade als ein heute erfolgreiches, aber kleines Automobilwerk müssen wir an die Zukunft denken. Unsere Kunden von morgen gezielt austauschen. Und sie auch anhören: Allerdings ist uns der Ausdruck "Heuler" für die BMW-Sechszylinder noch etwas ungewohnt.

Aus Freude am Fahren — BMW

Werbemotiv / Advertisement, 1970

Während das allgemeine Wirtschaftswunder den Wiederaufstieg der Bundesrepublik Deutschland in den Fünfzigerjahren beflügelte, durchlebten die Bayerischen Motoren Werke eine länger anhaltende, schwere Krise. Um diese zu überstehen, war eine Veränderung der Produktpalette erforderlich, die sich zukünftig stärker am Markt orientieren sollte. Daher etablierte das Unternehmen 1957 als erster deutscher Automobilhersteller eine Marktforschung als feste organisatorische Einheit.

Die Anfänge der Marktforschung reichen in die Zwanzigerjahre zurück und wurden deutlich von den Entwicklungen in den USA geprägt. Ihr Ziel war die Vorhersage von Verkaufsaussichten bestimmter Produkte mit Hilfe von Befragungen und Analysen. Im Laufe der Jahre wurden die erforderlichen statistischen Verfahren weiterentwickelt. Doch in Deutschland koppelte man sich von dieser Entwicklung bald ab. Die Zentralisierung der Wirtschaft im Nationalsozialismus sowie die Aufrüstung machten eine Marktausrichtung einzelner Unternehmen überflüssig. Nach dem Zweiten Weltkrieg versuchten die Bayerischen Motorenwerke im Automobilsektor wieder Fuß zu fassen, vernachlässigten hierbei jedoch die sich ändernden Gegebenheiten des Marktes, der sich vom Verkäufer- zum Käufermarkt wandelte. Nicht mehr die Anbieter bestimmten das Angebot, sondern die Nachfrage. So zielten die ersten Wagen wie der BMW 501 an den Kundenwünschen vorbei.

1957 wurde Dr. Heinrich Richter-Brohm, der in der Wirtschaft als fähiger Unternehmenssanierer galt, zum Vorstandsvorsitzenden der BMW AG berufen. Sein Ziel war die feste Einbindung der Marktorientierung in die zukünftige Produkt- und Unternehmensplanung. Eine eigens eingeführte Marktforschungsabteilung sollte den Markt im In- und Ausland beobachten und die Ergebnisse an alle Fachstellen des Unternehmens weiterleiten. Der Erfolg ließ nicht lange auf sich warten: Mit der »Neuen Klasse« sicherte sich BMW 1961 eine Nische auf dem deutschen Automobilmarkt. Marktuntersuchungen hatten gezeigt, dass die neue Baureihe die Nachfrage für Familien mit dem Wunsch nach einem sportlichen Mittelklassewagen abdeckte. Die 1966 präsentierte 02er-Reihe folgte von Grund auf den Erkenntnissen der BMW-Marktanalysen. Das Zauberwort vom »abgestimmten Auto« machte in der Münchener Zentrale die Runde. Die Marktforschung wurde zum festen Bestandteil des Produktentwicklungsprozesses.

While West Germany re-emerged in the 1950s in the wake of the Economic Miracle, the Bayerische Motoren Werke continued to suffer a prolonged and severe crisis. In order to overcome this, the company needed to adapt its product range so as to gear it more closely to market demand. For this reason, the company was the first German carmaker to establish its own market research department as a permanent in-house organizational unit in 1957.

Market research as such originally dated back to the 1920s and was significantly influenced by developments in the USA. It aimed to predict the sales prospects of certain products based on surveys and analyses, and as the years went by, increasingly sophisticated statistical methods were developed for this purpose. Germany disassociated itself from these developments at an early stage, however: the centralization of the economy and rearmament efforts under the National Socialists meant that market orientation was no longer relevant to individual companies. After the Second World War, the Bayerische Motoren Werke attempted to re-establish a foothold in the automotive sector once again but failed to take account of the realities of the market, which at this point was shifting from a seller's to a buyer's market: the determining factor was now demand rather than supply. As a result, the company's first post-war vehicles such as the BMW 501 did not give customers what they wanted.

The man appointed CEO of BMW AG in 1957 was Dr Heinrich Richter-Brohm, who had proven capabilities when it came to rescuing struggling companies. His aim was to ensure that market orientation was fully incorporated in future planning of products and business strategy. A specially established market research department was to observe the market in Germany and abroad and share its insights with all BMW departments. Success was not long in coming: BMW secured its own niche on the German automotive market in 1962 with the 'New Class'. Market surveys had indicated that the new series would meet family demand for a sporty mid-range car. The 02 Series launched in 1966 was based entirely on insights derived from BMW market analysis. 'The matching car' was the new buzzword at the Munich head office and market research became an integral part of the product development process.

BMW
700
Coupé

Luftgekühlter 700 ccm Viertakt-Boxermotor · 30 PS

leistungsstark, formschön, raumgünstig

Vollsynchronisiertes Vierganggetriebe

Großer Innenraum, viel Platz für Gepäck

Werbeplakat / Advertising poster, 1959

Seine Technik und sein Design begeisterten das Publikum. Die Bayerischen Motoren Werke verdanken diesem schnittigen Kleinwagen sogar ihr Überleben. Denn der BMW 700 wurde zum ersten nachhaltigen Verkaufserfolg des Unternehmens in der Nachkriegszeit und markiert den Anfang des Wiederaufstiegs ab den frühen Sechzigerjahren.

Die späten Fünfzigerjahre hatten das Unternehmen in die Krise gestürzt. Das Motorradgeschäft brach ein, enorm waren auch die Verluste der Luxusmodelle 501, 502, 503 und 507. Ende 1959 spitzte sich die Lage zu, als Daimler-Benz anbot, den tief in die roten Zahlen geratenen Münchener Autobauer zu übernehmen. Doch auf der entscheidenden Sitzung trug sich der abzeichnende Erfolg des BMW 700 wesentlich dazu bei, dass die Bayerischen Motoren Werke ihre Eigenständigkeit erhalten konnten und ab 1961 einen überaus erfolgreichen Neustart erlebten.

Angeregt vom Absatz der Isetta wurde das Fahrzeugkonzept in den BMW-Entwicklungsbüros weiterentwickelt und 1957 mit dem Typ 600 eine »große

Isetta« vorgestellt. Doch sah man darin letztlich nur eine Zwischenlösung – das eigentliche Ziel war ein moderner »Mittelwagen«. Als 1958 auch dieses Projekt wegen mangelnden Kapitals eingestellt werden musste, ruhten alle Hoffnungen auf einem außergewöhnlichen Coupé mit der Bezeichnung BMW 700, das ab Juli 1959 im Werk München in Produktion ging. Die Technik baute auf den bewährten Lösungen des BMW 600 auf und wurde in vielen Bereichen weiterentwickelt. Der Zweizylinder-Boxermotor besaß nun einen größeren Hubraum und bot mit 30 PS gute Fahrleistungen. Völlig neu war das Karosseriedesign mit seiner eleganten, modern sowie sportlich gehaltenen Linienführung. Der BMW 700 trug die Handschrift des italienischen Designers Giovanni Michelotti und traf genau den Geschmack der Zeit. Die Verkaufszahlen waren so gut, dass die Produktion kaum hinterher kam und Kunden monatelange Lieferzeiten in Kauf nehmen mussten. Der BMW 700 führte das Unternehmen aus seiner tiefsten Krise. Mit ihm war die Marke BMW wieder ein ernstzunehmender Faktor im Motorsport: 1960 konnte BMW sogar den Titel des Deutschen Bergmeisters unter den Tourenwagen erringen.

The public at large were thrilled by its technology and design and in fact the Bayerische Motoren Werke owes its survival to this sleek small car. The BMW 700 was the company's first lasting sales success in the post-war period and marked the start of the BMW comeback from the early 1960s onwards.

In the late 1950s the company plunged into crisis. The motorcycle trade collapsed and enormous losses were also incurred by the luxury models 501, 502, 503 and 507. The situation came to a head at the end of 1959 when Daimler-Benz offered to take over the Munich carmaker, which was deeply in the red by that stage. But at the crucial meeting, the imminent success of the BMW 700 was a key factor in the Bayerische Motoren Werke being able to retain its independence and get off to an extremely successful fresh start from 1961 onwards.

Inspired by the success of the Isetta, the vehicle concept was taken a step further in the BMW development studios and in 1957 a 'big Isetta' was launched – the Type 600. But ultimately this was regarded as no

more than an interim solution – the real goal was to build a modern, mid-range car. When this project similarly had to be discontinued due to a lack of capital in 1958, all hopes were pinned on an unusual coupé that bore the designation BMW 700 and went into production at the Munich plant in July 1959. Its technology built on the tried-and-tested solutions of the BMW 600, though with refinements in many areas. The 2-cylinder boxer engine now had a larger capacity and offered good driving performance figures as well, with an output of 30 hp. The body design was entirely new, with elegant, modern and sports-style streamlining. The BMW 700 bore the hallmark of Italian designer Giovanni Michelotti and turned out to be perfectly in tune with contemporary taste. Sales figures were so good that production could barely keep up: customers had to wait months before their cars were delivered. The BMW 700 hauled the company out of its deepest crisis. And BMW brand was back in motor racing, too, even winning the German Hillclimb Championship for touring cars in 1960.

Vorstand und Aufsichtsrat auf der Hauptversammlung vom 9. Dezember 1959 / Board of Management at the general meeting of 9 December 1959

Auditorium der Hauptversammlung vom 9. Dezember 1959 / Auditorium, general meeting of 9 December 1959

Die verspätete Rückkehr in das Automobilgeschäft nach dem Zweiten Weltkrieg, eine unausgewogene Modellpolitik und der Einbruch des Motorradgeschäfts brachten die Bayerischen Motoren Werke im Lauf der Fünfzigerjahre in eine ernste finanzielle Krise. Um das Unternehmen retten zu können, mussten die bisherigen Strukturen und Strategien grundlegend überarbeitet werden sowie frisches Kapital einfließen. Auf der Hauptversammlung am 9. Dezember 1959 stand die Selbstständigkeit des Unternehmens auf dem Spiel. Das Vertrauen in die Marke BMW und die Loyalität der Mitarbeiter sowie Aktionäre überzeugten auch den Großindustriellen Dr. Herbert Quandt. Sein finanzielles Engagement brachte die Wende.

Im Angesicht der Krise wurde 1959 an einem Plan für die Übernahme des finanziell angeschlagenen Unternehmens durch die Daimler-Benz AG gearbeitet. Die Hauptversammlung wurde für den 9. Dezember 1959 in die Kleine Kongresshalle auf der Münchener Theresienhöhe berufen. Vorstand und Aufsichtsrat der BMW AG, allen voran der Vorsitzende Dr. Heinrich Richter-Brohm, warben für die »Daimler-Lösung«. Stellvertretend für viele Kleinaktionäre äußerte Erich Nold indes erhebliche Zweifel am Übernahmekonzept. Dr. Friedrich Mathern als Vertreter einiger BMW-Händler deckte in den Unterlagen formale Unstimmigkeiten auf. Denn die Verantwortlichen hatten bei den Berechnungen unberücksichtigt gelassen, dass bereits 30 000 Bestellungen für den BMW 700 vorlagen, der

erst im Sommer 1959 in Produktion gegangen war. Mathern konnte nachweisen, dass die Entwicklungskosten dieses Wagens komplett in die Jahresbilanz 1958 eingerechnet worden waren und diese somit zum Nachteil der BMW AG belasteten.

Schließlich nutzte er eine Regelung im deutschen damals geltenden Aktiengesetz, nach der für eine Überprüfung des Jahresabschlusses nur zehn Prozent der anwesenden Stimmen benötigt wurden. Nach der knapp zehn Stunden dauernden Versammlung stimmten rund 30 Prozent der Anwesenden einer Vertagung zu. Das Angebot der Daimler-Benz AG war damit nicht mehr gültig, die Übernahme zunächst abgewehrt.

Allerdings drängte sich nun erneut die Frage nach der Zukunft und der finanziellen Sanierung des Münchener Unternehmens auf. Die Banken waren nicht bereit, die für Investitionen dringend benötigten Kredite zu vergeben. Nach zahlreichen Gesprächen erkannte Herbert Quandt die sich bietende Chance und war gewillt, selbst das unternehmerische Risiko für die Bayerischen Motoren Werke zu übernehmen. Das von ihm geführte Konsortium legte bereits im Januar 1960 einen eigenständigen Sanierungsplan vor, dem zugestimmt wurde. Das Vertrauen der Aktionäre war nicht nur ihm, sondern auch dem Unternehmen sowie der Marke BMW sicher: Ganze 99,7 Prozent der neuen Anteile wurden erneut von den bisherigen Aktionären gezeichnet, hierunter auch Herbert Quandt selbst. Seine Familie ist bis heute Großaktionär der BMW AG und seit der denkwürdigen Hauptversammlung maßgeblich für den Erfolg des Unternehmens mit verantwortlich.

The company's late return to automobile production after the Second World War, an imbalanced model policy and the collapse of the motorcycle market plunged the Bayerische Motoren Werke into a serious financial crisis in the course of the 1950s. In order to be able to rescue the company, the existing structures and strategies had to be thoroughly revised and fresh capital was required. At the annual shareholders' meeting on 9 December 1959, the company's autonomy was at stake. The faith in the BMW brand and the loyalty of its staff and shareholders convinced industrial magnate Dr Herbert Quandt. Ultimately it was his financial commitment and his faith in the BMW brand that turned the company's fortunes around.

In view of the crisis, a plan was drawn up for takeover of the financially weakened company by Daimler-Benz AG in 1959. The annual shareholders' meeting was held on 9 December 1959 in the Small Congress Hall at Theresienhöhe in Munich. The BMW AG executive and supervisory board, in particular CEO Dr Heinrich Richter-Brohm, campaigned in favour of the so-called 'Daimler solution'. However, the shareholders themselves were highly sceptical of the takeover plan. Dr Friedrich Mathern, representing a number of BMW dealers, revealed a number of formal inconsistencies in the documentation: in drawing up their calculations, those in charge had failed to take account of the fact that the company had already received 30,000 orders for the BMW 700 – a model that had only just gone

into production in the summer of 1959. Mathern was able to demonstrate that the development costs for this car had been fully incorporated in the annual statement for 1958, making the figures look worse than they should have been.

He was ultimately able to apply a regulation from the German Stock Corporation Act valid at the time which stated that only ten per cent of the votes of those present were required to have a review of the annual accounts carried out. After a meeting that lasted almost ten hours, some 30 per cent of those in attendance voted to postpone the decision. This meant that the Daimler-Benz AG offer was null and void and the takeover had been averted for the time being. The question of the company's future and its financial rehabilitation was still not solved, however: the banks were simply not prepared to grant the loans urgently needed for investment. After numerous talks, Herbert Quandt came to see the situation as an opportunity and agreed to take on the entrepreneurial risk for the Bayerische Motoren Werke himself. A consortium led by Quandt submitted its own restructuring plan as early as January 1960, and this was agreed on. The shareholders placed their entire trust in Quandt, the company and the BMW brand: an impressive 99.7 per cent of the new shares were acquired by the existing shareholders, including Herbert Quandt himself. His family remains the major shareholder of BMW AG to this day and has been jointly responsible for the company's success ever since that memorable shareholders' meeting.

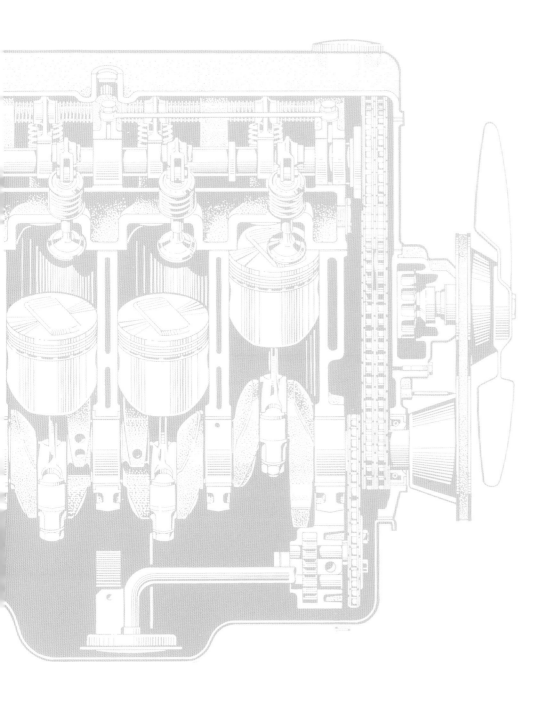

Beim BMW Vierzylinder-Reihenmotor M 10 handelt es sich um einen Motor aus Grauguss, der 1961 erstmals auf der Internationalen Automobilausstellung in Frankfurt vorgestellt wurde. Mit einer Leistung von anfangs 80 PS stellte er die Basis für alle Antriebe der »Neuen Klasse«. Fast 30 Jahre blieb er im Prinzip in Produktion, auf seiner Grundlage entwickelten BMW-Ingenieure verschiedenste Vierzylinder-Motorenvarianten. Bis 1988 wurden insgesamt 3,2 Millionen Einheiten dieses Motorentyps gebaut.

Mitte der Fünfzigerjahre hatte BMW versucht, einen Mittelwagen mit passendem Motor zu entwickeln. Doch Pläne, aus dem erfolgreichen V8-Motor einen Vierzylinder abzuleiten, schlugen aufgrund der angespannten Finanzlage des Unternehmens fehl.

1961 hatte Alexander von Falkenhausen, der damalige Chefkonstrukteur in der Motorenentwicklung, einen völlig neuen Motor im Sinn, als er von kleinen Vierzylinder-Motoren der 1-Liter-Klasse ausging. Es gelang ihm, mit dem neuen Aggregat einen Motor zu schaffen, der relativ klein, leicht und kostengünstig den Hubraumbereich von 1,5 bis 2,0 Liter abdecken konnte. Der relativ große Zylinderabstand von 100 Millimeter lässt erahnen, dass man von Beginn an Hubraumerweiterungen einkalkulierte. Der Aufbau des Motors ist klar: Die geschmiedete Kurbelwelle ist fünffach gelagert und optimiert damit das Schwingungsverhalten. Die obenliegende Nockenwelle wird über eine doppelte Steuerkette angetrieben. Die Ventile sind V-förmig angeordnet.

Der 1961 im BMW 1500 eingebaute Vierzylinder-Motor umfasste 1,5 Liter Hubraum und leistete zunächst 75 PS. Schon 1962 sollten es in der Serienfertigung 5 PS mehr sein. Ab 1963 wurden weitere Varianten mit 1,6 und 1,8 Litern Hubraum angeboten. Die Steigerung des Hubraums konnte im Wesentlichen durch eine Vergrößerung der Bohrung erreicht werden. 1965 erschien mit dem 2-Liter-Motor die größte Variante des Vierzylinder-Reihenmotors der »Neuen Klasse«. In den folgenden Jahren kam es zu weiteren Leistungssteigerungen.

Auch im Rennsport war die Motorenfamilie sehr erfolgreich. Als Glanzstück ist der bis 800 PS starke BMW-Turbomotor zu nennen, mit dem die Marke BMW 1983 die Formel-1-Weltmeisterschaft gewinnen konnte.

The grey cast-iron BMW 4-cylinder in-line engine M10 was premiered at the Frankfurt Motor Show in 1961. With an initial output of 80 hp, it provided the platform for all the engines that powered the 'New Class'. It remained in production in its basic form for nearly 30 years, with BMW engineers going on to develop a diverse range of 4-cylinder variants. A total of 3.2 million units of this engine type were produced up to 1988.

BMW attempted to develop a mid-range car with a matching engine in the mid-1950s. However, plans to derive a 4-cylinder power unit from the successful V8 engine failed due to the company's difficult financial situation.

In 1961 the head engine designer at the time, Alexander von Falkenhausen, envisioned a completely new engine as he set about creating a small 4-cylinder power unit in the 1-litre class. The result was a fairly small, light and low-cost engine covering the capacity range from 1.5 to 2.0 litres. The relatively large cylinder spacing of 100 millimetres suggests that provision was made from the outset to expand capacity. The structure of the engine is straightforward: the forged crankshaft is fivefold mounted for an optimized vibration response, the overhead camshaft is driven by dual control chain and the valves are arranged in a V shape.

The 4-cylinder engine installed in the BMW 1500 in 1961 had a capacity of 1.5 litres and an initial output of 75 hp. This was increased by 5 hp in serial production as early as 1962. From 1963 onwards, additional variants came out with a capacity of 1.6 and 1.8 litres. The increased capacity was mainly achieved by enlarging the bore. The biggest variant of the 'New Class' 4-cylinder in-line engine was the 2-litre power unit of 1965. Further increases in output were quick to follow in subsequent years.

This family of engines was highly successful in motor racing, too, the outstanding performer being the 800 hp BMW turbo engine with which the brand won the Formula 1 World Championship in 1983.

Werbemotiv / Advertisement, 1962

Der BMW 1500 war das erste Modell der so-genannten »Neuen Klasse«, ein völlig neuer Automobiltyp: sportlich, kompakt, funktionell und vielseitig. Bei seiner Präsentation auf der Internationalen Automobilausstellung in Frankfurt 1961 löste er große Begeisterung aus, und seine hohen Verkaufszahlen brachten das Unternehmen wieder in die Gewinnzone. Rückblickend markiert der BMW 1500 einen wichtigen Wendepunkt in der Geschichte der BMW Group.

Aufgrund einer verfehlten Modellpolitik hatte die Marke BMW in den Fünfzigerjahren nicht an die Erfolge der Vorkriegszeit anknüpfen können. Den allgemeinen Aufschwung des Wirtschaftswunders schien das Münchener Unternehmen verpasst zu haben. Jedoch immer noch ungebrochen war das gute Image der Marke. In der Zeit vor dem Zweiten Weltkrieg hatte BMW sportliche und hochwertige Modelle wie den 328 hervorgebracht. Nach der turbulenten Ära der Fünfzigerjahre besann sich das Unternehmen auf seine Stärken und konzentrierte alle Kräfte. Nach Jahren der »Zwischenlösungen« wurde endlich die Entwicklung eines Mittelklassewagens vorangetrieben. Der BMW 1500 bildete den Anfang einer ganzen Modellreihe, für die frühzeitig der Begriff der »Neuen Klasse« geprägt worden war. Vor allem die Design-

sprache sorgte für Aufsehen: Wilhelm Hofmeister und seinem Team war es ausgehend von grundlegenden Entwürfen des italienischen Automobildesigners Giovanni Michelotti gelungen, für die viertürige Limousine eine moderne, dynamisch geprägte Form zu finden: Große Fensterflächen, horizontal betonte Linien und der Verzicht auf Schnörkel waren die Kennzeichen einer sportlichen Sachlichkeit, die großen Anklang fand.

Für die BMW-typische Fahrwerks- und Motorentechnik sorgten die Konstrukteure Eberhard Wolff und Alexander von Falkenhausen. Der BMW 1500 wurde durch einen wassergekühlten Vierzylinder-Reihenmotor angetrieben, der bei 1500 ccm Hubraum 80 PS erreichte. Diese solide Antriebsleistung bot das Potenzial für eine Erweiterung der Modellpalette – 1963 erschienen die Schwestermodelle BMW 1800 und 1800 TI mit stärkerem Motor.

Explizit für den Einsatz im Tourenwagensport war das Modell BMW 1800 TI/SA gedacht, vom Werk mit allen Ausstattungsdetails versehen, die für die Rennstrecke notwendig waren. Die Neue Klasse feierte beachtenswerte Erfolge im Tourenwagensport, u. a. den Gewinn der Tourenwagen-Europameisterschaft 1966 durch Hubert Hahne.

Der BMW 1500 und die Neue Klasse stiegen zum absoluten Erfolgsmodell auf: Bis 1972 wurden insgesamt über 350 000 Limousinen in diesem Segment produziert.

The BMW 1500 was the first model of the so-called 'New Class', an entirely new type of automobile: sporty, compact, functional and versatile. Having met with a very enthusiastic response when first showcased at the Frankfurt Motor Show in 1961, its excellent sales figures finally put the company in the black once again. In hindsight, the BMW 1500 marks a key turning point in the history of the BMW Group.

During the 1950s, BMW brand failed to build on its pre-war success due to a misguided model policy. The Munich-based company appeared to have missed out on Germany's economic miracle, though the brand continued to maintain a good image. Prior to the Second World War BMW had produced high-end, sporty models such as the 328. Having come through the turbulent 1950s, the company now decided to focus on its strengths and consolidate its efforts. After years of 'stop-gap solutions', it finally pressed ahead with the development of a mid-range car. The BMW 1500 was the start of an entire model series that became known early on as the 'New Class'. The design style in particular caused a stir: based on basic design drafts created by Italian automobile designer Giovanni Michelotti, Wilhelm Hofmeister and his team hit upon a modern, dynamic shaping for the 4-door saloon. Large window areas, lines with a horizontal emphasis and the

avoidance of any unnecessary embellishments expressed an athletic matter-of-factness that proved highly popular.

Design engineers Eberhard Wolff and Alexander von Falkenhausen took care of the characteristic BMW suspension and engine technology. The BMW 1500 was powered by a water-cooled 4-cylinder in-line engine with a capacity of 1500 cc and an output of 80 hp. This solid power rating offered potential for an extension of the model range – and in 1963 the sibling models BMW 1800 and 1800 TI came out with a more powerful engine. The BMW 1800 TI/SA was explicitly conceived for use in touring car racing and was fitted ex works with all the features required for the race track. The New Class achieved remarkable racing success, including Hubert Hahne's victory in the European Touring Car Championship in 1966.

All in all, the BMW 1500 and the New Class did extremely well: a total of more than 350,000 saloons were produced in this segment up until 1972.

29

Die Einführung des BMW Slogans »Freude am Fahren« / The introduction of the BMW slogan 'Sheer Driving Pleasure'
1965

Vitalität, Wendigkeit und Handlichkeit sind BMW typische Wesenszüge. Es ist nicht einzusehen, daß man auf diese Eigenschaften bei einem großen Automobil mit gesteigerten Ansprüchen an Sicherheit, Komfort und Ausstattungskultur verzichten muß.
Wir haben den großen BMW deshalb so gebaut, daß er neben überlegenen Fahrleistungen eine ungewöhnliche Ausstattung und einen überragenden Komfort bietet.

Aus Freude am Fahren - BMW

Werbeplakat / Advertising poster, 1968

Nichts beschreibt den Charakter der Marke BMW besser als »Freude am Fahren«. Das Motiv der Freude reicht weit in die BMW-Geschichte zurück. Schon in den Dreißigerjahren finden sich in der Werbung erste Hinweise hierauf. Seit 1965 ist »Freude am Fahren« der offizielle Werbeslogan von BMW. Nur selten kann eine Marke, die für individuelle Mobilität steht, auf eine derart lange Tradition der Freude zurückblicken, die so knapp und treffend adressiert wird.

»Freude am Fahren« ist fest im BMW-Markenkern verankert. Obwohl sich die Wurzeln des Slogans bereits in der Werbung der frühen Jahre finden, betonte BMW zwischenzeitlich andere Facetten in der Kommunikation. In der BMW-Werbung der Fünfzigerjahre wurden die besonderen Eigenschaften der einzelnen Produktlinien in den Vordergrund gestellt. So wurde der Wagen der Oberklasse als betont elegant inszeniert, wie geschaffen für den gehobenen Anspruch. Die Isetta dagegen warb mit geringem Kraftstoffverbrauch: »Freude haben – Kosten sparen – BMW Isetta fahren«.
In den Sechzigerjahren thematisierte man bewusst verbindende Eigenschaften aller BMW-Produkte in der Werbung. In einer Anzeige für den BMW 1800 hieß es: »Von Männern und Frauen gleichermaßen mit Begeisterung gefahren: einerseits aus Liebe zum Komfort – andererseits aus Freude am Fahren«. Der offizielle Werbeslogan der Marke wurde im Ausland allerdings noch sehr frei übersetzt, so dass international eine Vielzahl an BMW-Slogans vorherrschte. Als das Unternehmen im Lauf der Siebzigerjahre weltweit wuchs, rückte die Bedeutung eines einheitlichen Auftritts immer mehr in den Mittelpunkt. So wurde 1972 der Claim international einheitlich in die jeweilige Landessprache übersetzt. Hierbei wurde auf marktspezifische Charakteristika Rücksicht genommen: »Freude am Fahren« heißt im Vereinigten Königreich »Sheer driving pleasure«, während in den USA »The Ultimate Driving Machine« verwendet wird.

There is no better description of the BMW brand's character than 'Sheer Driving Pleasure'. The notion of pleasure goes back a long way in BMW history. The very first references to the slogan are to be found in 1930s advertisements, and 'Sheer Driving Pleasure' has been the official BMW advertising slogan since 1965. It is very rare for a brand that stands for individual mobility to be able to look back on such a long tradition of pleasure that is encapsulated so succinctly and so aptly in its slogan.

'Sheer Driving Pleasure' is firmly anchored at the core of the BMW brand. Although the roots of the slogan are to be found in the company's early years, BMW communication has emphasized other facets at various times in its history. Advertising in the 1950s focused on the particular qualities of the various product lines: the top-of-the-range model was showcased in elegant style, for example, perfectly matching its sophisticated aspirations. Meanwhile advertisements for the Isetta homed in on the car's low fuel consumption: 'Enjoy driving pleasure – cut costs – drive a BMW Isetta'.
In the 1960s there was a deliberate attempt to highlight the common attributes of all BMW products in advertising. One advert for the BMW 1800 went as follows: 'Driven by men and women with equal enthusiasm: out of a love of comfort – and for sheer driving pleasure'. The brand's official advertising slogan was still translated very freely in other countries, so a wide range of BMW slogans existed internationally. When the company grew worldwide during the 1970s uniformity became increasingly important, and in 1972 a standardized translation was provided for the claim in each language. Attention was still paid to market-specific expectations, however. While 'Sheer Driving Pleasure' remained as the UK version of the German original 'Freude am Fahren', a different translation was chosen for the USA: 'The Ultimate Driving Machine'.

Freude am Wagen –
Freude am Fahren

Mit 90 PS spurten Sie los. In 13,2 sec.
sind Sie auf 100 km/h. Fahren macht wieder Spaß.
5 sitzen bequem – fahren sicher.
Umgeben von Luxus – umsorgt von Komfort.
DM 9.985,– a W

1966 entschieden sich die Bayerischen Motoren Werke, in den Formelsport einzusteigen. Wichtiger Wegbereiter war der Rekordwagen Brabham BMW BT 7, mit dem BMW mehrere Weltrekorde aufstellen konnte. Das Engagement in der Formel 2, das unzählige Siege mit BMW-Motoren zur Folge hatte, geschah vor allem aus verkaufsstrategischen Gründen. Im Rennsport konnte BMW international sein Können im Motorenbau unter Beweis stellen.

Schon seit 1964 hatte die Marke BMW im Tourenwagensport für Aufsehen gesorgt. Mit dem BMW 1800 TI und den später folgenden 1800 TI/SA sowie dem 2000 TI hatte das Unternehmen renntaugliche Modelle im Programm, die als Sportausführung der viertürigen Standardlimousine Werks- und Privatfahrer gleichermaßen begeisterte und den Tourenwagensport über Jahre prägte. Der nächste Schritt war der Einstieg in den Formelsport. Denn auch hier, im Spitzensegment der Rennwagen, wollte BMW mit seiner Motorenkompetenz überzeugen.

BMW hatte aber keine Erfahrung im Bau von Formelwagen. So kauften die Münchener bei der Firma Motor Racing Developments das Chassis eines Brabham BT 7, der vorher in der Formel 1 gefahren war. Der Gitterrohrrahmen und die Radaufhängungen wurden überarbeitet, um die 290 PS sicher auf die Straße zu bringen. Der neu entwickelte 2,0-Liter-Vierzylinder-Motor war eine Konstruktion von Ludwig Apfelbeck, der hier seine Vision eines äußerst komplexen Zylinderkopfes realisiert hatte. Der Brabham war nur als Testwagen zur Erprobung des neuen Motorenkonzepts gedacht, zumal es in Deutschland kaum Einsatzmöglichkeiten gab. Für großes Aufsehen sorgten im September 1966 die Geschwindigkeitsrekorde in Hockenheim, die die damalige Leiter der BMW-Motorenentwicklung, Alexander von Falkenhausen, höchstpersönlich erzielte. In drei Versuchen brauchte der Wagen für die Viertelmeile 11,26 Sekunden und für den 500-Meter-Sprint 13,05 Sekunden – das war ein neuer Weltrekord! Lange währte die Freude über den Titel nicht, denn schon im Oktober holte sich Abarth den Rekord zurück. Im Dezember war es dann Hubert Hahne, der die Rekordmarke für BMW höher setzen wollte. In Monza konnte er mit dem nunmehr 315 PS starken Apfelbeck-Motor nicht nur die Kurzstreckenrekorde zurückerobern, auch über den stehenden Kilometer erzielte er eine neue Bestzeit. Für die Männer der BMW-Rennabteilung hatte sich der Presserummel um den Brabham BT 7 gelohnt, denn der Vorstand gab grünes Licht für den werksmäßigen Einstieg in die Formel 2.

In 1966 the Bayerische Motoren Werke decided to go into formula racing. A key pioneer here was the Brabham BMW BT 7, which set a number of world records. The company's involvement in Formula 2, resulting in numerous victories with BMW engines, was mainly motivated by sales strategy: motor racing allowed BMW to demonstrate its engine-building prowess in the international arena.

BMW brand had been making its mark in touring car racing ever since 1964. Its model range included the BMW 1800 TI, later followed by the 1800 TI/SA and the 2000 TI: these were marketed as sports versions of the 4-door standard saloon and were immensely popular among private customers and factory drivers alike, playing a major part in touring car racing for years. The next step was to enter formula racing – after all, BMW was just as eager to showcase its engine expertise in the very top racing car segment.

The company had no experience of building formula cars, however, so the chassis of a Brabham previously used in Formula 1 was purchased from the company Motor Racing Developments. The tubular trellis frame and wheel suspension was adapted to create a sound basis for the output of 290 hp. The newly developed 2.0-litre 4-cylinder engine was designed by Ludwig Apfelbeck who realized his vision of a highly complex cylinder head. The Brabham was only intended as a trial vehicle to test the new engine concept since there were very limited opportunities to race it in Germany. The speed records set in Hockenheim in September 1966 were especially sensational, the driver being none other than the then head of BMW engine development himself, Alexander von Falkenhausen. In three attempts the car completed the quarter mile in 11.26 seconds and the 500-metre sprint in 13.05 seconds – a new world record! It was to be a short-lived triumph, however, as Abarth regained the record the following month. Hubert Hahne set out to raise the benchmark higher still for BMW in December. With the output of the Apfelbeck engine now increased to 315 hp, he not only recovered the short-distance records in Monza but also set a new best over the standing kilometre. The press hype surrounding the Brabham BT 7 had certainly been worthwhile for the men at the BMW racing department: management now gave the green light for entry into Formula 2.

Alexander von Falkenhausen im Brabham BMW BT 7 / Alexander von Falkenhausen in the Brabham BMW BT 7, 1966

Flexible Arbeitszeiten und innovative Beschäftigungsmodelle sind wichtige Maßnahmen, um Leistung und Kreativität der Mitarbeiter zu fördern. Die BMW Group schafft es hierdurch, wirtschaftliche und persönliche Interessen zu vereinbaren. Was 1967 mit der Einführung flexiblerer Arbeitszeiten im niederbayerischen Dingolfing begann, wurde im Lauf der Zeit durch die Formulierung verschiedener Arbeitszeitmodelle fortgeführt. Diese Entwicklung trägt heute wesentlich zum Image der BMW Group bei, die weltweit zu einem der attraktivsten Arbeitgeber zählt.

Als die Bayerischen Motoren Werke 1966 die Hans Glas GmbH erwarben, wurde der BMW Werksverbund um die Produktionsstätte Dingolfing und somit die Fertigungskapazitäten wesentlich ausgebaut. Diese Erweiterung geschah auch im Hinblick auf die gut ausgebildeten Mitarbeiter, die ebenfalls von Glas übernommen wurden. Sie waren erfahren im Umgang mit industrieller Fertigung, viele waren aber parallel noch in der Landwirtschaft beschäftigt. Um der landwirtschaftlichen Tätigkeit entgegenzukommen, wurde die Frühschicht vorverlegt. Sie begann um eine Stunde früher als an anderen BMW-Standorten – Zeit genug, um nachmittags den familienbetriebenen Hof zu versorgen. BMW baute ein Netz von Werksbuslinien auf,

um die Belegschaft aus bis zu 120 Kilometer Entfernung zum Arbeitsplatz zu bringen. Zwar gibt es heute kaum mehr Metallarbeiter mit Verpflichtungen auf dem Bauernhof, aber das Arbeitszeitmodell ist geblieben.

Auch der spätere Aufbau der weiteren Werke der BMW Group war von einer sich beständig professionalisierenden, fundierten Umfeld- und Arbeitszeitanalyse begleitet. So konnte durch eine Verankerung flexibler Arbeitszeitregelungen nach dem Grundsatz »Arbeiten, wenn Arbeit da ist« im Werk Leipzig der vermeintliche Standortnachteil gegenüber anderen Ländern ausgeglichen werden. Das gezielte Koordinieren persönlicher und betrieblicher Interessen bei der Planung von Schichtmodellen wird in der BMW Group nicht nur in Deutschland, sondern weltweit berücksichtigt. Im US-Werk Spartanburg startet die Nachtschicht nicht – wie sonst in Wechselschichtmodellen üblich – unmittelbar nach Ende der Tagschicht um 17.30 Uhr, sondern zeitlich versetzt um 19.00 Uhr. Dadurch ist eine Berufstätigkeit beider Partner bei gleichzeitiger Versorgung der Angehörigen gewährleistet – auch wenn das Schichtende dadurch erst in den frühen Morgenstunden erfolgt.

Von Land zu Land sind die Rahmenbedingungen und kulturellen Präferenzen unterschiedlich. Die BMW Group greift diese jeweils vor Ort auf und ist bestrebt, ein für Mitarbeiter und Unternehmen bestmögliches Miteinander zu gestalten.

Flexible work schedules and innovative employment models are important instruments for boosting employee performance and creativity. The BMW Group applies them to address the needs of both the company and the individual staff member. What started in 1967 with the introduction of more flexible working hours in Dingolfing, Lower Bavaria, was continued over the years with the elaboration of various work schedule models. This development has very much defined the BMW Group's image today as one of most attractive employers in the world.

When the Bayerische Motoren Werke acquired Hans Glas GmbH in 1966, the Dingolfing plant was added to the BMW plant network and production capacity was significantly expanded. A key factor here was the well-trained Glas workforce, who were also taken on by BMW. The staff at Glas were experienced in industrial production, but many of them worked as farmers at the same time. In order to make allowances for these agricultural commitments, the early shift at the plant was brought forward. It started an hour earlier than at other BMW sites – giving employees enough time to work on their family farms in the afternoon. BMW established a special bus network to bring workers to the plant, covering distances of up to 120 kilometres. There are hardly any metalworkers with farm respon-

sibilities today of course, but the scheduling model has remained.

When the BMW Group's more recent plants were established later on, extensive and increasingly professional analyses were carried out of employees' social context and potential work schedules. At the plant in Leipzig, for example, the principle of 'Work when work is available!' was applied so as to create flexible schedules, ultimately compensating for any apparent regional disadvantage of a German site as compared to other countries. The selective coordination of personal and operational interests in planning shift models is an approach used by the BMW Group not just in Germany but all over the world as well. At the US plant in Spartanburg, the night shift does not start immediately after the day shift at 5.30 pm, as is common practice with rotating shift models, but at the later time of 7 pm. This ensures that both partners can go to work and spend time with the family – even though the shift does not end until the early hours of the morning.

General conditions and cultural preferences vary from one country to another. The BMW Group responds to these as appropriate at its various sites and endeavours to arrive at a solution that works best for both the employees and the company.

Mit der BMW 02er-Reihe gelang dem Unternehmen ein großer Wurf. Zum 50. Firmenjubiläum stellte BMW 1966 auf dem Genfer Autosalon den neuen Wagen vor. Der BMW 1600 war das erste Modell der später »02er« genannten Reihe. Die zweitürige Limousine besetzte eine Nische im unteren Bereich der Mittelklassewagen, denn ein so kompaktes und sportliches Auto mit derart starken Motoren hatte es in diesem Segment bisher nicht gegeben.

Das Fahrwerk und der 85 PS starke Motor waren weitgehend vom größeren Schwestermodell der »Neuen Klasse« übernommen worden. Auch der Innenraum orientierte sich am Bekannten. Das äußere Design war hingegen von einer neuen Optik, die sofort ins Auge sprang: Die BMW-Designer um Wilhelm Hofmeister hatten eine eigenständige, unverwechselbare Karosserie entwickelt.

Die Formensprache war derjenigen der »Neuen Klasse« zwar ähnlich, aber doch eigenständig, wie etwa bei den kompakten Abmessungen. Dem BMW 1600 folgten rasch weitere Modelle, so 1967 der BMW 1600 TI als sportlichere Variante mit 105 PS sowie 1968 der BMW 2002. Dieser Wagen wurde zum Inbegriff der sportlichen BMW-Limousine und zum wohl bekanntesten Vertreter der 02er-Reihe überhaupt. Kein Wunder, dass er ausgerechnet er heute weltweit Kultstatus genießt. Sein 2-Liter-Motor brachte 100 PS, eine Leistung, die den BMW 2002 zu einem besonders ausgewogenen Fahrzeug machte. Allein von diesem Modell wurden insgesamt 340 000 Exemplare verkauft. Insgesamt bescherte die 02er-Reihe, welche die Modellpalette der »Neuen Klasse« nach unten hin abrundete, dem Unternehmen einen bis dahin nicht gekannten Erfolg.

In den zwölf Produktionsjahren von 1966 bis 1977 konnten 862 000 Fahrzeuge ausgeliefert werden – mehr, als die Menge aller bis dahin je verkauften BMW-Automobile zusammen. Ein Schlüssel zum Erfolg war die Marktforschung gewesen, die das Unternehmen Jahre zuvor etabliert hatte.

The BMW 02 Series was a major coup for the company. BMW premiered the new car at the Geneva Motor Show in 1966 to mark its 50th anniversary. The BMW 1600 was the first model of the series, which was later dubbed '02'. The 2-door saloon filled a niche: a compact, sporty car of this kind with such powerful engines was a new phenomenon in the lower segment of mid-range cars.

To a great extent the suspension and 85 hp engine had been borrowed from the larger sibling model of the 'New Class', and the interior was also based on the familiar scheme. But the exterior sported a look that immediately caught the eye: the BMW designers under Wilhelm Hofmeister had developed a distinct and unmistakable body. The styling was similar to that of the 'New Class' yet still distinctive, not least due to the car's compact dimensions. The BMW 1600 was rapidly followed by other models such as the BMW 1600 TI in 1967 as a sportier variant with 105 hp, and then the BMW 2002 in 1968. This latter car became the epitome of the sporty BMW saloon and is probably the best-known member of the 02 Series family, so the fact that this particular model enjoys cult status worldwide today is hardly surprising. Its 2-litre engine delivered 100 hp, making the BMW 2002 an especially well-balanced vehicle. A total of 340,000 units were sold of this model alone.

Rounding off the bottom end of the 'New Class' model range, the 02 Series as a whole took the company to a new level in terms of economic success.

In the twelve years of production from 1966 to 1977 862,000 vehicles were delivered – more than the total number of BMW automobiles sold up to that time. One key to this success was most likely the market research operations that the company had established years before.

Werbeplakat / Advertising poster, 1975

BMW 2002 Touring, 1971

Mit dem großen BMW Coupé kehrte BMW 1968 in die automobile Oberklasse zurück. Nach der sportlich-eleganten Sachlichkeit der »Neuen Klasse« und der 02er-Reihe wurde die Modernisierung der Modellpalette fortgesetzt und nach oben hin erweitert. Die große Limousine und das ebenso formschöne Coupé verkörpern den Inbegriff der BMW-Philosophie. Technik und Design haben hier eine Ausprägung gefunden, die noch heute sichtbar und für die Marke BMW charakteristisch ist.

Die Präsenz der Marke BMW in der Oberklasse reicht bis in die Dreißigerjahre zurück. Nach dem Zweiten Weltkrieg hatte man mit den Modellen BMW 501 und BMW 502 versucht, auf Basis bewährter Fahrzeugkonzepte und Motoren an diese Tradition anzuknüpfen. Doch brachten diese sogenannten »Barockengel« das Unternehmen in die finanzielle Krise. Es sollten noch Jahre vergehen, bis BMW wieder an der Spitze des modernen Automobilbaus angekommen war.

Von Beginn an lobten Fachpresse und Publikum das gelungene Design des großen BMW Coupés. Das Exterieur mit seiner sportlichen Eleganz und Leichtigkeit, dazu die unaufdringliche Exklusivität im Innenraum, verkörperten auf ideale Weise den modernen BMW-Charakter. Wir finden hier typische Gestaltungsmerkmale wie die Doppelrundscheinwerfer, die Doppelniere und den zurückgesetzten Kühlergrill. Gemeinsam mit dem BMW-Emblem auf der Motorhaube bilden sie seither das typische und unverwechselbare Gesicht eines Automobils der Marke BMW. Die ausgeprägte Sickelinie an der Seite wird von weiteren horizontal verlaufenden, gestreckten Linien flankiert. Ein besonderes Detail: der sogenannte »Hofmeister-Knick«. Dieses Element bezeichnet den seitlichen Gegenschwung am Fuß der hinteren Dachsäule (C-Säule). Ursprünglich aus statischen Gründen vom Chef der Karosserieentwicklung Wilhelm Hofmeister zu Beginn der Sechzigerjahre eingeführt, ist der »Hofmeister-Knick« seitdem auf nahezu jedem BMW zu finden. Die für die großen BMW Coupés entwickelte Formensprache wurde zum entscheidenden Bindeglied zwischen der »Neuen Klasse« und den ab 1972 folgenden Baureihen.

Mit der Einführung von 3,0-Liter-Aggregaten ab 1971 – wie im Modell BMW 3.0 CS – standen nun Sechszylinder-Reihenmotoren mit 180 PS und mehr zur Verfügung, die sich in den Wagen der Oberklasse als besonders laufruhig und leistungsstark erwiesen.

Zwischen 1971 und 1975 wurden zusammen mit dem BMW 3.0 CSi fast 20000 Exemplare dieses Modells hergestellt – heute ist jeder einzelne BMW 3.0 CS ein begehrtes Sammlerstück.

BMW returned to the class of top-range automobiles in 1968 with the large BMW Coupé. After the sporty and elegant matter-of-factness of the 'New Class' and the 02 Series, modernization of the model portfolio was continued and the range was extended upwards. The large saloon and the equally shapely coupé embody the essence of the BMW philosophy, establishing a combination of technology and design that still remains visible and characteristic of the BMW brand to this day.

The presence of BMW brand in the luxury performance segment dates back to the 1930s. After the Second World War, an attempt was made to build on this tradition based on well-established vehicle concepts and engines in the models BMW 501 and BMW 502. These so-called 'Baroque angels' plunged the company into financial crisis, however. Years were to go by before BMW once again re-established its position at the forefront of modern automobile manufacture.

Both experts and the public at large praised the attractive design of the large BMW Coupé from the outset. With its athletic elegance and lightness as well as an unobtrusive air of exclusivity in the interior, it was the perfect modern embodiment of the BMW character. Typical design features are to be found here such as the twin circular headlights, the double kidney and the recessed radiator grille. Together with the BMW emblem on the bonnet, these elements were to define the typical and unmistakable face of an automobile of the BMW brand from then on. The pronounced bead line on the side is flanked by additional elongated, horizontal lines. One particular detail was the so-called 'Hofmeister kink' – the lateral counter-curve at the base of the rear roof column ('C column'). Originally introduced by the then head of body development Wilhelm Hofmeister for structural reasons in the early 1960s, the Hofmeister kink has remained a feature of virtually every BMW ever since. The styling, developed for the large BMW Coupés, established a key link between the 'New Class' and the series that followed from 1972 onwards.

With the introduction of 3.0-litre engines from 1971 – as in the BMW 3.0 CS – 6-cylinder in-line engines were now available with 180 hp and more that proved especially smooth-running and powerful in the top-of-the-range models.

Between 1971 and 1975 almost 20,000 units of this model were produced, including the BMW 3.0 CSi – and today almost every BMW 3.0 CS is a coveted collector's item.

Die geheimen Verführer.

Erfahrungsgemäß messen Menschen ihre Umwelt an den gleichen Merkmalen, die sie selbst auszeichnen. So ist es verständlich, daß sich der Fahrer mit den Eigenschaften seines Fahrzeugs identifiziert und Automobile in gewisser Weise ihren Besitzer repräsentieren.
BMW Automobile gelten in diesem Zusammenhang als vital, dynamisch, beweglich und erfolgreich. Vielleicht ist es deshalb für die Frau eines BMW Fahrers nicht leicht auseinanderzuhalten, wo die Sympathie anderer für das Automobil aufhört. Und die für den Mann anfängt.

BMW 3.0 CS, BMW 3.0 CSi, BMW 3.0 CSL
Die perfekte Synthese von Fahrleistung, Fahrsicherheit, Fahrkomfort und Ausstattungskultur.   BMW – Freude am Fahren

Werbemotiv / Advertisement, 1974

Das Jahr 1969 markiert einen Wendepunkt in der BMW-Motorradgeschichte. Nach 46 Jahren verlegte das Unternehmen seine Motorradproduktion komplett nach Berlin. Zugleich stellte es eine neu entwickelte Modellreihe vor. Mit der BMW R 75/5 gelang es den Bayerischen Motoren Werken, nach den schwierigen Fünfziger- und Sechzigerjahren zum richtigen Zeitpunkt das passende Modell anbieten zu können und im Motorradmarkt wieder erfolgreich zu sein.

Mitte der Fünfzigerjahre erlebte die Motorradindustrie in Europa ihre größte Krise, als der Motorradmarkt einbrach. Kleinwagen lösten die motorisierten Zweiräder als einfache Transportmittel ab. Das Image der Motorräder war schlecht, galten diese doch als Verkehrsmittel der armen Bevölkerung, die sich kein Auto leisten konnte.

Auch das Unternehmen BMW bekam den Rückgang zu spüren: Wurden 1954 noch knapp 30 000 Motorräder gefertigt, war die Produktion innerhalb von drei Jahren auf lediglich 5429 Exemplare eingebrochen. Es ist allein dem Behördengeschäft und dem Export in alle Welt zu verdanken, dass die Verkaufszahlen zumindest auf niedrigem Niveau einigermaßen stabil blieben. Die erfolgreiche »Wiederentdeckung der

sportlichen Mittelklasse« ab Anfang der Sechzigerjahre ließen die Produktionskapazitäten im Münchener BMW Werk bald an ihre Grenzen stoßen. So verlagerte das Unternehmen 1966 die Motorrad-Endmontage nach Berlin-Spandau, wo man 1939 die Brandenburgischen Motorenwerke erworben hatte. In deren Hallen wurden nach Kriegsende zunächst Dinge des täglichen Gebrauchs gefertigt, bevor man die Produktion von Fahrzeugkomponenten aufnahm. Am Motorrad festzuhalten, sollte sich für das Münchener Unternehmen auszahlen, denn in den USA zeichnete sich damals ein Imagewandel ab: Filme wie *Easy Rider* transportierten ein neues Lebensgefühl – Motorradfahren war plötzlich wieder cool.

BMW-Konstrukteure entwickelten zu dieser Zeit eine komplett neue Baureihe, die diesem Trend entsprach: Modelle wie die R 75/5, die nun komplett in Berlin gebaut wurden, waren allein für den Solobetrieb ausgelegt und boten ein modernes Design, das durch eine wachsende Farbpalette dem neuen Zeitgeist Rechnung trug. Kunden schätzten das Motorrad nun als Sport- und Freizeitgerät, das Freiheit und Abenteuer versprach. Die neue /5-Baureihe wies die klassischen Konstruktionsmerkmale Doppelschleifen-Rohrrahmen, Boxermotor und Kardanantrieb auf und bot drei Motorisierungen von 500 bis 750 ccm Hubraum.

The year 1969 was a turning point in BMW motorcycle history. After 46 years, the company moved its entire motorcycle production to Berlin. It also launched a newly developed model series: following a difficult period in the 1950s and 1960s, the Bayerische Motoren Werke offered the right model at the right time to re-establish its success on the motorcycle market – the BMW R 75/5.

The motorcycle industry in Europe saw its worst crisis in the mid-1950s when the motorcycle market collapsed. Small cars replaced motorized two-wheelers as a simple means of transport. Motorcycles were regarded as a means of transport for poor people who could not afford a car, and their image suffered as a result.

The company was directly affected by this decline: having manufactured nearly 30,000 motorcycles in 1954, the company's production slumped to just 5,429 within a period of three years. Fortunately, supplies to public authorities and international exports kept sales figures reasonably stable at a low level. The successful 'rediscovery of the sporty mid-range car' from the early 1960s onwards meant that production capacity at the BMW plant in Munich soon reached its limits. Having

purchased the Brandenburg Motor Works in 1939, BMW shifted its motorcycle assembly line to Berlin-Spandau in 1966. In the immediate post-war years, the Spandau production halls were initially used to manufacture household articles before the company started producing vehicle components. The decision to maintain its motorcycle manufacturing operations was to prove a wise one for BMW – there were already signs in the USA that the image was beginning to change. Films such as *Easy Rider* expressed a whole new way of life – suddenly, motorcycling was cool again. BMW construction designers developed a completely new series that matched this trend: models such as the R 75/5, now built entirely in Berlin, were designed to be ridden solo and featured a modern design with an increasingly varied range of paint finishes that reflected the spirit of the times. Customers came to appreciate the motorcycle as a sports and leisure vehicle that promised freedom and adventure. With its classic design features such as a lightweight cradle frame, boxer engine and shaft drive, the new /5 Series was available in three engine variants that ranged in capacity from 50 to 750 cc.

Mit der Gründung der BMW Kredit Bank GmbH im Jahr 1971 starteten die Bayerischen Motoren Werke mit dem Finanzdienstleistungsgeschäft. Das Angebot konzentrierte sich zunächst auf die Finanzierung der Fahrzeug- und Ersatzteilbezüge von BMW-Händlern. Heute ist BMW Group Financial Services weltweit in verschiedenen Geschäftsfeldern tätig und bietet sowohl Privat- als auch Großkunden ein breites Spektrum an Dienstleistungen.

BMW Group Financial Services ist inzwischen mit mehr als 8000 Mitarbeitern in über 50 Ländern vertreten und hat die Aufgabe, das Unternehmen bei seinem Angebot an Fahrzeugen und Services rund um eine individuelle wie auch nachhaltige Mobilität zu unterstützen. Das Angebot reicht von Leasing und Finanzierung bis hin zu Versicherungen. Dabei wird weder zwischen Automobil bzw. Motorrad oder zwischen Neu- oder Gebrauchtwagen unterschieden, noch ob es sich um eine private oder geschäftliche Nutzung des Fahrzeugs handelt. Entscheidend ist der Service: Der Kunde steht im Mittelpunkt und bekommt im Autohaus alles aus einer Hand.

Ein überaus erfolgreicher Bestandteil der Finanzdienstleistungssparte ist die BMW Bank GmbH. Bei ihrer Gründung 1971, damals firmierte sie noch als BMW Kredit Bank GmbH, hatte diese vor allem den Auftrag, die BMW-Handelsorganisationen zu unterstützen. 1994 wurde aus der BMW Bank GmbH schließlich eine anerkannte Vollbank, die neben Finanzierung, Leasing und Versicherung von Automobilen und Motorrädern auch Sparkonten und Kreditkarten anbietet. Schon 1995 wurde jeder dritte, neu zugelassene BMW in Deutschland über die BMW Bank finanziert oder geleast – ein Erfolg, der mit den Jahren gesteigert werden konnte. Heute schließt bereits mehr als die Hälfte der Kunden beim Kauf eines Automobils der Marken BMW und MINI einen Finanzierungs- oder Leasingvertrag mit der BMW Bank ab.

Mit einer Bilanzsumme von rund 23 Milliarden Euro und einem Einlagenbestand von über 8,0 Milliarden Euro (Stand 31.10.2015) zählt die BMW Bank heute mit zu den führenden Automobilbanken in Deutschland.

The Bayerische Motoren Werke became involved in the field of financial services when it founded BMW Kredit Bank GmbH in 1971. Initially the bank focused on financing the purchase of cars and spare parts from BMW dealerships. Today BMW Group Financial Services operates worldwide in a range of business areas, offering a wide spectrum of services for both private and large-scale clients.

BMW Group Financial Services now employs more than 8,000 staff and is represented in more than 50 countries, supporting the BMW Group in providing its range of vehicles and services geared towards individual and sustainable mobility. The spectrum ranges from leasing and finance through to insurance. Equal importance is attached to automobiles, motorcycles, new cars and used cars, whether for private or business use. Service is crucial: the customer is the central focus and the dealership provides everything from a single source.

BMW Bank GmbH is a highly successful section of the company's financial services division. It was founded in 1971 under the name of BMW Kredit Bank GmbH with the main aim of supporting the BMW dealer networks. In 1994, BMW Bank GmbH finally became an authorized full-service bank offering not just finance, leasing and insurance for automobiles and motorcycles but also savings accounts and credit cards. As early as 1995, one in three newly registered BMW in Germany was financed or leased through the BMW Bank – a success rate that has increased over the years. Today more than half of the customers buying a new BMW or MINI take out a finance or leasing contract with the BMW Bank.

With a balance sheet total of some 23 billion euros and deposits of more than 8 billion euros (as of 31 October 2015), the BMW Bank is one of the leading automobile banks in Germany today.

BMW Financial Services »Zeppelin« / BMW Financial Services 'Zeppelin', 2006

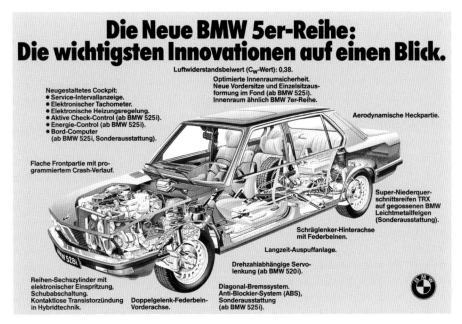

Werbeplakat / Advertising poster, 1981

Im Sommer 1972 präsentierten die Bayerischen Motoren Werke das neue Mittelklassemodell BMW 520 als den ersten Vertreter der neuen 5er-Baureihe. Schon lange hatte das Unternehmen nach einer einheitlichen Nomenklatur gesucht. Die Einteilung in Baureihen, die in der Ära des Vorstandsvorsitzenden Eberhard von Kuenheim vorgenommen wurde, gilt heute als eine der nachhaltigsten strategischen Entscheidungen.

Anfang der Siebzigerjahre sollten die viertürigen Modelle BMW 1800 und BMW 2000 einen geräumigeren und komfortableren Nachfolger erhalten, wobei man aber am bewährten Stil der »Neuen Klasse« festhalten wollte. Die selbsttragende Karosserie mit Stufenheck wurde um zwölf Zentimeter verlängert, was vor allem Fahrgästen im Fond zugutekam. Der neue BMW 520 beeindruckte durch sein modernes Styling und ausgewogene Proportionen. Ausgeprägt ist die elegant gezogene Horizontale, erkennbar an der seitlichen Sicke in Höhe der Türgriffe sowie an der Leiste auf Höhe der Stoßstangen. Große Fensterflächen und eine tiefe Gürtellinie ermöglichen eine gute Sicht nach allen Seiten. Markante Doppelrundscheinwerfer und die BMW-typische Doppelniere im Kühlergrill verleihen dem Wagen ein unverwechselbares Gesicht.

Insgesamt wurde beim BMW 5er noch mehr Wert auf Komfort gelegt. Durch besser schließende Türen und den Wegfall der Ausstellfenster reduzierten sich die Windgeräusche. Besonderes Augenmerk galt der Ergonomie des Fahrerplatzes: Blendfrei abgedeckte Rundinstrumente und zahlreiche Kontrollleuchten vermittelten klare Informationen, die wichtigsten Hebel waren griffgünstig angeordnet. Die Vordersitze waren vielfach verstellbar; auf Wunsch wurde das Lenkrad höhenverstellbar ausgeführt. Auch zeichnete sich der BMW 520 durch ein verbessertes passives und aktives Sicherheitskonzept aus. Das Armaturenbrett bestand aus verformbaren Materialien, allseits abgerundete Kanten sowie Gurtstraffer und Kopfstützen vorne waren serienmäßig. Unsichtbar für den Kunden blieben definierte Knautschzonen und eine formsteife Passagierzelle mit integriertem Überrollbügel. Für die Erstellung und Berechnung dieser Sicherheitselemente setzten die Bayerischen Motoren Werke erstmals auf die noch junge Computertechnologie.

In the summer of 1972 the Bayerische Motoren Werke premiered the new mid-range model BMW 520 as the first representative of the new 5 Series. The company had long been trying to establish standardized model designations. The classification according to series, undertaken in the era of CEO Eberhard von Kuenheim, has since come to be seen as one of the company's most far-reaching strategic decisions.

In the early 1970s, a more spacious and comfortable successor was to be provided for the 4-door models BMW 1800 and BMW 2000, while still adhering to the tried and tested style of the 'New Class'. The integral body with notchback was extended by 12 centimetres, which especially benefited passengers at the rear. The new BMW 520 offered impressively modern styling and well-balanced proportions. Its elegantly extended horizontal line is especially noticeable, indicated by the bead at door handle height and the strip at the level of the bumpers. Large window areas and a low waistline ensure good visibility on all sides. Striking twin circular headlights and the hallmark BMW double kidney in the radiator grille give the car a distinctive face.

All in all, greater emphasis was placed on comfort in the BMW 5 Series. Wind noise was reduced by means of more firmly fitting doors and the omission of vent windows. Particular attention was paid to driver's-seat ergonomics: covered, dazzle-free circular instruments and numerous indicator lights conveyed clear information, while the main levers were positioned for convenient handling. The front seats offered multiple adjustments and there was also the option of a height-adjustable steering wheel. The BMW 520 featured an improved passive and active safety concept, too. The dashboard was made of deformable materials with rounded edges, while belt tensioners and headrests came as standard on the front seats. Features invisible to the customer included defined crumple zones and an inherently stable passenger cell with integrated rollover bar. This model also saw the first use of computer technology by the Bayerische Motoren Werke – then still in its infancy – to design and calculate safety elements.

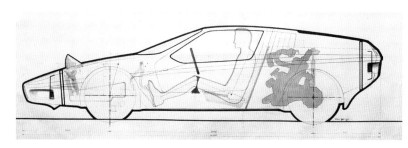

BMW Turbo, Designzeichnung / design drawing, 1971

BMW Turbo, Fahrerorientiertes Cockpit / driver-oriented cockpit, 1972

Der BMW Turbo war ein wegweisender Prototyp, eine Designstudie sowie ein vielseitiger Technologieträger, der 1972 dem staunenden Publikum vorgestellt wurde. Das Unternehmen präsentierte ihn als den ersten Sicherheitssportwagen der Welt und als das erste »Vision Car« der Marke überhaupt. Seine Konstrukteure sahen in ihm ein Forschungslabor auf Rädern, das Innovationen vorwegnahm, die man später in Serienfahrzeugen wiederfinden sollte. BMW bewies damit, dass es möglich war, einen faszinierenden Sportwagen mit ausgeprägtem Sicherheitskonzept zu bauen.

Das Design des Flügeltürers ist extrem flach und zahlt damit nicht nur auf ein dynamisches Erscheinungsbild, sondern auf ein hohes Maß an aktiver und passiver Sicherheit ein: Eine ausgeglichene Achslastverteilung, der niedrige Schwerpunkt und eine gute Rundumsicht sorgen für mehr Sicherheit. Selbst die Lackierung trug das ihre dazu bei: Mit der spektral abgestuften Leuchtfarbe an Front und Heck war der BMW Turbo selbst in grauen Wintertagen gut erkennbar.

Der BMW-Chefdesigner Paul Bracq ging von dem Grundgedanken aus, das Auto konsequent auf den Menschen abzustimmen. Dafür sprach eine ergono-mische Innenraumgestaltung, hier vor allem das zum Fahrer orientierte Cockpit, das ab 1975 beim BMW 3er erstmals in Serie ging und über Jahrzehnte die Cockpitgestaltung der BMW-Modelle entscheidend prägte. Ein umfassendes Paket passiver Sicherheit bestand aus Sicherheitsgurten, die angelegt werden mussten, wollte man den Wagen starten, aus einer Sicherheitslenksäule mit drei Kardangelenken, Türpfosten, welche die Funktion eines Überrollbügels erfüllten sowie Sicherheitsknautschzonen mit hydraulischen Stoßdämpfern an Front und Heck.

In spezifischen Fahrsituationen kamen erstmals Assistenzsysteme wie das Anti-Blockier-System (ABS), Radarabstandswarner und Querbeschleunigungsmesser zum Einsatz. Zusätzlich informierte der BMW Turbo seinen Fahrer via »Check Control« über den Fahrzeugzustand. Somit verwirklichte man erstmals eine Vernetzung von Fahrer mit dem Fahrzeug bzw. der Fahrzeugumgebung. Für den Antrieb sorgte ein quer zur Fahrtrichtung eingebauter Vierzylindermotor mit knapp 2 Litern Hubraum. Er stammte aus der BMW 02er-Reihe und wurde mit Hilfe eines Turboladers auf bis zu 280 PS aufgeladen. Mit nur 980 Kilogramm Gewicht sprintete der BMW Turbo von 0 auf 100 km/h in 6,6 Sekunden. Im Herbst 1973 wurde ein zweiter Prototyp entwickelt.

The BMW Turbo was a groundbreaking prototype, a design study and a multi-faceted technology showcase that was introduced to an astonished public in 1972. The company launched it as the world's first safety sports car and the brand's first ever 'Vision Car'. Its designers used it as a research lab on wheels, anticipating innovations that later turned up in volume-production vehicles. It was with this car that BMW demonstrated how a fascinating sports car could be combined with a substantial safety concept.

The design of the gullwing model is extremely flat, not only making the car look more dynamic but also significantly enhancing both active and passive safety: a balanced axle load distribution, low centre of gravity and good all-round visibility are all features that increase safety. Even the paint finish was a safety factor: with its spectrally graded luminous colouring at the front and rear, the BMW Turbo was clearly visible even on grey winter days.

The underlying premise of BMW Head Designer Paul Bracq was to put the human element at the heart of the development process. Ergonomic interior design was key here, in particular the driver-oriented cockpit that went into mass production for the first time in 1975 in the BMW 3 Series and exerted a defining influence on cockpit design in BMW models for decades to come. The extensive passive safety package consisted of seat belts which had to be fastened before the car would start, a safety steering column with three universal joints, door jambs that acted as a rollover bar and safety crumple zones with hydraulic dampers at the front and rear.

In specific situations, assistance systems were activated such as the anti-lock braking system (ABS), radar-based braking distance monitor and lateral acceleration sensor. The BMW Turbo also provided its driver with feedback on the state of the vehicle via 'Check Control'. It was the first time that connectivity was established between the driver, the vehicle and its environment. The car was powered by a horizontally mounted 4-cylinder engine with a capacity of just under two litres. This was taken from the BMW 02 Series and was boosted by a turbocharger to produce 280 hp. Weighing in at just 980 kg, the BMW Turbo accelerated from 0 to 100 km/h in 6.6 seconds. A second prototype was developed in autumn 1973.

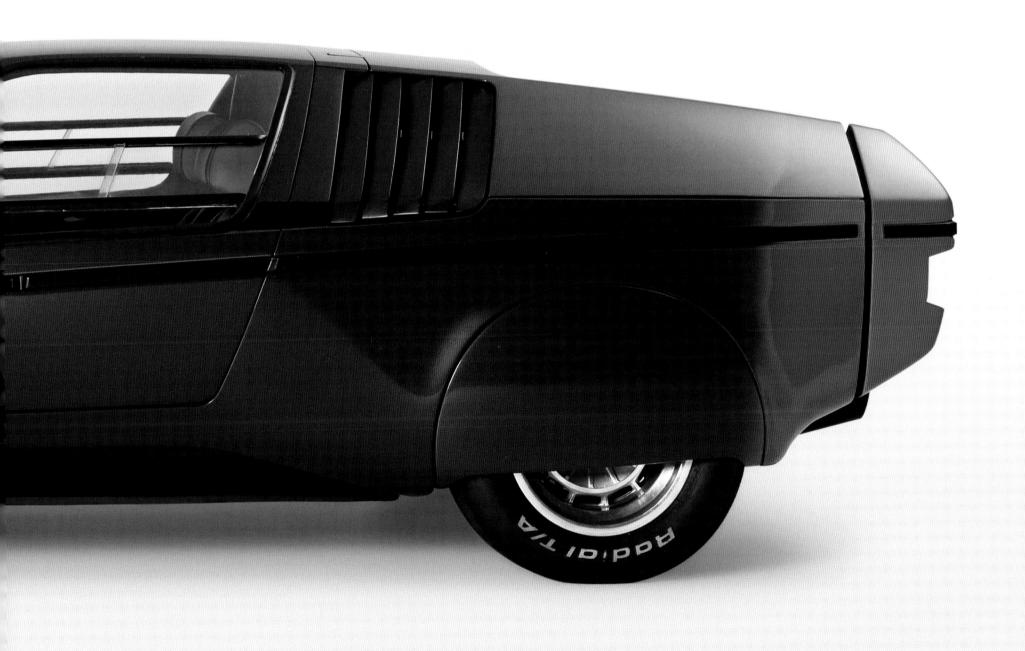

BMW Turbo, Stoßfänger-System, Designzeichnung von Paul Bracq / bumper system, design drawing by Paul Bracq, 1972

1972 wurde die BMW Motorsport GmbH als eine Tochtergesellschaft der BMW AG gegründet. Neben dem Engagement im Motorsport gehörte auch wenig später die Entwicklung besonders leistungsstarker Serien-Automobile zum Programm. Im Lauf der Jahre erweiterte die Gesellschaft ihr Angebot stetig weiter und firmiert seit 1993 als BMW M GmbH. Seither ist der BMW Motorsport in einem eigenständigen Bereich organisiert.

Die BMW-Motorsportabteilung hatte in den Sechzigerjahren beachtliche Rennerfolge erzielt. Doch die Marke wollte mehr Präsenz im Motorsport zeigen. Für diese Aufgabe konnte Vertriebsvorstand Robert A. Lutz den erfolgreichen Ford-Rennleiter Jochen Neerpasch gewinnen, der gemeinsam mit einem 35-köpfigen Team von Spezialisten am 24. Mai 1972 die BMW Motorsport GmbH gründete, in der alle bisherigen Motorsport-Engagements im Unternehmen gebündelt wurden. Nur ein Jahr später war BMW nicht nur in verschiedenen Serien im Tourenwagensport aktiv, sondern auch als Motorenlieferant in der Formel 2. Rennfahrer wie Hans-Joachim Stuck, Dieter Quester und Toine Hezemans wurden als Werksfahrer verpflichtet. Mit dem BMW 3.0 CSL gewann die Marke sechsmal die Europameisterschaft und machte das Leichtbau-Coupé zum erfolgreichsten Tourenwagen seiner Epoche. Mit dem fünffachen Meistertitel in der Formel 2 zeigte BMW eindrücklich seine Dominanz im Rennmotorenbau. Aufsehen erregte auch das neue, einheitliche Design mit drei Farbstreifen in Blau, Violett und Rot, die bis heute das Erscheinungsbild des BMW Motorsports prägen.

Ab Mitte der Siebzigerjahre bot BMW erstmals auch abseits der Rennstrecke Automobile mit der sogenannten M Power. Mehrere Limousinen-Modelle der BMW 5er-Reihe wurden von Grund auf neu konzipiert und mit leistungsstarken Motoren sowie dazu passender Fahrwerkstechnik ausgestattet.

Auf Initiative von Neerpasch wurde 1977 das BMW-Fahrertraining ins Leben gerufen. Damit bot ein Automobilhersteller erstmals ein professionelles Training für Alltagsfahrer an.

Einen sensationellen Sportwagen präsentierte die BMW Motorsport GmbH 1978 mit dem BMW M1, einem Modell mit Mittelmotor und dynamisch geformter Kunststoff-Karosserie. In der eigens für ihn geschaffenen Procar-Serie gingen Formel-1-Fahrer und Privatfahrer gemeinsam an den Start. 1980 gab BMW den Einstieg in die Formel 1 bekannt. Der »Motorenpapst« Paul Rosche scharte dazu ein Spezialistenteam um sich und entwickelte ein Triebwerk mit sagenhaften 800 PS. Nach nur 630 Tagen stellte BMW mit Nelson Piquet den ersten Weltmeister der Turbo-Ära. In diesen Jahren weitete die GmbH ihren Bereich weiter aus: Neben dem Motorsport, die Entwicklung von M-Serienfahrzeugen und das Fahrertraining trat die Konzeption

sogenannter Individualfahrzeuge. Ab 1993 firmierte die Gesellschaft als BMW M GmbH.

Der 1987 im Motorsport eingeführte BMW M3 ist bis heute das auf der Rennstrecke erfolgreichste BMW-Modell. Gleich im Premierenjahr gewann das Fahrzeug den DTM-Titel und wurde Tourenwagen-Weltmeister. 1989 folgte ein weiterer Titelgewinn in der DTM. Bis zum werksseitigen Ausstieg von BMW aus der Serie 1992 feierte der BMW M3 stattliche 41 Siege.

Der nächste Meilenstein in der Geschichte von BMW Motorsport folgte 1999, als der BMW V12 LMR beim 24-Stunden-Rennen von Le Mans triumphierte. Nur ein Jahr später kehrte BMW gemeinsam mit Williams in die Formel 1 zurück. Bis zum Ausstieg 2009 fuhren Fahrzeuge mit BMW-Motoren elfmal als Sieger über die Ziellinie. Im gleichen Zeitraum feierte BMW in der FIA World Touring Car Championship große Erfolge. Zwischen 2005 und 2007 fuhr BMW-Werksfahrer Andy Priaulx drei WM-Titel in Folge ein.

Nach dem Ausstieg aus der Formel 1 im Jahr 2009 richtete BMW sein Motorsport-Programm neu aus und kehrte 2012 in die DTM zurück. Auf Anhieb gelang mit dem BMW M3 DTM das Titel-Triple in der Fahrer-, Team- und Herstellerwertung. Der Modellwechsel auf den BMW M4 DTM wurde 2014 ebenfalls gleich beim ersten Versuch mit dem Gewinn der Fahrer- und Teamwertung gekrönt. Bis einschließlich 2015 gewann BMW Motorsport in der DTM sieben von zwölf möglichen Titeln.

Werbemotiv / Advertisement, 1973

BMW Motorsport GmbH was established as a subsidiary of BMW AG in 1972. In addition to its involvement in motor racing, the affiliate company soon began to develop high-performance volume-production automobiles, too, gradually expanding its range over the years. It has gone by the name of BMW M GmbH since 1993. BMW motor racing operations have been organized in a separate division ever since.

The BMW motor racing department achieved remarkable successes on the racetrack in the 1960s, but the brand wanted to expand its presence in racing. For this purpose, Chief Sales Officer Robert A. Lutz gained the services of the successful Ford racing director Jochen Neerpasch, who assembled a 35-strong team of specialists and established BMW Motorsport GmbH on 24 May 1972 to take care of all the company's existing motor racing activities. Just one year later, BMW was not just active in various touring car racing series but was also supplying engines for Formula 2. Racing drivers such as Hans-Joachim Stuck, Dieter Quester and Toine Hezemans were signed on as factory drivers. The brand won the European Championship six times with the BMW 3.0 CSL, making this lightweight coupé the most successful touring car of its era. Meanwhile five Formula 2 championship titles impressively demonstrated the dominance of BMW in the field of racing engines. A particular phenomenon was the new homogeneous design with three stripes in blue, purple and red – which has remained the BMW motor racing hallmark to this day.

From the mid-1970s, BMW began marketing automobiles with so-called 'M Power' off the racetrack, too. Several BMW 5 Series saloon models were redesigned from scratch and fitted with high-performance engines complete with matching suspension technology.

Meanwhile the BMW Driver Training programme was established at the instigation of Neerpasch in 1977. It was the first time an automobile manufacturer had offered professional training for the regular motorist.

In 1978 BMW Motorsport premiered the BMW M1 – a sensational sports car with a mid-mounted engine and a dynamically shaped plastic body. The Procar Series was created especially for this model, involving both Formula 1 drivers and privateers. BMW announced its entry into Formula 1 in 1980. Engine guru Paul Rosche assembled a team of specialists and developed an engine with a sensational output of 800 hp. Just 630 days later, the first world championship winner in the turbo era was Nelson Piquet driving a BMW. The company began to expand its sphere of operations during this period: in addition to motor racing, the development of M serial-production vehicles and driver training, it also began to create so-called 'Individual' vehicles. From 1993 onwards the company operated under the name of BMW M GmbH.

To this day the BMW M3 launched in 1987 remains the most successful BMW model on the race track. In its premiere year it won both the DTM and the WTTC, and another DTM title followed in 1989. All in all, the BMW M3 achieved 41 victories before withdrawing from the series in 1992.

The next milestone in BMW motor racing history followed in 1999, when the BMW V12 LMR won the 24 Hours of Le Mans. BMW then joined forces with Williams to return to Formula 1 a year later. Eleven cars powered by BMW engines were first to cross the finishing line before the company's withdrawal in 2009. During the same period, BMW also achieved outstanding success in the FIA World Touring Car Championship. BMW factory driver Andy Priaulx won three World Championship titles between 2005 and 2007.

After its withdrawal from Formula 1 in 2009, BMW restructured its motor racing programme and returned to the DTM in 2012. The BMW M3 DTM immediately won the title triple in the driver, team and constructor rankings. The change of model to the BMW M4 DTM in 2014 was likewise rewarded with victory in the driver and team rankings. Up to and including 2015, BMW Motorsport won seven out of a possible twelve titles in the DTM.

Südafrika ist ein für die internationale Automobilindustrie wichtiger Markt. Daher eröffneten die Bayerischen Motoren Werke 1968 hier ein Montagewerk und begannen, in Kooperation mit einem lokalen Betrieb BMW-Fahrzeuge in Rosslyn zu montieren. Aufgrund der drohenden Insolvenz des Partners übernahm BMW den Standort 1972 und führte die Geschäfte in Eigenregie fort. Seit 1996 ist das Werk ein sogenanntes Vollwerk und in dieser Form in das Produktionsnetzwerk der BMW Group integriert.

Das Werk in Rosslyn ist der erste Produktionsstandort des Unternehmens außerhalb Deutschlands. Die ersten BMW-Motorräder wurden bereits 1932 in Südafrika eingeführt, doch sollten mehrere Jahrzehnte vergehen, bis am Kap Fahrzeuge der Münchener Marke montiert wurden. 1968 war eine Kooperation mit dem lokalen Partner Hugh Parker (Pty) Ltd. geschlossen worden, der als Dachorganisation Verantwortung für Montage und Vertrieb trug. Als dieser in finanzielle Schwierigkeiten geriet, wagte der Münchener Automobilhersteller den Schritt in den Süden Afrikas und übernahm 1972 die komplette Abwicklung der Ge-

schäfte. Mit der BMW (South Africa) (Pty) Ltd. wurde eine eigene BMW-Tochtergesellschaft für Montage sowie Vertrieb von BMW-Erzeugnissen gegründet. Die Fahrzeuge, darunter mehrere BMW-Sondermodelle mit dem Kürzel GL oder SA, wurden zunächst ausschließlich für den südafrikanischen Markt hergestellt. Mitte der Achtzigerjahre folgte eine kleine Auflage des BMW 333i, der gemeinsam mit Alpina entwickelt wurde. Im Lauf der Zeit konnte Rosslyn die Fertigung ausbauen und alle BMW-Baureihen produzieren. 1996 wurde der Standort Rosslyn zu einem eigenständigen Produktionswerk, einem sogenannten Vollwerk.

Die Bindung zwischen der Münchener Zentrale und der südafrikanischen Tochter ist seit jeher sehr eng. Von Beginn an wurde auf eine Integration aller Mitarbeiter ungeachtet ihrer Hautfarbe gesetzt, und man versuchte, die Apartheid innerhalb des Werksgeländes überall dort abzubauen, wo dies im Rahmen gesetzlicher Bestimmungen möglich war. Hierzu wurden seit Ende der Siebzigerjahre umfassende Maßnahmen definiert, die nicht nur im Einklang mit dem europäischen Verhaltenskodex standen, sondern über seine Mindestvorgaben hinausgingen.

South Africa is a key market for the international automotive industry. For this reason, Bayerische Motoren Werke opened an assembly plant there in 1968 and started assembly of BMW vehicles in Rosslyn in collaboration with a local company. Due to the impending insolvency of the partner, BMW took over the site in 1972 and ran operations under its own management. The plant has been a fully-fledged production facility since 1996 and is now entirely integrated in the BMW Group production network.

The Rosslyn plant is the company's first production site outside Germany. The first BMW motorcycles were launched on the market in South Africa as long ago as 1932, but it was several decades before vehicles of the Munich-based brand were assembled there. In 1968 a cooperation agreement was drawn up with local partner Hugh Parker (Pty) Ltd., which acted as the umbrella organization responsible for assembly and sales. When the latter got into financial difficulties, the Munich automobile manufacturer took the bold step of venturing into South Africa itself and assumed responsibility for the entire business operation in

1972. BMW (South Africa) (Pty) Ltd. was established as a separate BMW subsidiary for the assembly and sale of BMW products. The vehicles sold included several special BMW models bearing the abbreviation GL or SA which were initially produced solely for the South African market. In the mid-1980s a small edition of the BMW 333i was developed in collaboration with Alpina. The production facilities in Rosslyn were expanded over the years and it was eventually possible to build all BMW model series there. The Rosslyn site was enlarged step by step and in 1996 it became a full-scale, independent production plant. There have always been close links between the company's headquarters in Munich and the South African subsidiary. Importance was attached to the integration of all staff from the outset, regardless of skin colour, and the apartheid system was dismantled throughout the plant premises wherever this was possible within the existing legal framework. Extensive measures were defined for this purpose from the end of the 1970s onwards, not only complying with the European code of conduct but going beyond minimum requirements.

Mit verbesserter Technik und frischem Design stattete BMW das Spitzenmodell der /6-Bau-reihe aus, die im Oktober 1973 der Öffentlich-keit vorgestellt wurde. Die BMW R 90 S war das bis dahin leistungsstärkste Motorrad der Unternehmensgeschichte. Und eines der form-schönsten. Heute gilt die R 90 S als eine der Ikonen des Motorrad-Designs.

Der Imagewandel des Motorrads vom einfachen Trans-portmittel hin zu einem begehrten Sport- und Freizeit-gerät beendete Ende der Sechzigerjahre die bis dahin schwerste Krise auf dem Zweiradmarkt. Im Jahr 1969 stellte BMW anlässlich der Eröffnung des Motorrad-werks in Berlin mit drei Modellen die Baureihe /5 vor. Sie brachte den ersehnten Erfolg und sorgte wieder für steigende Verkaufszahlen. Doch wurde auch kriti-siert, dass die BMW-Motorräder zu altbacken und ihr Design nicht mehr zeitgemäß seien. Die Antwort von BMW ließ nicht lange auf sich warten: Im Herbst 1973 folgte die überarbeitete Modellreihe /6 mit ihrem sportlichen Spitzenmodell, dem BMW R 90 S.

Mit stolzen 67 PS beschleunigte dieses Fahrzeug von 0 auf 100 km/h in weniger als fünf Sekunden. Die Höchstgeschwindigkeit lag bei 200 km/h. Für Auf-sehen sorgte zudem das Design: Als weltweit erstes Motorrad hatte die BMW R 90 S serienmäßig eine fest am Lenker montierte Verkleidung. Die aerodyna-misch günstig geformte »Cockpitverkleidung« war vom Motorsport inspiriert und führte zu einer höheren Endgeschwindigkeit und einer Reduzierung des Kraft-stoffverbrauchs. Hinter der Schale waren Tachometer und Drehzahlmesser angeordnet, erstmals auch Volt-meter und Zeituhr. Kontrollleuchten ergänzten dieses moderne, aus dem Flugzeugbau inspirierte Cockpit, das dem Fahrer auf einen Blick alle Informationen bot. Besonders gelungen war die von Hand aufgetragene Zweifarben-Verlaufslackierung, die zunächst in Silber-rauch, später auch in Daytona-Orange angeboten wurde. Zum stimmigen Gesamteindruck trugen auch ein neu gestalteter 24-Liter-Tank und eine verlängerte Sitzbank mit umlaufendem Griff bei.

Für die Bayerischen Motoren Werke zählt dieses Modell neben dem wirtschaftlichen Erfolg auch ent-wicklungsgeschichtlich zu den bedeutendsten: Erst-mals war ein eigenes Designteam – unter Leitung von Hans A. Muth – für die Gestaltung verantwortlich. Das moderne BMW-Motorrad-Design hat hier seinen Ursprung.

BMW launched the top model of the /6 Series in October 1973 with enhanced technology and a fresh design. The BMW R 90 S was the most powerful motorcycle in the company's history up to that point. It was also one of the most aesthetically satisfying in terms of its design, and it is today considered an icon.

In the late 1960s, the motorcycle's shift in image from a simple means of transport to a much-coveted sports and leisure vehicle put an end to what had been the most serious crisis in the motorcycle market up to that time. To mark the opening of its motorcycle manufac-turing plant in Berlin, BMW premiered three models of the /5 Series in 1969: this was successful and boosted sales figures once again. But there was criticism, too: BMW motorcycles were said to be old hat, their design no longer in keeping with the times. The answer was not long in coming: in autumn 1973 BMW brought out the reworked /6 Series with its sporty top-of-the-range model, the BMW R 90 S. With an impressive output of 67 hp, this motorbike accelerated from standing to 100 km/h in under five seconds. Its top speed was 200 km/h. The design caused something of a sensa-tion, too: the BMW 90 S was the world's first ever volume-production motorcycle with fairing mounted on the handlebar. The aerodynamically shaped half shell unit drew its inspiration from motor racing, increasing end speed and reducing fuel consumption. Inside the fairing there was a speedometer and rev counter, and for the first time a voltmeter and clock. Together with the indicator lamps, these features created an aircraft-like 'cockpit' that gave the rider a full range of informa-tion at a glance. Another particularly effective touch was the manually applied two-tone paint finish, first in smoke grey and later in Daytona orange. The overall impression was further enhanced by means of a newly designed 24-litre fuel tank and an extended seat com-plete with rounded handle rail.

Over and above its commercial success, the R 90 S was a milestone in terms of the way the Bayerische Motoren Werke approached development: for the first time, a dedicated design team was assembled to create the model under the direction of Hans A. Muth. This is where contemporary BMW motorcycle design originated.

Die BMW Group wird von Menschen bewegt und geprägt. Sie beschäftigt derzeit rund 122 000 Mitarbeiter weltweit und ist sich der individuellen Bedürfnisse und Interessen bewusst. Mit der Einführung der Gleitzeit 1973 bot das Unternehmen dem einzelnen Mitarbeiter bei der Vereinbarkeit von Beruf und Privatleben erstmals neue Freiräume und übertrug ihm im gleichen Zug mehr Eigenverantwortung für sich selbst und die Erfüllung seiner Aufgaben.

Heutige Personalpolitik versteht sich als ganzheitlich und nachhaltig. Sie berücksichtigt sowohl die Unternehmensziele als auch individuelle Interessen der Mitarbeiter. Ein entscheidender Schritt im Sinne der Sozialpartnerschaft von Unternehmen und Belegschaft war die Einführung der Gleitzeit: Als die ersten Mitarbeiter der Bayerischen Motoren Werke im Mai 1973 die Büros im neuen Verwaltungsgebäude, dem sogenannten Vierzylinder, bezogen, beschloss der Vorstand, für sie die Gleitzeit einzuführen: Was heute als Selbstverständlichkeit wahrgenommen wird, war seinerzeit ein innovativer Schritt. Diese neue Regelung ermöglichte eine flexiblere Organisation des Arbeitslebens. Die Bestimmungen sahen zunächst einen Zeitsaldo von zehn Stunden vor, der von einem Monat auf den nächsten übertragen werden konnte. Eine feste Anwesenheit wurde lediglich während der Kernzeiten zwischen 8.30 und 15.00 Uhr gefordert. Für das neue System wurden neue Werksausweise ausgegeben und Ausweisleser installiert, um die individuellen »Komm- und Gehzeiten« in einem Zeitkonto erfassen zu können. Vor allem berufstätige Mütter profitierten von dieser Regelung, die später von der Verwaltungszentrale ausgehend in viele andere Unternehmensbereiche übertragen wurde.

Was in den Siebzigerjahren mit der Gleitzeit begann, wurde mit dem Fokus der Individualisierung der Arbeitszeit stetig weiterentwickelt. Neben den gesetzlich und tariflich verankerten Möglichkeiten zur Teilzeit, Elternzeit, Pflegezeit oder Bildungsteilzeit bietet die BMW Group ihren Mitarbeitern an, Sabbaticals oder unter dem Begriff »Vollzeit Select« zusätzliche Urlaubstage in Anspruch zu nehmen. Für die arbeitstägliche Flexibilität wurde mit der Mobilarbeit ein entscheidender Fortschritt erzielt. Damit hat jeder Mitarbeiter die Möglichkeit, das für ihn maßgeschneiderte Arbeitszeitpaket zusammenzustellen.

Und wie in den Siebzigerjahren gilt auch heute: Was in der Zentrale seinen Anfang nimmt, wird Zug um Zug auf die anderen Standorte – national und international – übertragen.

It is the people of the BMW Group that make it what it is. The company currently employs a workforce of some 122,000 worldwide and is very much aware of all their individual needs and interests. With the introduction of flexitime in 1973, the company gave employees a new freedom to combine their work and private lives for the first time, at the same time investing them with greater independent responsibility for themselves and their work.

Contemporary human resources policy is holistic and sustainable. It is not geared towards the company's objectives alone but takes account of employees' individual interests, too. The introduction of flexitime at BMW was a key step towards consolidating the social partnership between company and workforce. When the first BMW employees moved into the new administration building in May 1973, the so-called Four-Cylinder, the board of management decided to introduce flexitime for them: nowadays this work model is taken for granted, but at the time it was an innovative advancement. The new regulations allowed more flexible organization of working life. Initially employees had a time allocation of ten hours which could be transferred from one month to the next. Permanent attendance was only required during the core period of 8.30 am to 3 pm. For the new system, company IDs were issued and ID readers installed so as to be able to register individual arrival and departure times on a working hours account. Working mothers particularly benefited from the system, and the model used for the headquarters was later applied to a range of other company departments.

The introduction of flexitime in the 1970s was the start of a development that involved an increasing focus on the individualization of working hours. Over and above the options of part-time work, parental leave, care leave and part-time professional development leave as provided for by labour legislation and collective working agreements, the BMW Group now offers its staff the opportunity to take sabbaticals as well as additional vacation days – a programme known as 'Full Time Select'. Mobile work brought about a major advancement in working time flexibility, enabling each individual employee to compile their own personally tailored package.

And the same applies today as in the 1970s: new developments are first applied at headquarters and gradually transferred to other sites, both national and international.

Stempeluhr mit elektronischer Arbeitszeiterfassung / Time stamp clock with electronic working time recording, 1973

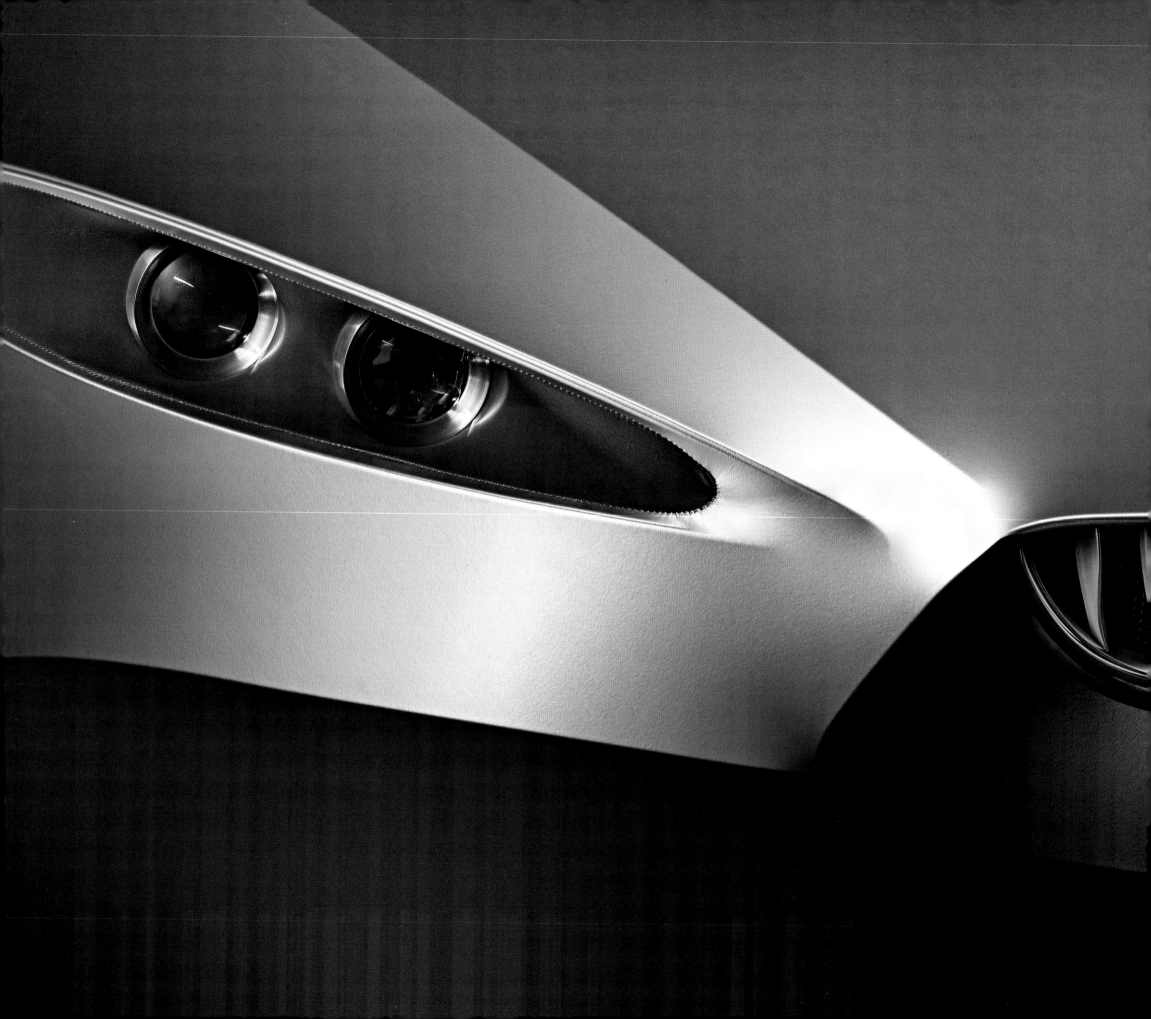

Das Bildungsprogramm für Mitarbeiter ist im Laufe der 100-jährigen Geschichte des Unternehmens zu einem reichhaltigen Angebot an Qualifizierungen und Trainings herangewachsen. Meilensteine im Sektor Fortbildung setzten 1973 die Gründungen der Lernstatt und des Bildungszentrums, das bis heute tätig ist. Die BMW Group kommt ihrer Verantwortung gegenüber rund 122 000 Mitarbeitern nach, indem sie mit Aus- und Weiterbildungsprogrammen die individuellen Stärken von Auszubildenden, Fach- und Führungskräften fördert.

Das Thema Ausbildung spielt nicht erst seit 1973 eine zentrale Rolle: Schon 1921 waren 200 der 1800 Mitarbeiter des Unternehmens Lehrlinge. Die sogenannte Lernstatt von 1973 richtete sich zunächst primär an Gastarbeiter, die aus unterschiedlichen Ländern angeworben worden waren und bei BMW Arbeit fanden. Durch diese Einrichtung wurden innerbetriebliche Sprachbarrieren abgebaut und ausländischen Kollegen die Möglichkeit gegeben, sich stärker zu integrieren. 1975 folgte eine Unterteilung der Lernstatt in Lern-, Fach- und Aktionsgruppen. Bildung wurde nun auch an den internationalen Standorten des Unternehmens groß geschrieben: Immer mehr Mitarbeiter nahmen an Schulungen in den deutschen BMW-Werken und in der Münchener Zentrale teil.

Im Jahr 1973 wurde auch der Grundstein zum Bildungszentrum gelegt, das bis heute eine qualitativ hochwertige Aus- und Weiterbildung der BMW-Group-Belegschaft im Blick hat. 1996 wurde die Bildungsorganisation zu einem »Leistungszentrum Training« mit Weiterbildungsmöglichkeiten an fünf BMW-Standorten erweitert. 2000 kam E-learning als neue Methodik hinzu. 2009 konnte schließlich die Bildungsakademie mit Aus- und Weiterbildung sowie Nachwuchsprogrammen eröffnet werden. 2013 bezog sie ein eigenes Gebäude, das unterschiedliche Stellen zu einem »Campus« vereint.

Es ist das erklärte Ziel des Unternehmens, die Kompetenzen der Mitarbeiter angesichts weltweit unterschiedlicher Herausforderungen stetig weiterzuentwickeln und sie ihren individuellen Stärken entsprechend zu fördern. Zukünftig wird das Lernangebot innerhalb der BMW Group online erfolgen oder im Rahmen von Präsenzveranstaltungen vermittelt.

During the course of its 100-year history, the company has developed what is now an extensive education and training programme for staff. A milestone here was the foundation of the Learning Workshop in 1973 as well as the Training Centre, which still exists. The BMW Group fulfils its responsibilities towards some 122,000 staff by providing initial training and professional development schemes that promote the individual strengths of trainees, skilled personnel and managers.

Training had an important role to play in the company long before 1973: as long ago as 1921, 200 of the 1,800 staff working for BMW were apprentices. The so-called Learning Workshop of 1973 was primarily aimed at guest workers who came to work for BMW from a variety of countries: the aim was to help break down language barriers within the company and promote the integration of colleagues from abroad. In 1975 the Learning Workshop was then separated into groups for learning, specialization and action. Training also became a key priority at the international sites of the company: more and more employees from abroad attended training programmes.

In 1973 the foundation was laid for the Training Centre, which ensures high-quality initial training and professional development for BMW Group staff to this day. The company's training structure was expanded in 1996 with the establishment of a 'Centre of Excellence' at five BMW sites. Meanwhile e-learning was added as a new method in 2002. Finally, the Training Academy was opened in 2009 to deliver initial training, professional development and junior management programmes. This institution moved into its own premises in 2013 and now forms a campus covering a number of different sites.

In view of the diverse challenges worldwide, it is the company's stated aim to continuously develop staff skills and promote these based on individual strengths. In future, internal BMW Group study programmes will be provided either in the form of face-to-face sessions or online.

BMW 3/15

BMW GINA Light Vison
BMW 328

BMW 303
BMW M1

BMW Vision EfficientDynamics
BMW 700

BMW 3.0 CSi
BMW 507

BMW 2002
BMW 1500

BMW 5er, 1. Generation
BMW Turbo

BMW Z1
BMW Vision ConnectedDrive

BMW M3 CSL

Mit der Übernahme der Hans Glas GmbH in Dingolfing 1967 konnten die Bayerischen Motoren Werke ihre Produktionskapazitäten ausbauen und mit rund 4000 Mitarbeitern einen großen Stamm an Fachkräften übernehmen. Der Münchener Automobilhersteller errichtete ein komplett neues Werk, das im November 1973 eröffnet wurde. Es ist heute das größte Automobilwerk der BMW Group und trägt maßgeblich zum Erfolg des Unternehmens bei. Die Investition erfolgte während der Ölpreiskrise. Trotz massiver Kritik sollte sich diese Unternehmensentscheidung als richtig und erfolgreich erweisen.

In den Sechzigerjahren war BMW mit seiner »Neuen Klasse« wieder auf Erfolgskurs. Mit der Produktion von Modellen der 02er-Reihe stieß das Werk in München an seine Kapazitätsgrenzen. Da freies Gelände in nächster Nachbarschaft für die Olympischen Spiele 1972 bebaut wurde, waren Werkserweiterungen im Münchener Norden nicht mehr möglich. Das Angebot im Jahr 1966, die Hans Glas GmbH im niederbayerischen Dingolfing zu übernehmen, kam deshalb sehr gelegen. Zwar half die Bayerische Staatsregierung mit einem Kredit, doch bedeutete der Kauf ein hohes Risiko: Das Wirtschaftswachstum in Deutschland hatte sich deutlich abgeschwächt, der PKW-Absatz ging zurück. Gegen den Trend setzte BMW elf Prozent mehr Fahrzeuge ab. Automobile der Marke Glas hingegen fanden während der Rezession 1966/67 kaum mehr Käufer. Um dieses Defizit aufzufangen, wurde die Fabrikation immer stärker in den Produktionsprozess der Bayerischen Motoren Werke integriert und erste Teile der Automobilfertigung vom Münchener Stammwerk in das Tochterwerk nach Niederbayern verlegt. Doch der Erfolg der Bayerischen Motoren Werke hielt weiterhin an: So wurde in direkter Nachbarschaft zum ersten Dingolfinger Werk auf einer Fläche von rund 600 000 Quadratmetern das zweite BMW Werk errichtet. Nach dreijähriger Bauzeit wurden die Fabrikationsanlagen – die damals modernsten ihrer Art – am 22. November 1973 feierlich in Betrieb genommen. Neue Fertigungskonzepte hatten die moderne Struktur vorgegeben: Die verschiedenen Arbeitsschritte wurden auf sechs Hallen verteilt, die vollständig auf die Anforderungen des jeweiligen Produktionsschrittes zugeschnitten sind.

Die unternehmerische Entscheidung für Dingolfing war mutig und sollte sich als richtig herausstellen: Die Produktion stieg seit 1973 stetig an – bis heute sind hier die meisten BMW-Automobile gebaut worden – 2015 lief der zehnmillionste BMW vom Band.

When it took over Hans Glas GmbH in Dingolfing in 1967 BMW was able to expand its production capacity, taking over a significant body of some 4,000 skilled workers. The Munich automobile manufacturer set up an entirely new plant, which was opened in November 1973. Today it is the BMW Group's largest automobile plant and contributes significantly to the company's success. This investment was made during the global oil crisis. Although it attracted heavy criticism, the company's decision proved correct and successful.

In the 1960s BMW was once again set on the road to success with its 'New Class'. Production capacity for the models of the 02 Series soon reached its limits at the Munich plant. Since the free space near the plant was being built up in preparation for the Olympic Games in 1972, it was no longer possible to expand the plant in the north of Munich. So in 1966 the offer of taking over Hans Glas GmbH in Dingolfing turned out to be very appealing indeed. Even though the Bavarian state government helped by granting a loan, the purchase was still a very risky undertaking: growth had slowed down significantly in Germany and car sales were on the decline. Counter to this trend, BMW sold 11 per cent more vehicles. During the 1966/67 recession, Glas automobiles found virtually no customers. In order to make up for this deficit, production was integrated more and more into the BMW manufacturing process and the first automobile production units were moved from the Munich plant to the subsidiary plant in Lower Bavaria. The company remained successful: the second BMW plant was constructed on a surface area of 600,000 square meters in the direct vicinity of the first Dingolfing plant. On 22 November 1973 the manufacturing plant – the most modern of its kind at the time – officially began operating after three years of construction. The plant had been designed according to the latest construction concepts: the different operational steps were distributed over six halls which were fully tailored to the requirements of the respective production step.

The company's decision was bold and ultimately proved to be a sound one: Production has increased steadily since 1973. This is the plant that manufactures the largest number of BMW automobiles, and in 2015 the ten-millionth BMW came off the assembly line.

Anwerbung von Facharbeitern aus dem Ruhrgebiet für das BMW Werk Dingolfing, um 1973 / Recruiting technical specialists from the Ruhr area for the BMW Dingolfing plant, c. 1973

BMW Hochhaus, Architekturskizzen
von Prof. Karl Schwanzer /
BMW high-rise, architectural sketches
by Prof. Karl Schwanzer, 1972

Die neue Verwaltungszentrale im Norden München's verlieh dem wirtschaftlich anhaltenden Erfolg von BMW ein neues Gesicht. Dem Konzept einer »gebauten Kommunikation« folgend eröffnete das Unternehmen am 18. Mai 1973 seinen neuen repräsentativen Verwaltungssitz. Heute zählt der »Vierzylinder« – wie er im Volksmund genannt wird – zu den markanten Bauwerken der Landeshauptstadt und zu den Architekturikonen der Siebzigerjahre in Deutschland.

Mit wachsender Produktion und dem Ausbau der Fertigungsanlagen war der Platz auf dem Werksgelände rar geworden. So wurde ab 1966 über ein neues Verwaltungsgebäude außerhalb der Werkstore nachgedacht. Hier stand mit dem Parkplatz für Werksmitarbeiter ein unbebautes Areal von 28 210 Quadratmetern zur Verfügung. Im Frühjahr 1968 erfolgte die Ausschreibung einer repräsentativen Konzernzentrale mit kurzen Dienstwegen und Großraumbüros, einem Pavillon für ein elektronisches Rechenzentrum sowie einer Parkgarage. Die Raumplanung für das Bürogebäude sollte sowohl eine variable Raumeinteilung als auch Veränderungen in den Arbeitsabläufen aufgrund der fortschreitenden Technisierung berücksichtigen.

Der Entwurf des Wiener Architekten Prof. Karl Schwanzer, der als Sieger aus dem Wettbewerb hervorging, vereinte einen Büroturm, einen flachen, horizontal gehaltenen Funktionsbau, in dem ein Rechenzentrum untergebracht wurde, ein Parkhaus sowie einen Museumsrundbau, der in der Ausschreibung nicht gefordert wurde, zu einem einzigartigen Ensemble. Die neue Zentrale wurde ab 1970 als »Hängehochhaus« mit vier Versorgungstürmen errichtet: Mit Hilfe eines eigens entwickelten Hubverfahrens wurden die insgesamt 18 Büro-Geschosse am Boden im Rohbau fertiggestellt und schließlich – Stockwerk um Stockwerk – an den Kerntürmen hydraulisch nach oben gezogen. Die vier sogenannten Zylinder des BMW Hochhauses stehen nicht auf einem Fundament, sondern hängen an einer kreuzförmigen Stahlkonstruktion auf dem Dach. Heute gilt das Gebäude mit seinen silbergrau schimmernden Fassaden und einer Gesamthöhe von 99,50 Metern als ein Meisterwerk der Ingenieursbaukunst.

Rechtzeitig zu Beginn der Olympischen Sommerspiele im Juli 1972 wurde das äußere Erscheinungsbild fertiggestellt. Ein Jahr später, am 18. Mai 1973, erfolgten der Bezug und die offizielle Einweihung von Hochhaus und Museum.

The new BMW administrative building in the north of Munich gave a new face to the company's ongoing economic success. Based on the concept of 'communication in structural form', the prestigious headquarters opened on 18 May 1973. Popularly dubbed the 'Four-Cylinder', it is now one of Munich's most striking buildings and an architectural icon of 1970s Germany.

As production grew and manufacturing facilities were expanded, space on the plant premises was becoming limited. So from 1966 onwards, the idea emerged of building a new administrative complex outside the factory gates. Including the staff car park, an undeveloped plot of 28,210 square metres was available here. The design of a prestigious administrative building was put out to tender in the spring of 1968: it was to provide direct channels of communication, open-plan offices, a pavilion to serve as a computer centre and a multi-storey car park. The spatial structuring of the office building was to be conceived to allow variability as well as being adaptable to changes in work processes as a result of progressive digitization.

The tender was won by Viennese architect Prof. Karl Schwanzer, whose design consisted of a unique ensemble combining an office tower, a flat-topped, horizontal building to accommodate the computer centre, a multi-storey car park and a circular museum structure that had not been specified in the tender. By means of a specially developed lifting method, the shells of all 18 office storeys were completed on the ground and then raised hydraulically onto the core towers, level by level. The four 'cylinders' of the BMW Tower are not mounted on a foundation but suspended from a cross-shaped steel structure on the roof. With its shimmering silvery grey facades and measuring a total of 99.50 metres in height, the building is now regarded as a masterpiece of engineering.

The main exterior structures were completed for the start of the Olympic Games in July 1972, while the tower and museum were officially inaugurated a year later on 18 May 1973.

In den Siebzigerjahren durchlief das Unternehmen eine bis dato nicht gekannte Internationalisierung. 1973 lieferten die Bayerischen Motoren Werke erstmals mehr Pkws ins Ausland als an deutsche Händler. Mit der internationalen Ausrichtung gelang es, den weltweiten Erfolg immer weiter auszubauen. Allein im Zeitraum 1972 bis 1981 wurden neun Vertriebsgesellschaften in Europa, Amerika, Afrika und Asien gegründet. In dieser Phase entwickelte sich das Unternehmen zu einem weltweit agierenden Konzern.

Mit Amtsantritt des neuen Vorstandsvorsitzenden Eberhard von Kuenheim 1970 vollzog das Unternehmen einen grundlegenden Wandel in seiner Vertriebstätigkeit. Analysen hatten gezeigt, dass die Marke BMW zwar hochwertige Fahrzeuge ins Ausland lieferte, im Export jedoch die Erträge hinter den Erwartungen zurückblieben. Dies lag unter anderem an den hohen Margen, die den Importeuren zugestanden worden waren. Doch waren wirtschaftliche Interessen nicht allein der Beweggrund für die Gründung eigener Vertriebstöchter im Ausland: Die Bayerischen Motoren Werke wollten nicht länger von den Einschätzungen und dem Einzelengagement der Importeure abhängig sein. Durch die Gründung eigener Gesellschaften im Ausland wollte das Unternehmen noch näher an die Kundenwünsche vor Ort heranrücken und das Exportgeschäft effizienter gestalten.

Bereits 1966 waren Beteiligungen an der BMW Australia (Pty.) Ltd. und 1972 an der neu gegründeten BMW (South Africa) (Pty.) Ltd. erworben worden. Anfang 1972 wurde dann die gesamte Vertriebsorganisation neu strukturiert und in den wichtigsten Auslandsmärkten der Kreis der Importeure sukzessive durch unternehmenseigene Vertriebsgesellschaften ersetzt bzw. übernommen. Die geänderten Handelsbestimmungen der Europäischen Wirtschaftsgemeinschaft (EWG) förderten diesen Prozess in Europa. Den Anfang machte 1973 die BMW France S.A. in Bagneux, da sich der Export nach Frankreich seit 1970 nahezu verdoppelt hatte. 1974 folgten die Länder Belgien und Italien, Letzteres wurde von einer Minderheitsbeteiligung in eine 100-prozentige BMW-Tochter gewandelt. Ähnlich verfuhr man im selben Jahr mit der BMW (South Africa) (Pty.) Ltd. Nach längeren Vertragsverhandlungen mit dem Importeur gelang es dem Unternehmen auch in den USA, einem seiner wichtigsten Märkte, das neue Vertriebskonzept über eine eigene Gesellschaft einzuführen: 1975 übernahm die BMW of North America Inc. in Montvale/New Jersey den Vertrieb von BMW-Fahrzeugen. 1976 und 1978 folgten die Märkte Schweiz und Österreich, 1979 die Niederlande und 1980 Großbritannien. In dieser Zeit rückte der asiatische Kontinent zunehmend in den Fokus: Seit den Siebzigerjahren ließ die BMW AG Fahrzeuge in Thailand, Indonesien und Malaysia montieren, 1981 gründete sie als erster westlicher Automobilhersteller eine eigene Vertriebstochter in Japan. Bis 2006 nahmen weltweit 35 Vertriebsgesellschaften die Geschäfte auf. Allein in den Siebzigerjahren stieg – auch aufgrund der neuen Vertriebswege – der Umsatz der BMW AG um das Vierfache auf 6,6 Milliarden DM.

During the 1970s the company achieved a whole new level of internationalization. In 1973 the Bayerische Mororen Werke first supplied more cars abroad than to German dealers. With this international orientation, the company was able to build progressively on its global success. Between 1972 and 1981 alone, nine sales subsidiaries were established in Europe, America, Africa and Asia. It was during this phase that the company developed into a global corporation.

When the new CEO Eberhard von Kuenheim took up his position in 1970, the company went through a fundamental shift in terms of its sales activities. Analyses had indicated that although BMW brand was supplying high-end cars abroad, export profits were not up to expectations. This was partly due to the high mark-ups charged by importers. But economic interests were not the company's only reason to set up its own sales subsidiaries abroad: The Bayerische Motoren Werke no longer wanted to be dependent on the individual judgements and efforts of importers. By establishing its own companies in other countries, the company wanted to get closer to what customers really wanted and organize its export trade more efficiently.

Sales had been aquired in BMW Australia (Pty.) Ltd. as early on as 1966, as well as in the newly founded BMW (South Africa) (Pty.) Ltd. in 1972. At the beginning of 1972 the entire sales operation was restructured, with importers in the main foreign markets successively replaced or taken over by the company's own sales subsidiaries. The new trade regulations of the European Economic Community (EEC) supported the process in Europe. This started in 1973 with BMW France S.A. in Bagneux, since exports to France had almost doubled since 1970. Belgium and Italy followed in 1974, the latter seeing what had been a minority interest transformed into a one hundred per cent BMW subsidiary. A similar approach was adopted in the same year with BMW (South Africa) (Pty.) Ltd. After prolonged contractual negotiations with the importer, the company managed to introduce its new sales concept through its own subsidiary in the USA, too – one of its most important markets: BMW of North America Inc. in Montvale, New Jersey took over sales of BMW vehicles in 1975. This was followed in 1976 and 1978 by the markets of Switzerland and Austria, with the Netherlands joining in 1979 and the UK in 1980. The continent of Asia was becoming an increasing focus during this period, too: BMW AG had set up assembly plants in Thailand, Indonesia and Malaysia in the 1970s, and in 1981 it became the first western car manufacturer to establish its own sales subsidiary in Japan. 35 sales subsidiaries were established worldwide by 2006. Not least due to these new sales channels, BMW AG sales quadrupled to DM 6.6 billion in the 1970s alone.

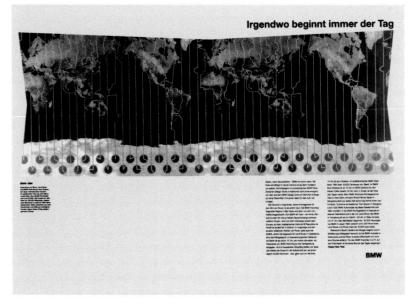

Werbemotiv / Advertisement, 1994

Im Jahr 1973 beriefen die Bayerischen Motoren Werke als weltweit erster Automobilhersteller einen Umweltschutzbeauftragten. Er hatte die Aufgabe, Grundlagen für präventiven Umweltschutz zu schaffen. In den folgenden Jahren übernahm das Unternehmen auf dem Gebiet der Ökologischen Nachhaltigkeit mehrfach die Vorreiterrolle. Dieses langfristige Engagement im Automobilbau zahlte sich aus: Seit 15 Jahren belegt die BMW Group durchgängig Spitzenplätze in den wichtigsten Rankings und Ratings.

Schon vor 1973 hatte BMW im Hinblick auf seine Fahrzeuge Produktverantwortung übernommen. Seit Ende der Sechzigerjahre war die Erforschung alternativer Antriebe vorangetrieben worden. Zu den Olympischen Spielen 1972 in München kam das erste BMW-Elektroversuchsfahrzeug zum Einsatz. Weitere Entwicklungsträger mit Elektroantrieb bzw. Hybridtechnik folgten. 1979 stellten die Bayerischen Motoren Werke das erste Fahrzeug mit Wasserstoffantrieb als Prototyp eines schadstofffreien Zukunftsautos vor.

Die Motorenkonzepte wurden stetig verbessert. Der Einsatz von Elektronik senkte den Verbrauch, die Einführung des Katalysators die Emissionswerte. Nachdem die Technik erstmals ab 1978 für die Märkte in den USA und Japan zur Anwendung gekommen war, produzierte BMW als erste Marke 1985 durchgängig in allen Modellreihen Katalysator-Fahrzeuge. Ab 1989 gab es dann Katalysatoren auch für Dieselmotoren. Die Bemühungen zur Reduktion von Kraftstoffverbrauch und Emissionen wurden über die Jahrzehnte konsequent fortgesetzt. Seit 2007 bietet die BMW Group das Technologie-Paket »Efficient Dynamics« an und bündelt darin umfassende Maßnahmen der Reduktion des Verbrauchs wie der Emissionen.

Das Bewusstsein für nachhaltiges Handeln umfasste im Unternehmen schon sehr früh ressourcenschonende Produktionsprozesse und umweltfreundliche Recyclingkonzepte. Dies lag wesentlich an der Lage des Münchener Stammwerks, denn die Fertigungsstätten befanden sich angesichts der wachsenden Stadt alsbald inmitten eines Wohngebiets, das hohe Ansprüche an die Produktion stellte. Bereits 1979 benötigten die Bayerischen Motoren Werke etwa ein Drittel weniger Energie im Produktionsprozess als in den Jahren zuvor. Auch erfolgte im Werk beispielsweise die Umstellung auf neue Lackierverfahren und eine Verbesserung der Lacktrockner. 1989 nahm das Unternehmen die erste europäische Lackiererei mit lösungsmittelarmer Wasserlacktechnologie in Betrieb. 1997 brachte BMW mit dem Pulverlack als erster Hersteller ein völlig lösungsmittelfreies Lackierverfahren in den Serieneinsatz. Um einen besseren Einblick in sämtliche Umweltaktivitäten zu gewähren, veröffentlichte das Unternehmen in demselben Jahr seinen ersten Umweltbericht, der das Engagement bezüglich der Umwelt dokumentiert. Für einen verbesserten Austausch zwischen Fahrzeugentwicklung und Recycling ließen die Bayerischen Motoren Werke 1994 ein neues Recycling- und Demontage-Zentrum von Automobilen in Lohhof bei München errichten.

1997 ließ die BMW AG als erster Automobilhersteller alle europäischen Werke nach dem Öko-Audit ISO 14001 umweltzertifizieren. Gemäß einer in demselben Jahr unterzeichneten Umwelterklärung wurde die Zertifizierung 1999 erfolgreich für alle Produktionswerke weltweit abgeschlossen. 2007 wurde ein Konzernbeauftragter für Nachhaltigkeit und Umweltschutz direkt im Bereich der Unternehmensstrategie organisatorisch verankert. Im Folgejahr brachte die BMW Group die fachliche Vernetzung zu Umweltschutzthemen in ihrer Vertriebsorganisation voran, indem sie das Netz von Umweltbeauftragten in den einzelnen Vertriebsmärkten weiter ausbaute. 2009 wurde Nachhaltigkeit als festes strategisches Ziel in die Unternehmensstrategie aufgenommen.

In 1973 the Bayerische Motoren Werke became the first automobile manufacturer in the world to appoint an environmental officer. His job was to lay the foundations for preventive environmental protection. In subsequent years the company took on a pioneering role in the field of ecological sustainability. This long-term environmental commitment in the field of automobile manufacture was to pay off: for 15 years now the BMW Group has consistently achieved top positions in the most important rankings and ratings.

BMW had adopted a responsible approach to its products even before 1973. Research was carried out into alternative drive forms from the end of the 1960s. The first ever electrically powered BMW test vehicle was used at the 1972 Olympics. This was followed by other trial cars featuring electric drive and hybrid technology. In 1979 the Bayerische Motoren Werke showcased the first vehicle powered by hydrogen as the prototype of a pollutant-free car of the future.

Engine concepts were constantly improved. The use of electronics reduced fuel consumption, while catalytic converters cut exhaust emissions. In 1985 BMW was the first brand to offer catalytic converter vehicles in all model series after the technology had first been introduced in the USA and Japan in 1978. Catalytic converters became available for diesel engines from 1989 onwards. Efforts to reduce fuel consumption and emissions were consistently pursued over the decades. Since 2007 the BMW Group has offered the technology package 'Efficient Dynamics', which clusters extensive measures aimed at reducing fuel consumption and exhaust emissions.

The company developed an awareness of sustainable management early on that led to the establishment of resource-saving production processes and environment-friendly recycling concepts. This was largely due to the location of the main plant in Munich: as a result of the city's growth, the manufacturing facilities soon became surrounded by residential housing, so rigorous standards had to be applied to production. As early as 1979 the Bayerische Motoren Werke used approximately one third less energy for its production processes than in previous years, for example. New painting methods were introduced at the plant and the paint dryers were improved, too. In 1989 the company put into service the first European paintshop to use low-solvent water-based paint technology. In 1997 BMW was the first manufacturer to apply a completely solvent-free painting technique to mass production in the form of powder coating. In order to provide a deeper insight into the full range of its environmental activities, the company published its first environmental report in the same year, in order to document its commitment to environmental protection. In 1994 the Bayerische Motoren Werke had a new recycling and dismantling centre for automobiles built in Lohhof near Munich: the aim here was to improve the link between vehicle development and recycling.

In 1997 BMW AG became the first automobile manufacture to have all its European plants environmentally audited according to ISO 14001. As specified in an environmental statement that same year, this certification was completed for all production plants in 1999. In 2007 the position of a Group-wide officer for sustainability and environmental protection was created in a way that incorporated the position into the area of corporate strategy. In the following year the BMW Group further extended the network of environmental officers in its various sales markets so as to promote integration of environmental issues. In 2009 sustainability was incorporated in the company's strategy as a fixed strategic objective.

Die Mitarbeiter eines Unternehmens tragen wesentlich zu seinem Erfolg bei und sollen daran auch finanziell beteiligt werden. Anfang der Siebzigerjahre wurde bei BMW neben der innerbetrieblichen Qualifizierung auch der Katalog der betrieblichen Sozialleistungen weiterentwickelt. Nicht nur die Mitverantwortung, auch die Beteiligung der Mitarbeiter am Erfolg des Unternehmens rückte in den Vordergrund. 1974 bot BMW seinen Belegschaftsangehörigen erstmals sogenannte Namens-Gewinn-Schuldverschreibungen an – ein neues System der betriebsbezogenen Vermögensbildung.

A company's employees are a key factor in its success, so they should share in this financially, too. In addition to expanding its internal professional development programme, BMW increased its range of social benefits in the early 1970s. The aim was not just to encourage employees to take on more responsibility but also give them the opportunity to share in the company's profits. In 1974, BMW offered staff members registered profit-sharing bonds, as they were called – a new system of work-related capital accumulation for employees.

Heute bietet die BMW Group ein breites Angebot an Beteiligungen am Unternehmen wie auch am Unternehmenserfolg. Da Mitarbeiter einen der wichtigsten Faktoren für den Erfolg eines Unternehmens darstellen, haben die Bayerischen Motoren Werke gemeinsam mit dem Betriebsrat in der Personalpolitik von Beginn an vielerlei Schritte unternommen, Leistungsanreize zu schaffen und erfolgreiche Arbeit zu honorieren. Faire Lohn- und Gehaltserhöhungen sowie gute Sozialleistungen sorgten dafür, dass Fachkräfte gewonnen und gehalten werden konnten. Im Juni 1973 schüttete BMW erstmals eine Prämie in Höhe von 2,5 Prozent des Jahresgehaltes aus. Zusätzlich bot das Unternehmen 1974 seinen Mitarbeitern erstmals den Kauf von Namens-Gewinn-Schuldverschreibungen an. Diese Papiere, die nur von BMW-Mitarbeitern erworben werden konnten, verzinsten sich über sechs Jahre in Höhe der Dividende des Unternehmens, wobei mindestens sieben Prozent garantiert wurden. Diese Form der Gewinnbeteiligung bot den Mitarbeitern die Möglichkeit zur betriebsinternen Vermögensbildung.

Das Vergütungssystem der BMW Group berücksichtigt heute – über das Basis-Entgelt hinaus – individuelle Leistungen in besonderer Weise sowie den Erfolg des gesamten Unternehmens. Nicht minder attraktiv ist die Beteiligung am Unternehmenserfolg, die damals wie heute einen Pfeiler des weltweiten Vergütungssystems darstellt. So erhalten alle BMW-Mitarbeiter eine Beteiligung, die sowohl den Erfolg der BMW-Gesellschaft im jeweiligen Land als auch der BMW Group widerspiegelt. Was in Form einer Namens-Gewinn-Schuldverschreibung begann, ist heute die stimmlose Vorzugsaktie, die Mitarbeiter in Deutschland einmal im Jahr zu vergünstigten Konditionen erwerben können.

Today the BMW Group offers a wide range of opportunities for staff to hold a stake in the company and share in its profits. Since staff are one of the key factors in a company's success, the Bayerische Motoren Werke joined forces with the Works Council to develop a range of personnel policy measures aimed at creating incentives and rewarding excellence. Fair wage and salary increases along with good social benefits have enabled the company to attract and hold on to qualified specialists. BMW paid out a bonus of 2.5 per cent of the annual salary for the first time in June 1973, and went on to offer its staff registered profit-sharing bonds in 1974. The latter could only be acquired by BMW employees and bore interest at the rate of the company's dividend yield, with a guarantee of at least seven per cent. This form of profit-sharing gave staff an additional opportunity to accumulate capital through their employment.

Over and above base-level remuneration, today the BMW Group pay system particularly recognizes individual achievements as well as overall company success. Profit-sharing remains a cornerstone of the company's worldwide remuneration structure to this day. For example, all BMW staff receive a profit share which reflects the success of both their national BMW subsidiary and the BMW Group as a whole. What started out as a registered profit-sharing bond has since become a non-voting preferential share which employees can purchase in Germany once a year at discounted terms.

bayernmotor Nr. 1, Dezember 1973, Titelseite / Title page of *bayernmotor* no. 1, December 1973

Mit der Präsentation der neuen Modellreihe BMW 3er 1975 begann für die blau-weiße Marke eine Erfolgsgeschichte, die sich mittlerweile in der sechsten Generation fortsetzt. Das betont sportliche Fahrzeug gilt heute als Herz der Marke, als das typischste BMW-Modell. Der BMW 3er ist der Begründer des Segments der modernen Sportlimousinen und seit 40 Jahren die Ikone dieser Fahrzeugklasse.

Die BMW 3er-Reihe entwickelte konsequent das Konzept des BMW 02er weiter und vereinte dessen Sportlichkeit mit Komfort und Sicherheit eines größeren Fahrzeugtyps. Außerdem setzte sie die Ära der neuen Baureihennomenklatur fort, welche die BMW 5er-Reihe im Jahre 1972 eingeführt hatte.

Das Unternehmen nahm sich für die Entwicklung dieser Modellreihe bewusst ausreichend Zeit. Der Designchef Paul Bracq hatte mit dem BMW Turbo und der BMW 5er-Reihe eine moderne Designlinie vorgegeben. Im Laufe einer fünfjährigen Entwicklungszeit gelang es ihm und seinem Team, diese Formensprache auch auf die kleineren Modelle zu übertragen. Die knappen Außenabmessungen des BMW 3er – kaum größer als die des BMW 02er – sowie die Proportionen und kurzen Überhänge vor bzw. hinter den Rädern machten den neuen Mittelklassewagen kompakt, dynamisch und übersichtlich. Typische Designmerkmale wie Doppelscheinwerfer bei den Sechszylindermodellen und Doppelniere als Kühlergrill, Seitensicke und der Hofmeisterknick in der C-Säule fanden sich im Design des BMW 3er wieder. Eine coupéhafte Dachlinie und die charakteristische Erhebung auf der Motorhaube, in der heutigen Designsprache auch »Powerdome« genannt, verliehen dem Modell ein betont sportliches Aussehen. Ein besonderes Augenmerk lag auf der passiven Sicherheit wie etwa der Konstruktion einer formstabilen Fahrgastzelle und der computergestützten Berechnung von Deformationszonen im Falle eines Unfalls. Auch war die Gestaltung des Innenraums nun weit stärker komfortbetont ausgelegt.

Erstmals bot der BMW 3er in der Serienproduktion ein ergonomisches Gesamtkonzept. Um alle wichtigen Instrumente der Armaturentafel bequem erreichen zu können, war der Bereich entsprechend einem Cockpit übersichtlich geordnet und zum Fahrerplatz hin ausgerichtet. Das hervorragend abgestimmte Paket aus Design und Technik brachte BMW-Fans zum Schwärmen. Und der Erfolg blieb nicht aus: Mehr als 14 Millionen Käufer in mehr als 130 Ländern haben sich seit 1975 für einen BMW 3er entschieden.

The launch of the new BMW 3 Series in 1975 saw the start of a success story for the blue and white brand that is now in its sixth generation. With its pronounced sporty flair, this car is regarded today as the heart of the brand and the most characteristic of all BMW models. The BMW 3 Series founded the segment of the modern sports saloon and has been the icon of this vehicle category for 40 years.

The BMW 3 Series was the logical continuation of the BMW 02 Series concept, combining the latter's athletic qualities with the comfort and safety of a somewhat larger vehicle type. It also perpetuated the new system of Series designations initiated with the BMW 5 Series in 1972.

The company deliberately took plenty of time over the development of this model series. Head designer Paul Bracq had already established a modern design line with the BMW Turbo and the BMW 5 Series. Over a development period of five years, he and his team succeeded in applying this styling to a smaller model. The modest exterior dimensions of the BMW 3 Series – it was barely larger than the BMW 02 – its proportions and its short overhangs in front of and behind the wheels made the new mid-range car compact, dynamic and easy to handle. The BMW 3 Series design featured typical design elements such as twin headlights in the 6-cylinder models and the double kidney radiator grille, side beads and the Hofmeister kink in the C column. A coupé-like roof line and the characteristic 'powerdome' on the bonnet gave the model a pronounced sporty look. Particular attention was paid to passive safety such as the design of an inherently stable passenger cell and the computer-supported calculation of deformation zones in the event of an accident.

The design of the interior was now geared much more towards comfort, too.

For the first time in volume production, the BMW 3 Series offered an integrated ergonomic concept. The entire driver's area was structured like a cockpit and oriented towards the driver's seat so that all the main instruments on the dashboard were within convenient reach. BMW fans simply adored the excellently harmonized design and technology package. And success was not long in coming: since 1975, more than 14 million buyers in over 130 countries have opted for a BMW 3 Series.

Als einzige Marke weltweit unterhält BMW mit der BMW Art Car Collection eine Kunstgalerie der besonderen Art: Im Lauf der vergangenen rund 40 Jahre sind 17, bald 19 rollende Kunstwerke entstanden – BMW-Automobile, die von international renommierten Künstlerinnen und Künstlern aus fünf Kontinenten bemalt bzw. gestaltet wurden. Sie alle wirken heute als Markenbotschafter und wurden bereits in namhaften Museen und anderen Kultureinrichtungen weltweit ausgestellt.

Die Idee zur plakativen Verbindung von Rennsport und Bildender Kunst hatte der französische Auktionator und Rennfahrer Hervé Poulain. So fragte er 1973 seinen amerikanischen Freund Alexander Calder, ob er Lust habe, ein Auto zu bemalen. Calder, damals einer der prominentesten Pop-Art-Künstler seiner Zeit und bekannt für mobile, kinetische Kunst, sagte angesichts der Vorstellung einer »mobilen Leinwand« spontan zu. Bei der Suche nach einem Rennwagen konnte Poulain den BMW-Rennleiter, Jochen Neerpasch, für das Projekt gewinnen. Auf einem Modell im Maßstab 1:5 verteilte Calder die Primärfarben Rot, Gelb und Blau in großzügig verlaufenden Flächen mit geschwungenen Konturen. Dabei nahm er bewusst keine Rücksicht auf die Kontur und Formgebung des Rennwagens.

In München wurde der Entwurf detailgetreu auf die Karosserie eines BMW 3.0 CSL übertragen. Ende Mai 1975 schließlich feierte das erste BMW Art Car seine Premiere im Musée des Arts Décoratifs unter dem Dach des Pariser Louvre. Doch die eigentliche Feuertaufe stand noch aus: die Teilnahme am 24-Stunden-Rennen von Le Mans. Nach erfolgreichen Trainingsläufen und etwa neun Stunden Dauereinsatz im Hauptrennen beendete ein Defekt die Weiterfahrt, das BMW Art Car musste wegen einer gebrochenen Antriebswelle ausscheiden: das Ende eines Renneinsatzes und der Beginn einer großen künstlerischen Karriere. Die erste Plattform der BMW Art Cars entstammte weder dem Fluidum von Documenta oder Biennale, sondern war der Asphalt einer Rennpiste. So spielt Geschwindigkeit in den Werken eine große Rolle, doch wird die Karosseriehülle unabhängig davon auch zur Oberfläche für Visionen und Projektionen. Während die meisten BMW Art Cars heute weltweit in kultureller Mission unterwegs sind, kann stets eines von ihnen im BMW Museum, der Heimat der BMW Art Collection, bewundert werden.

BMW is the only automobile brand in the world to maintain a very special kind of art gallery – the BMW Art Car Collection: in the course of the last 40 years or so, 17 works of art have been created – soon to be increased to 19 – in the form of BMW automobiles painted or enhanced by internationally renowned artists from five continents. They act as brand ambassadors and have been exhibited all over the world at distinguished museums and other cultural institutions.

The idea of establishing a link between motor racing and the visual arts goes back to French auctioneer and racing driver Hervé Poulain. In 1973 he asked his American friend Alexander Calder if would like to apply a paint design to a car. One of the leading exponents of Pop art at the time and well known for his mobile, kinetic style, Calder spontaneously agreed to the idea of a 'mobile canvas'. In his search for a suitable sports car, Poulain was able to gain the support of BMW racing director Jochen Neerpasch for the project. Calder spread large, sweepingly curved swathes of paint in the primary colours red, yellow and blue over a 1:5 scale model. In so doing, he deliberately chose to ignore the contours and shape of the car itself.

His design was then accurately replicated on the body of a BMW 3.0 CSL in Munich. Finally, at the end of May 1975, the first BMW Art Car was premiered at the Musée des Arts Décoratifs adjacent to the Louvre in Paris. The real baptism of fire was yet to come, however: the 24 Hours of Le Mans. After successful training runs and some nine hours of non-stop racing, the BMW Art Car had to drop out due to a broken drive shaft: its racing days may have been over, but the car's artistic career had only just started. The first BMW Art Car platform was thus not the rarefied environment of a documenta or a Biennale but the asphalt of a racetrack. Speed has continued to play a key role in the Art Car designs, but the body shells have been used to project a whole range of other visions, too. While most of the BMW Art Cars are out pursuing their cultural mission all over the world nowadays, one of them can always be admired at the BMW Museum – the home of the BMW Art Collection.

BMW Art Car Frank Stella, 1976

BMW Art Car Andy Warhol, 1979

BMW Art Car Jeff Koons, 2010

BMW Art Car Alexander Calder, 1975

bayernmotor Nr. 8, November 1976, Titelseite / Title page
of *bayernmotor* no. 8, November 1976

In den Siebzigerjahren bauten die Bayerischen Motoren Werke ihre Verantwortung gegenüber ihrer Belegschaft weiter aus. Der zunehmende wirtschaftliche Erfolg sollte sich für die Beschäftigten spürbar auswirken. Mit der Neugestaltung der betrieblichen Alters- und Hinterbliebenenversorgung 1976 wurde ein weiterer Meilenstein im Bereich der Sozialpolitik erreicht.

Seit den Sechzigerjahren herrschte in der Bundesrepublik Deutschland ein Mangel an Arbeitskräften. Deshalb versuchten viele Firmen, neue Mitarbeiter durch ein Angebot freiwilliger Sozialleistungen zu gewinnen sowie ihre bestehende Belegschaft langfristig zu binden. Bei dem Ausbau der freiwilligen Leistungen kam dem seit den Dreißigerjahren bestehenden BMW Unterstützungsverein e.V. eine wichtige Rolle zu, der wiederum seine Mittel vom Unternehmen bezog. So versorgte BMW beispielsweise seine ausscheidenden Mitarbeiter gemäß der Dauer ihrer Betriebszugehörigkeit mit zusätzlichen Altersbezügen. Die zusätzliche Rente war gestaffelt nach Betriebszugehörigkeit. Mit Einführung des sogenannten Gesetzes zur Verbesserung der betrieblichen Altersversorgung im Dezember 1974 wurden die Versorgungsleistungen bei den Bayerischen Motoren Werken überarbeitet: Die Altersvorsorge wurde von einer Beihilfe in eine Pension umgewandelt, und das Unternehmen übernahm die Verantwortung für die direkte Zahlung der Altersbezüge. Voraussetzung für diese Pensionszusage war eine mindestens zehnjährige Betriebszugehörigkeit zum Zeitpunkt des Ausscheidens.

Im Rahmen einer Vereinbarung mit dem Betriebsrat konnten weitere Verbesserungen erzielt werden, so die Berücksichtigung der Hinterbliebenen von BMW-Mitarbeitern. Mit dieser Pensionsregelung, die nun auch Witwen, Halb- und Vollwaisen einschloss, konnte das Leistungsangebot für die Belegschaft erweitert werden. Weitere Möglichkeiten der Altersvorsorge kamen hinzu. Seit 1990 bietet das Unternehmen beispielsweise allen Mitarbeitern Direktversicherungen durch Lohn- bzw. Gehaltsumwandlung an. Seit 2002 ist eine zusätzliche, vom Mitarbeiter finanzierte Altersvorsorge möglich, bei der »Persönliches Vorsorgekapital« angespart wird.

In the 1970s, the Bayerische Motoren Werke increased the voluntary benefits paid to staff. The aim was to ensure that staff clearly felt the benefits of the company's success. Another milestone was achieved in the field of welfare policy when BMW revised its old-age pension and surviving dependants' scheme in 1976.

With West Germany suffering a labour shortage from the 1960s onwards, many companies offered voluntary social benefits in an attempt to attract new staff and secure the loyalty of the existing workforce. As voluntary benefits were extended, the BMW Support Association became increasingly important: funded by the company, this organization had originally been established as early as the 1930s. On retirement, BMW employees received additional pension payments based on their years of service, for example. When the so-called Act on the Improvement of Occupational Pensions was introduced in December 1974, the Bayerische Motoren Werke revised its system of retirement benefits: the status of old-age provision was changed from a benefit to a pension, and the company took on direct responsibility for payment. In order to qualify, staff had to have worked for the company for a period of at least ten years at the time of retirement.

An agreement with the Works Council paved the way for further improvements, too, such as benefits for the surviving dependants of BMW staff. Employees now enjoyed the advantages of a pension scheme that was extended to include widows as well as children with one or no living parents. Other options for old-age provision were added later: since 1990, the company has offered all staff direct insurance based on deferred wage or salary payments, and in 2002 an additional system of pension benefits was introduced whereby staff savings are held in a personal provident fund.

Seit Beginn der Siebzigerjahre entwickelten sich die Bayerischen Motoren Werke zunehmend zu einem global operierenden Unternehmen. Umsatz und Gewinn stiegen ebenso wie die Anzahl der Mitarbeiter. Für das Miteinander im Unternehmen wurden die Identifizierung der eigenen Unternehmenskultur und die Leitbilder zur Führung des Konzerns unerlässlich. So wurden 1976 die BMW Führungsleitsätze entwickelt, die einen wichtigen Eckstein der BMW-Unternehmenskultur gelegt haben.

Mit dem Ausbau des Unternehmens war vor allem die Zahl der BMW-Mitarbeiter gestiegen. Allein im Zeitraum 1966 bis 1976 wuchs die Belegschaft um 130 Prozent auf rund 30 000 Angestellte. Mit der zunehmenden Industrialisierung wurden immer mehr Kollegen im Ausland beschäftigt, die von der Zentrale in München aus betreut wurden. Angesichts dieser Entwicklung wertete das Unternehmen das Personalwesen auf und richtete 1976 ein eigenes Vorstandsressort ein. Im selben Jahr wurde erstmals der »BMW Tag« ausgerichtet, mit dem Ziel, die Zusammenarbeit zwischen den oberen Führungskräften zu verbessern. Bei dieser Veranstaltung wurden die »BMW Führungsleitsätze« erarbeitet, die erstmals sechs Prinzipien und zehn Instrumente der Führungsarbeit bei BMW festschrieben. Im Fokus stehen die Zusammenarbeit, der Grundsatz der Loyalität, die Übertragung von Aufgaben in Form von Funktions- und Arbeitsplatzbeschreibungen, die Verpflichtung zur Information, die Bedeutung der Motivation sowie die Notwendigkeit der Überwachung von Arbeitsprozessen. Ziel der Führungsleitsätze war letztlich die Sicherstellung des unternehmerischen Erfolgs. Die Mitarbeiter als wesentlicher Faktor sollten in ihrem Engagement und ihrer Identifikation mit dem Unternehmen gestärkt werden. 1983 wurde die »Werteorientierte Personalpolitik« eingeführt, welche die einzelnen Mitarbeiterziele in die Unternehmensziele einbinden sollte.
   1985 wurden die Grundsätze der »BMW Führungskultur« verabschiedet: 13 Handlungsmaximen bildeten nun einen Orientierungsrahmen für Mitarbeiter, und Führungskräfte und rückten die Führungsethik in den Vordergrund. 1998 wurde das bestehende Mitarbeiter- und Führungsleitbild weiter konkretisiert und auf die Anforderungen des 21. Jahrhunderts ausgerichtet. 2007 gingen die Führungsleitsätze in den Grundüberzeugungen der »Strategie Number ONE« auf.

From the early 1970s onwards, Bayerische Motoren Werke increasingly developed towards becoming a global player. Turnover and profits grew, as did the number of employees. In order to create a sense of cohesion and purpose, it became vital to define a corporate culture and guiding leadership principles. The BMW management principles were thus developed in 1976 – establishing a key cornerstone of BMW corporate culture.

The main result of the company's expansion was an increase in the number of BMW employees. From 1966 to 1976 alone the workforce increased by 130 per cent to some 30,000. Increasing industrialization meant that there were more and more people working abroad under the control of the headquarters in Munich. In view of this development the company boosted its human resources department, creating a dedicated executive board function in 1976. That same year 'BMW Day' was organized for the first time, with the aim of improving collaboration among top-level management. The 'BMW Management Principles' were formulated at this event, establishing six principles and ten instruments of leadership at BMW for the first time. The focus here was on collaboration, the principle of loyalty, task assignment in the form of job descriptions, the obligation to share information, the importance of motivation and the need to monitor work processes. The aim of these management principles was ultimately to secure the company's success. Staff were to be recognized as a key factor and their commitment and sense of identification with the company were to be strengthened. The 'Value-Oriented Human Resources Policy' was introduced in 1983, incorporating individual employee goals in company goals.
   The tenets of 'BMW management culture' were agreed on in 1985: 13 guiding principles now provided orientation for both managers and employees, focusing especially on the notion of leadership ethics. In 1998 the existing employee and management mission statement was further substantiated and adapted to the requirements of the 21st century. In 2007 the management principles were incorporated in the set of fundamental beliefs underlying Strategy Number ONE.

Titelseite der *BMW Führungsleitsätze* / Title page of the *BMW Leadership Guidelines*, 1976

Ein einheitlicher Markenauftritt – nach außen wie auch nach innen – ist unerlässlicher Ausdruck der Unternehmensidentität. Bei der Gestaltung und Durchsetzung dieses Auftritts dient die Corporate Identity als Anleitung, um die Persönlichkeit einer Marke mit Kraft und Klarheit in allen Medien erfahrbar zu machen. Mit der wachsenden Internationalisierung und dem Ausbau der Handelsorganisation gewann sie zunehmend an Bedeutung. Heute ist die differenzierte Markenführung in Verbindung mit einem klar zugeordneten Erscheinungsbild ein Erfolgsfaktor des BMW-Konzerns.

In den ersten Jahrzehnten seines Bestehens gab BMW den Anzeigen der Händlerbetriebe bereits einen markenadäquaten Anstrich. Doch begrenzte Mittel führten zu einem eher heterogenen Unternehmensauftritt, vor allem im Ausland.

Erste ausgesprochen positive Erfahrungen mit der konsequenten Umsetzung einer Corporate Identity machte die 1972 gegründete BMW Motorsport GmbH. Für die neue Tochter, in der man alle Motorsportaktivitäten bündelte, entwarf man ein eigenes Markenzeichen. Beim Saisonauftakt 1973 auf dem Nürburgring trat erstmals eine Mannschaft in vollständig einheitlichem Design auf. Mit diesem wurden auch Transportfahrzeuge und Rennwagen ausgestattet.

Es folgten weitere Bereiche wie Rennanzüge bis hin zum Schlüsselanhänger. Das Design war Weiß gehalten und trug Farbstreifen in Blau, Violett und Rot, verbunden mit dem »M« der Motorsport GmbH.

Als BMW 1977 mit dem 7er-Modell ein neues Fahrzeug der Oberklasse einführte, sollte ein einheitlicher Auftritt im Vertrieb dem Anspruch auf Hochwertigkeit Ausdruck verleihen. Deshalb wurden 1978 die Grundregeln der »BMW Identity« erarbeitet, deren Gestaltungsprinzipien teilweise noch heute sichtbar sind. Damals erfand man die sogenannten Identity-Boxen, funktionale Behälter mit diversen Mustern und Gestaltungsgrundlagen für Geschäftspapiere, Anzeigen, Plakate sowie Grundlagen für die Ausgestaltung von Verkaufsräumen und Außenflächen der BMW-Handelsorganisation. Mit diesem Ansatz, der alle Bereiche des Markenauftritts umfasste, setzten die Bayerischen Motoren Werke Maßstäbe weit über die Automobilbranche hinaus – eine Leistung, die das Museum of Modern Arts in New York dazu veranlasste, die Box als Ikone des Corporate Design in seine Sammlung aufzunehmen.

Heute verfügen die Konzernmarken BMW, BMW i, BMW M, BMW Motorrad, MINI und Rolls-Royce über eigenständige CI-Programme, welche die jeweilige individuelle Markenidentität klar und unverwechselbar zum Ausdruck bringen.

A uniform brand appearance – both internally and externally – is vital as an expression of the company's identity. Corporate identity provides a guideline for the design and implementation of this appearance so as to bring the personality of the brand to life and convey it with power and clarity in all media. This is has become increasingly important as the company has grown internationally and expanded its network of dealerships. Today, a key factor in the success of the BMW Group is differentiated brand management combined with a clearly defined visual appearance.

Even in the early decades of its existence BMW gave its dealership advertisements a touch of hallmark brand style. However, limited resources produced rather heterogeneous results, especially abroad.

The first truly positive experience of consistently applied corporate identity was in connection with BMW Motorsport GmbH, founded in 1972. The aim was to cluster all motor racing activities in the new subsidiary and so a distinctive trademark was created. At the start of the 1973 season, the team appeared at the Nürburgring in an entirely consistent livery for the first time, featured on all transportation vehicles and racing cars. It was later applied to other elements such as racing suits and even key rings. The design consisted of stripes in blue, purple and red against a white background along with the letter M for Motorsport GmbH.

When BMW launched the 7 Series as its new top-of-the-range model in 1977, a consistent style was applied to marketing materials so as to convey a sense of premium quality. In 1978 the basic rules of 'BMW Identity' were drawn up, some of which remain visible to this day. It was at this stage that the so-called 'identity boxes' were invented – functional containers featuring various patterns and designs for use on stationery, advertisements and poster – as well as basic principles for the design of showrooms and outdoor areas at BMW dealerships. With this approach of applying its brand identity consistently to all areas, Bayerische Motoren Werke set the benchmark well beyond the automotive sector: in fact the identity boxes were even included in the collection of the Museum of Modern Art in New York as an icon of corporate design.

Today each of the company's brands BMW, BMW i, BMW M, BMW Motorrad, MINI and Rolls-Royce has its own distinctive CI programme that expresses individual brand identity clearly and unmistakably.

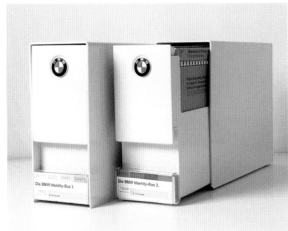
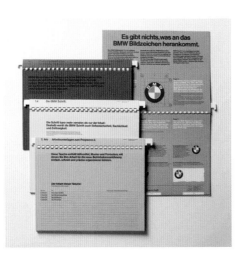

BMW Identity-Boxen / BMW Identity Boxes, 1978

Werbeplakat / Advertising poster, 1974

1917

1933

1953

1974

1979

2003

Das BMW Logo

Ein zentrales Element der BMW Corporate Identity ist die einheitliche und reduzierte Verwendung und behutsame Weiterentwicklung des Markenzeichens. Weltweit sind die Bayerischen Motoren Werke ein bekannter Name. Ebenso genießt ihr Logo einen extrem hohen Bekanntheitsgrad. Bereits im Dezember 1917 war das Markenzeichen in die Zeichenrolle des Kaiserlichen Patentamts eingetragen worden. Dort wurden folgende Waren für das Zeichen präzisiert: Es galt für »Land-, Luft- und Wasserfahrzeuge, Automobile, Fahrräder, Automobil- und Fahrradzubehör, Fahrzeugteile, stationäre Motoren für feste, flüssige und gasförmige Betriebsstoffe und deren Bestand- und Zubehörteile«.

Die Grundzüge des BMW Logos sind klar und unverwechselbar. In den ersten Jahren trug ein von zwei goldenen Ringen eingerahmter schwarzer Kreis die Buchstaben B M W. Die grafische Aufteilung ist dem Firmen- und Warenzeichen der Rapp Motorenwerke GmbH entlehnt worden.

Das Zentrum des BMW-Symbols bestimmen die bayerischen Landesfarben Weiß und Blau. Werbefachleute der BMW AG gaben dem Warenzeichen 1929 eine neue werbewirksame Deutung: So wurde das Logo in den damaligen Anzeigen als ein rotierender Flugzeugpropeller stilisiert. Dieser sogenannte Propeller-Mythos, der sich bis heute hält, geht also nicht auf die Anfänge des Unternehmens zurück, sondern wurde nachträglich zur Förderung des Flugmotorengeschäfts verbreitet. Das BMW Logo hat sich bis heute erhalten und im Lauf der BMW-Geschichte nur leichte Modifikationen erfahren.

The BMW logo

A central element of BMW corporate identity is the standardized and reduced application of its trademark, which has been discreetly modernized over the years. The name Bayerische Motoren Werke is familiar all over the world, and the logo is extremely well-known, too. It was registered as a trademark with the Imperial Patent Office as early as December 1917. At that time, the trademark was declared valid for the following products: 'Land, air and sea vehicles, automobile and bicycle accessories, vehicle parts, stationary engines for solid, liquid and gaseous fuels, and components and accessories for the latter'.

The main features of the BMW logo are clear and unmistakable. In the early years, a black circle bordered on its inner and outer edge with golden rings bore the letters B M W. The graphic layout was borrowed from the Rapp Motorenwerke GmbH logo and trademark.

The Bavarian state colours of white and blue appear at the centre of the BMW symbol. In 1929, BMW AG advertising experts assigned a new meaning to the symbol to boost its effectiveness as a promotional tool: in advertisements of that period the logo was stylized as a rotating aircraft propeller. The so-called propeller myth – which persists to this day – does not actually date back to the company's origins but was introduced at a later stage to promote trade in aircraft engines. The BMW logo has been preserved in its original to this day and has only undergone slight modifications in the course of BMW history.

Die Titelseite der Zeitschrift *BMW-Flugmotoren-Nachrichten* (Jg. 1, Heft 2, Nov./Dez. 1929) zeigt ein Flugzeug mit stilisiertem Propellerkreis in der Art des BMW-Markenzeichens / Title page of *BMW-Flugmotoren-Nachrichten* (vol. 1, issue 2, Nov./Dec. 1929) showing an aeroplane with a stylized propeller circle similar to the BMW brand logo

BMW M1, Cockpit / cockpit, 2010

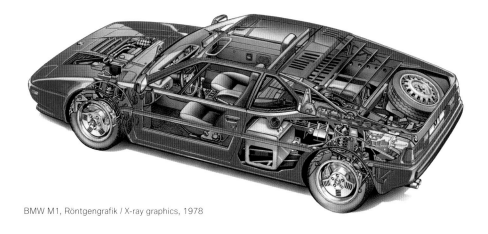

BMW M1, Röntgengrafik / X-ray graphics, 1978

Die Vorstellung des BMW M1 im Oktober 1978 auf dem Pariser Autosalon sorgte für Aufsehen und begeisterte die Fachpresse. Der Sportwagen beeindruckte durch sein Design und seine Motorleistung. Zwar wurden in der Renn- und Straßenversion nicht mehr als 453 Fahrzeuge dieses Typs gebaut, doch nimmt er in der BMW-Historie einen herausragenden Platz ein. Denn mit ihm begründete die Motorsport GmbH den Mythos der M-Fahrzeuge.

Mitte der Siebzigerjahre suchte die BMW Motorsport GmbH nach Möglichkeiten, aktiv am Rennsport in den FIA-Gruppen 4 und 5 teilzunehmen. Da der Konzern jedoch über kein geeignetes Basisfahrzeug verfügte, entschloss man sich für die Neukonstruktion eines Sportwagens. Insbesondere bei der Gruppe 4 handelte es sich um eine Rennsportklasse mit Serienbezug. Um überhaupt antreten zu können, schrieb das Reglement den Bau einer parallel für den Straßenverkehr zugelassenen Version vor. Mindestens 400 identische Straßenversionen des Sportwagens mussten in zwei Jahren gebaut werden. Da die BMW Motorsport GmbH für die Serienfertigung eines solchen Fahrzeugs nicht ausgerüstet war, suchte man nach externen Partnern. Ab Ende 1975 entwarf die Firma Italdesign unter

Führung des Chefdesigners Giorgetto Giugiaro eine extrem flache und breite Karosserie, die auf das Konzeptfahrzeug des BMW Turbo von 1972 Bezug nahm.

Der ungewöhnliche Supersportwagen mit kantiger Keilform und Mittelmotor, der die wesentlichen Designelemente von BMW aufwies, fand im Unternehmen sofort Zustimmung. Das Herz des M1 sollte jedoch die Handschrift von BMW selbst tragen. So wurde ein Team rund um den »Motorenpapst« Paul Rosche aufgestellt, das einen bestehenden Reihensechszylinder überarbeitete. In der Straßenversion erbrachte dieser neue Vierventil-Motor 277 PS, mit Turbo-Unterstützung für Rennstrecken konnte die Leistung sogar auf über 800 PS gesteigert werden.

Weil sich die Produktion verzögerte, verpasste man die Gelegenheit, mit dem BMW M1 direkt in die beabsichtigte Gruppe 4 einzusteigen. So kam die Idee auf, für den Sportwagen eine eigene Rennserie ins Leben zu rufen. 1979 startete erstmals die Procar-Serie, bei der zunächst 19 Fahrzeuge vom Typ BMW M1 im Vorprogramm der europäischen Formel-1-Rennen gegeneinander antraten. Das Procar-Rennen entwickelte sich auch im folgenden Jahr 1980 zum Publikumsmagneten und der BMW M1 zum Kultauto tausender Motorsportfans.

The launch of the BMW M1 at the Paris Motor Show in October 1978 caused a sensation and was enthusiastically received by the press, experts being particularly impressed by the car's design and engine performance. Even though no more than 453 of this vehicle were built in a racing and road version, it still occupies an outstanding position in BMW history. After all, it was with this car that Motorsport GmbH first established the M myth.

In the mid-1970s BMW Motorsport GmbH was looking for ways to become actively involved in FIA Group 4 motor racing, where the cars entered were closely related to mass-produced models. But since the company had no suitable base car, it was decided to build a new sports car from scratch. In Group 4 motor racing it was all about cars which were closely related to series-produced models. If you wanted to participate in this class, the rules clearly defined that you also had to build a street-legal version. A minimum of 400 identical street versions had to be built within a period of two years. Since BMW Motorsport GmbH was not equipped for manufacturing such a car in series, external partners were sought. From the end of 1975 the company Italdesign, headed by chief designer

Giorgetto Giugiaro, began designing an extremely low-slung and wide-stance body which recalled the BMW Turbo concept car of 1972. The spectacular wedge-shaped and mid-engined supersports car, which featured all the main BMW design elements, instantly met with enthusiastic response in the company. However, the heart of the sports car with the designation M1 was to bear the hallmark of BMW. A team was set up to support engine guru Paul Rosche in reworking an existing inline 6-cylinder power unit. This new 4-valve engine delivered 277 hp in the street-legal version, and on the racetrack this could be ramped up to over 800 hp using turbocharging.

Since there were some production delays, the opportunity of entering in Group 4 with the BMW M1 was missed. This then led to the idea of creating a completely separate racing series for this sports car. In 1979 the Procar series was launched, in which initially 19 M1 cars competed against each other in support races held at European Formula 1 championship events. The Procar series continued to be a major attraction in 1980 and the BMW M1 became the cult car for many thousands of motor-sport enthusiasts.

Werbeplakat / Advertising poster, 1980

Nachdem sich das Image des Motorrads vom reinen Transportmittel hin zu einem Symbol für Freiheit, Sport und Abenteuer entwickelt hatte, kamen Ende der Siebzigerjahre Modelle auf, die auf Geländeeinsätze spezialisiert waren. BMW konzipierte daraufhin 1980 als einen Allrounder die R 80 G/S und begründete damit als neues Marktsegment die Reise-Enduro, in dem die Marke BMW Motorrad noch heute führend ist.

Seit Mitte der Siebzigerjahre gab es ein großes Angebot an japanischen Modellen, die mit immer stärkeren Motoren aufwarteten und auf komfortable Touren, anspruchsvolles Gelände oder sportliches Fahren ausgerichtet waren. Diesem Trend der Spezialisierung stellte BMW Motorrad mit der R 80 G/S als Allrounder ein stimmiges Gesamtpaket entgegen. Die Bezeichnung G/S als Abkürzung für Gelände und Straße deutete bereits darauf hin, dass die Maschine sowohl für den Einsatz auf befestigten Straßen genauso wie abseits der Routen geeignet war, ein Angebot, das Motorrad-Enthusiasten mit Begeisterung aufnahmen. So übertraf das Modell R 80 G/S alle Erwartungen und wurde in acht Jahren Produktionszeitraum von 1980 bis 1987 beachtliche 21 864-mal verkauft.

Im Geländesport hatte die Marke BMW eine lange Tradition, die bis in die Zwanzigerjahre zurückreicht. Noch 1972 wurde durch Herbert Schek die Deutsche Meisterschaft errungen, bevor leichte handliche Zweitakter die Wettbewerbe dominierten. Nach einer Reglementänderung kehrte BMW Motorrad 1978 auf die sportliche Bühne zurück. Neben den reinrassigen Geländemaschinen hatten die Techniker auch Begleitmotorräder aufgebaut, die sich sowohl auf der Straße als auch im Gelände bewährten. Diese waren die Basis der kommenden Reiseenduro.

Nach nur 21 Monaten Entwicklungszeit wurde die BMW R 80 G/S im September 1980 in Avignon/Les Baux vorgestellt. Mit ihrem auf 800 ccm dimensionierten Motor war sie die hubraumstärkste Geländemaschine auf dem Markt. Ein Gewicht von nur 167 Kilogramm sowie lange Federwege vorne und hinten waren ideale Voraussetzungen selbst für den harten Einsatz im Gelände. Auf ausgedehnten Straßenfahrten überzeugte die Maschine durch gutes Handling und hohen Reisekomfort. Ein besonderes Konstruktionsdetail sorgte für Aufsehen: Erstmals bei einem Serienmotorrad verwendete BMW am Hinterrad eine Einarmschwinge. Das Hinterrad war mit nur drei Schrauben an der Nabe befestigt und erlaubte wie beim Auto einen raschen und problemlosen Radwechsel.

After the image of the motorcycle had shifted from that of a simple means of transport to a symbol of freedom, sport and adventure, motorbikes began to emerge in the late 1970s that were specially designed for off-road riding. In 1980 BMW created the all-rounder model R 80 G/S, thereby establishing the new market segment of the travel enduro bike, where the brand BMW Motorrad remains the leader to this day.

From the mid-1970s onwards, a wide range of Japanese models appeared with increasingly powerful engines designed for either comfortable touring, challenging off-road riding or sports-style motorcycling. BMW Motorrad responded to this trend towards specialization with the R 80 G/S – an all-rounder that offered a harmonized overall package. The designation G/S – an abbreviation of *Gelände* (off-road) and *Straße* (on-road) – itself indicated the bike's wide-ranging versatility, and motorcyclists responded enthusiastically. The R 80 G/S exceeded all expectations and was produced an impressive 21,864 times between 1980 and 1987.

BMW brand had a long tradition of off-road racing that dated back to the 1920s – Herbert Schek had won the German Championship in 1972 before light and agile 2-stroke machines began to dominate the competitions. BMW Motorrad returned to the racing arena in 1978 after alterations were made to the regulations. In addition to purebred racing machines, the engineers had also created escort motorcycles that were suitable for use both on and off the road, and it was these that provided the basis for the future travel enduro.

After a development period of just 21 months, the BMW R 80 G/S was premiered in Avignon/Les Baux in September 1980. With an 800 cc engine it was the biggest-capacity off-road machine on the market. Weighing just 167 kilograms and with long spring travel at front and rear, it was perfect for the tough conditions of all-terrain riding, while on lengthy road trips the bike also offered good handling and a high level of travel comfort. One design detail caused something of a sensation: for the first time in a volume-production motorcycle, BMW used a single-sided swinging arm on the rear wheel. The rear wheel was attached to the hub by means of just three screws, allowing a quick and straightforward wheel-change as with a car.

Die Rallye Paris–Dakar, die 1979 erstmals ausgetragen wurde, gilt als die schwerste Rallye der Welt. 1981 konnte das BMW-Werksteam mit dem französischen Ausnahmefahrer Hubert Auriol die Motorradwertung für sich entscheiden. Dieser Erfolg bedeutete für BMW Motorrad einen weiteren Imagegewinn und wirkte sich auf den Absatz der BMW R 80 G/S aus.

Die legendäre Route der Fernfahrt führte von Paris über 9500 Kilometer bis zur westafrikanischen Hafenstadt Dakar. Nur 30 Prozent der Strecke waren befestigte Straßen, der Rest endlose Wüste mit Sand und Schotter. Fast die Hälfte aller Teilnehmer schied in der Regel nach Unfällen oder Motorschäden aus – nicht umsonst galt die Rallye als die schwerste und publicityträchtigste Offroad-Veranstaltung der Welt.

Nach erfolglosen Teilnahmen 1979 und 1980 ging BMW Motorrad 1981 erneut an den Start, diesmal jedoch mit professioneller Vorarbeit: Ein BMW-Werksteam wurde zusammengestellt, das die drei zum Start gemeldeten BMW R 80 G/S von der Tuningfirma HPN im niederbayerischen Seibersdorf präparierte.

Der Aufwand führte zum grandiosen Erfolg: Mit drei Stunden Vorsprung konnte Auriol das Rennen für sich entscheiden. Seine Teamkollegen Jean-Claude Fenouil und Bernard Neimer belegten die Plätze vier und sieben.

Auch bei der Rallye von 1983 gelang Auriol der Gesamtsieg. Doch der größte Erfolg sollte ein Jahr später folgen: Das BMW-Team wurde durch den Belgier Gaston Rahier verstärkt, der allerdings aufgrund seiner Körpergröße von 164 Zentimetern mit der schweren, hochbeinigen BMW-Maschine Schwierigkeiten hatte. Dank eines Elektrostarters und der raffinierten Technik, beim Starten auf das bereits anfahrende Motorrad aufzuspringen, konnte er sein Handikap kompensieren und fuhr mit 20 Minuten Vorsprung vor seinem BMW-Teamkollegen Auriol als Sieger durchs Ziel.

Somit hatte eine BMW R 80 G/S mehrfach den Sieg der Rallye Paris–Dakar eingefahren und damit ihre Geländetauglichkeit eindrucksvoll unter Beweis gestellt. 1984 wusste BMW Motorrad diesen Erfolg mit dem Sondermodell Paris–Dakar zu würdigen. Gaston Rahier konnte 1985 seinen Sieg wiederholen.

First held in 1979, the Paris–Dakar Rally is regarded as the world's toughest rally. The BMW factory team, with the exceptionally talented French rider Hubert Auriol, won the motorcycle category in 1981. This success further enhanced the image of BMW Motorrad as well boosting sales of the BMW R 80 G/S.

The legendary long-distance route stretched more than 9,500 kilometres from Paris to the West African seaport of Dakar. Only 30 per cent of this route consisted of asphalted roads: the rest was sand and dirt tracks through endless desert. Almost half the entrants dropped out due to accidents or engine damage: in view of its reputation as the toughest off-road race in the world, the rally was a huge publicity boost.

After failing to achieve success with its entries in 1979 and 1980, BMW Motorrad lined up at the start once again in 1981, this time having undergone professional preparation: a BMW factory team was assembled to ride three BMW R 80 G/S configured by specialist tuning company HPN based in Seibersdorf, Lower Bavaria. These efforts paid off spectacularly as

Auriol crossed the finishing line with a three-hour lead, his team colleagues Jean Claude Fenouil and Bernard Neimer finishing fourth and seventh.

Auriol went on to clinch outright victory in 1983, too, but the greatest success was to come a year later. The BMW team was strengthened with the addition of Belgian rider Gaston Rahier, but being only 1.64 m tall the latter had difficulties handling the heavy, imposing BMW machine. With an electric starter and a clever technique of jumping up onto the motorcycle just as it was setting off, however, Rahier was able to make up for his handicap and finished 20 minutes ahead of his BMW team colleague Auriol.

With this series of Paris–Dakar Rally victories, the BMW R 80 G/S had impressively demonstrated its off-road capabilities, and BMW Motorrad celebrated this success with the Paris–Dakar special edition model in 1984. Gaston Rahier was victorious once again in 1985.

Werbemotiv / Advertisement, 1986

Nachdem die Bayerischen Motoren Werke bis in die Siebzigerjahre ausschließlich Otto-motoren, also Aggregate für Benzin, hergestellt hatten, führte die Ölkrise 1973 zu einem Um-denken. Erste Versuche, einen weniger kraft-stoffintensiven »Selbstzünder« herzustellen, wurden ab 1975 unternommen. Bereits 1983 brachten die Entwickler einen Dieselmotor mit der Baumusterbezeichnung M21 zur Serienreife und präsentierten ihn im Modell BMW 524td. Diesem ersten Dieselaggregat sollten weitere Motorgenerationen folgen. Heute ist BMW einer der erfolgreichsten Anbieter von verbrauchs-armen Dieselmotoren mit hoher Leistung und besten Laufeigenschaften.

Bis 1975 hatte BMW Dieselmotoren als Antrieb ausgeschlossen, da sie sich als zu laut und nicht dynamisch genug erwiesen. Von 1975 an versuchte die Motorenentwicklung erstmals, auch Dieselmotoren mit BMW-typischen Laufeigenschaften zu konzipieren. Erste Experimente mit modifizierten Ottomotoren sowie Gemeinschaftsprojekte mit externen Partnern scheiterten zunächst. Doch schließlich entwickelten die Motorenspezialisten von BMW selbst einen Sechs-zylinder-Dieselmotor. Dabei gingen sie bei den Grund-abmessungen vom bewährten Ottomotor aus und nahmen sich dessen Laufeigenschaften zum Vorbild. Um bei Verbrauch, Abgas und Geräuschentwicklung gute Werte zu erreichen, wurde ein Abgasturbolader mit Ladeluftkühlung verwendet. Die hohe spezifische Leistung des Motors erzeugte hohe Spitzendrücke, weshalb man die Verschraubung der Zylinderköpfe und die Pleuel verstärkte. Die Kurbelwelle wurde ge-schmiedet und bekam breitere Lager.

Der BMW 524td, der das Kürzel td für Turbo Diesel im Namen trägt, hatte als seiner Zeit schnellster Serien-Turbodiesel der Welt großen Erfolg. Aufgrund seiner hervorragenden Eigenschaften kam der Diesel-motor ab 1985 auch in der kleineren BMW 3er-Bau-reihe zum Einsatz.

Ebenfalls 1987 wurde eine spezielle digitale Dieselelektronik (DDE) eingeführt, welche die Ver-teilereinspritzpumpe noch zielgerichteter ansteuert und bei Verbrauch, Abgas und Drehmoment für noch bessere Werte sorgt.

Up until the 1970s the Bayerische Motoren Werke had only produced petrol engines, but the 1973 oil crisis led to a rethink. From 1975 onwards, initial attempts were made to build a less fuel-intensive 'spontaneous combustion' engine. By 1983, developers had come up with a diesel engine that was ready for serial pro-duction: it bore the type designation M21 and was first launched in the model BMW 524td. This first diesel engine was to be followed by many more. Today BMW is one of the most successful suppliers of fuel-efficient diesel engines with a high output and excellent running properties.

Up until 1975, BMW had decided against using diesel engines as they had proven to be too loud, offering too little dynamic performance. From 1975 on, the engine development division tried their hand at design-ing diesel engines with hallmark BMW performance characteristics for the first time. The first experiments using modified petrol engines as well as joint projects with external partners all failed initially. However, the BMW engine specialists then finally did develop a 6-cylinder diesel engine. They applied the same basic dimensions as used for the tried and tested spark ignition engine and tried to achieve its running proper-ties as well. A turbocharger with charge-air cooling was used so as to achieve good levels of exhaust and noise emissions. The engine's high specific output generated high-pressure peaks so the cylinder head bolts and the connecting rods had to be reinforced. The crankshaft was forged and received wider bearings.

With the abbreviation td in its name for turbo diesel, the BMW 524td achieved enormous success as the fastest mass-production turbodiesel model in the world. Due to its excellent running properties, this diesel engine was also used in the smaller BMW 3 Series from 1985 onwards.

In 1987 special digital diesel electronics (DDE) were introduced which controlled the distributor injection pump in an even more targeted fashion and helped improve fuel consumption, emissions and torque.

Zu Beginn der Achtzigerjahre fassten die Bayerischen Motoren Werke den Entschluss, ihre Kompetenz auch in der Formel 1, der Königsklasse des Motorsports, zu beweisen. Dazu ging das Unternehmen als Motorenhersteller eine Kooperation mit dem britischen Rennstall Brabham ein. 1982 kam der BMW 1,5 Liter Turbo erstmals in einem Brabham BT 50 zum Einsatz und sorgte für gute Platzierungen. Am Ende der Saison 1983 feierten der Brasilianer Nelson Piquet den Weltmeistertitel in der Formel 1 und BMW einen der größten sportlichen Erfolge ihrer Geschichte.

Zahlreiche Erfahrungen mit Abgasturboladern im Automobilbau hatte BMW bereits in den Siebzigerjahren gesammelt. BMW-Motorenentwickler Paul Rosche hatte schon 1969 einen Motor mit Abgasturbolader für die Tourenwagen-Europameisterschaft entwickelt, mit dem BMW seinen Meistertitel verteidigen konnte. Nach einigen Rückschlägen konnte dieser Motor 1973 auch zur Serienreife gebracht und im legendären BMW 2002 turbo verbaut werden.

Die Idee, den erfolgreichen Turbomotor für das Engagement von BMW in der Formel 1 weiterzuentwickeln, wurde vom Vorstand zunächst abgelehnt. Erst im April 1980 gab es grünes Licht, und das Team um Paul Rosche machte sich an die Arbeit. So entstand in kürzester Zeit aus einem Vierzylinder mit nur 1,5 Liter Hubraum, der auf einem gusseisernen Motorblock aus der Serienproduktion basierte, ein Formel-1-Triebwerk mit bis zu 800 PS. Erstmals kamen eine digitale Motorelektronik und die Telemetrie zum Einsatz. Auch wenn Rosche Saugmotoren gegenüber Turbomotoren den Vorzug gab, sollten ausgerechnet Letztere seinen Weltruhm als Motorenkonstrukteur begründen. Der Gewinn der Formel-1-Weltmeisterschaft war insofern ein besonderer, als dieser erstmals mit Hilfe eines Turbomotors errungen wurde.

Als BMW drei Jahre später, 1986, den Rückzug aus der Formel 1 erklärte, blieb das Münchener Unternehmen ein weiteres Jahr als Motorenlieferant in der Formel 1 aktiv. Der erfolgreiche Turbomotor, der intern die Bezeichnung M12/13 trug, konnte damals im Training kurzzeitig die beachtliche Leistung von 1300 PS entwickeln.

In the early 1980s BMW decided to demonstrate its expertise in Formula 1, the ultimate motor racing discipline, and entered into a cooperation with the British racing team Brabham for this purpose. The BMW 1.5-litre turbo was first fitted in a Brabham BT 50 in 1982 and achieved good positions. It was at the end of the 1983 season that Brazilian driver Nelson Piquet won the Formula 1 World Championship – the most outstanding sporting achievements in BMW history.

BMW had gained extensive experience of exhaust-gas turbocharged engines in automobile manufacture during the course of the 1970s. An exhaust-gas turbocharger designed by BMW engine developer Paul Rosche had enabled BMW to defend its European Touring Car Championship title as early as 1969. After a number of setbacks, this engine was brought to serial-production readiness in 1973 and installed in the legendary BMW 2002 Turbo.

The idea of taking the turbo engine a step further for entry into Formula 1 was initially rejected by the board of management, and it was not until April 1980 that Paul Rosche and his team got the go-ahead and set to work. Within a very short time, a 4-cylinder engine with a capacity of just 1.5 litres based on a mass-production cast iron engine block was transformed into a Formula 1 engine with an output of up to 800 hp. Digital engine electronics and telemetry were used for the first time. Rosche in fact preferred naturally aspirated engines over turbo engines, but ironically it was the latter that brought him worldwide fame as an engine designer. Winning the Formula 1 World Championship was a particularly outstanding achievement because it was the first time this had been done with a turbo engine. When BMW announced its withdrawal from Formula 1 three years later in 1986, it continued to remain active in the sport for another year as an engine supplier. During training, the successful turbo engine with the internal designation M12/13 even briefly managed to achieve an impressive output of 1,300 hp.

Nelson Piquet im Brabham BMW BT 52 Turbo beim Großen Preis der Niederlande / Nelson Piquet in the Brabham BT 52 Turbo at the Netherlands Grand Prix, 1983

Leider hält das Leben gelegentlich unliebsame Überraschungen bereit. So kann es auch einem Premiumfahrzeug der Marke BMW oder MINI passieren, dass es wegen einer Panne am Straßenrand halten muss. Um für den Fall der Fälle einen Service anbieten zu können, wurde 1984 der BMW Bereitschaftsdienst eingeführt, seit 2001 umbenannt in BMW Mobiler Service.

Der mobile Service von BMW bietet rund um die Uhr ein modernes, umfassendes Pannenhilfesystem und damit qualifizierte Hilfe aus erster Hand. In 84 Prozent der Fälle konnte der Kunde seine Fahrt bereits nach kurzer Zeit fortsetzen. In etwa 40 Prozent aller Pannen gelang es einem Servicemitarbeiter in der Einsatzleitzentrale, das Problem durch telefonische Hilfestellung zu lösen.

Die Koordination aller Einsätze erfolgt über das weltweit beispiellose Einsatz-, Leit- und Ortungssystem ELOS, ein satellitengestütztes System, das es der Einsatzleitzentrale ermöglicht, anhand der Positionsdaten umgehend das nächstgelegene BMW Servicemobil zu aktivieren und zum Pannenort zu schicken. Zu verdanken ist diese Präsenz dem engen Netz der BMW-Handelsorganisation. Der Erstkontakt erfolgt per Telefon. Noch effizienter aber ist die Ferndiagnose bei BMW- und MINI-Fahrzeugen, die mit einem entsprechenden ConnectedDrive Dienst ausgestattet sind. Hier können die Diagnosedaten des Fahrzeugs direkt in die Einsatzleitzentrale übermittelt werden. Die Auswertung erlaubt es, die Störungsursache präzise zu bestimmen und geeignete Hilfemaßnahmen einzuleiten.

Inzwischen befinden sich über 800 Servicemobile in mehr als 50 Ländern im Einsatz. Die speziell umgerüsteten BMW X5 und X3 sind heute mit umfassenden technischen Equipment ausgestattet und damit in der Lage, vor Ort eine professionelle Fehlerdiagnose und Reparatur durchzuführen. Außer dem Diagnosetool und BMW-Spezialwerkzeugen sind sie mit einem umfangreichen Bestand an Batterien sowie anderen Ersatzteilen ausgerüstet. Bei einer Störungsmeldung über Teleservice kann das erforderliche Material von den Servicemobilen direkt an den Pannenort mitgenommen werden.

Unfortunately, life occasionally has unwelcome surprises in store. Even a premium automobile of the BMW or MINI brand can end up stuck at the roadside as a result of a breakdown. The BMW Standby Service was introduced in 1984 to be able to provide assistance whenever the worst comes to the worst, and this was renamed BMW Mobile Service in 2001.

The mobile service offered by BMW provides a comprehensive modern breakdown assistance system round the clock – expert help at first hand. In 84 per cent of cases customers are able to continue their journey within a short time. Some 40 per cent of breakdowns can be handled by a service staff member at the command centre, providing help over the phone to solve the problem in question.

All operations are coordinated by means of the so-called ELOS, a satellite-supported positioning and assistance management system that is globally unique, enabling the command centre to immediately activate the nearest BMW Servicemobile and send it out to the breakdown site. This is possible due to the dense geographical coverage of the BMW dealer network. Initial contact is established by telephone. But an even more efficient tool is remote diagnosis, available in BMW and MINI vehicles fitted with the relevant Connected-Drive feature. Here, diagnostic data is relayed directly from the vehicle to the command centre. Analysis of the data allows the cause of the fault to be precisely identified so that effective assistance can be initiated.

There are now more than 800 Servicemobiles in operation in over 50 countries. Nowadays the specially converted BMW X5 and X3 carry extensive technical equipment that enables professional fault diagnosis and repair to be carried out on site. In addition to the diagnosis system and special BMW tools, they are also well stocked with batteries and other spare parts. When a fault is reported via the remote service, the materials required can be taken directly to the breakdown site by the Servicemobile.

BMW Servicemobil / BMW Servicemobile, 1985

Die Entwicklung von Premium-Fahrzeugen setzt ein hohes Maß an Innovationskraft voraus. Die Technologien und Konzepte für die Mobilität der Zukunft werden seit 1985 in einer Denk-fabrik geschaffen, die maximalen Freiraum für Visionäre bietet. 2003 fusionierte die BMW Technik GmbH mit der unternehmenseigenen Fahrzeugforschung zur BMW Forschung und Technik GmbH, welche eine Design- und Modellbauabteilung, Entwicklungsabteilungen, einen eigenen Prototypenbau, Motorenprüf-stände sowie den weltweit ersten Akustik-Windkanal umfasst.

Die Mitarbeiter der BMW Group Forschung und Technik arbeiten an fünf Forschungsschwerpunkten, den Schlüsselthemen der automobilen Zukunft: Fahrzeug-technologie, Wasserstofftechnologie, Intelligentes Energiemanagement und alternative Antriebe, Fahrer-assistenzsysteme und Aktive Sicherheit sowie IT- und Kommunikationstechnologie. Ein besonders wichtiger Aspekt hierbei ist der Zugang zu Trends und Techno-logien. Dies wird ermöglicht durch das weltweite Inno-vationsnetzwerk der BMW Group mit Standorten in den USA, China und Japan sowie Kooperationen mit Unternehmen, Hochschulen und Forschungsinstituten.

Die Forscher genießen ein hohes Maß an krea-tiver Freiheit, das ihnen neuartige, unkonventionelle Lösungsansätze erlaubt. Ihre Inspirationsquellen reichen von der Bionik bis zur Raumfahrttechnik – dennoch arbeiten die Mitarbeiter der BMW Group Forschung und Technik stets eng mit den Fachstellen der Serienentwicklung zusammen.

Seit 1985 entstanden so legendäre Fahrzeuge wie der BMW Z1 Roadster oder der BMW Z13 – ein raumfunktionaler Kleinwagen mit den Vorteilen einer großen, komfortablen Limousine. Wegweisend war der BMW E1, ein von Grund auf neu konzipiertes Elektro-fahrzeug mit Innovationen in den Bereichen Aero-dynamik und Ergonomie. Zu den anspruchsvollsten Technologieträgern zählt der BMW Z22. Die Studie von 1999 beinhaltet 70 Innovationen und 61 angemel-dete Erfindungen in den Bereichen Karosseriekonzept, Leichtbau, Antrieb, Sicherheit, Mechanik und Bedie-nung. Ein ganz besonderes Highlight bedeutet der BMW H2R, der im Jahr 2004 neun international aner-kannte Rekorde aufstellte. Das Wasserstoff-Rekord-fahrzeug, das in gerade mal zehn Monaten realisiert wurde, verfügt über eine »bionische Außenhaut« aus karbonfaserverstärktem Kunststoff mit einem Luft-widerstandsbeiwert von 0,21 und einer Motor-Nenn-leistung von 210 kW.

Darüber hinaus leistet die BMW Group Forschung und Technik mit Innovationen im Bereich Fahrerassis-tenzsysteme und Vernetzung einen wesentlichen Bei-trag zu dem breiten Angebot von BMW Connected-Drive, das zur Sicherheit und zum Komfort heutiger Serienfahrzeuge beisteuert. So arbeitet die BMW Group Forschung und Technik bereits seit 2000 am hochautomatisierten Fahren, seit Mitte 2011 fahren die Forschungsfahrzeuge ohne Fahrereingriff auf der Autobahn A9.

The development of premium vehicles requires a high level of innovative capacity. A think-tank allowing maximum freedom for visionary ideas was created in 1985 with aim of producing tech-nologies and concepts for the mobility of the future. In 2003 BMW Technik GmbH merged with the company's in-house development depart-ment to become BMW Research and Technology, encompassing a design and model-making de-partment, development departments, a dedicated prototype construction unit, engine test benches and the world's first ever acoustic wind tunnel.

Staff at BMW Group Research and Technology are assigned to five research focus areas, each of which is regarded as vital to the future of the automobile; vehicle technology, hydrogen technology, intelligent energy management and alternative drive forms, driver assistance systems, active safety and ICT. A key aspect here is access to trends and technologies. This is en-abled through the BMW Group's worldwide innovation network with sites in the USA, China and Japan as well as collaborative ventures with companies, univer-sities and research institutes.

Researchers are given a large amount of creative freedom that allows them to explore novel, unconven-tional solutions. Their sources of inspiration range from bionics to space travel – but the staff at BMW Group Research and Technology always work in close collaboration with the departments involved in devel-oping mass-production vehicles, too.

From 1985 onwards this gave rise to the creation of such legendary vehicles as the Z1 Roadster and the Z13 – a space-saving compact car with the benefits of a large, comfortable sedan. Another groundbreaking vehicle was the E1, an electrically powered car newly developed from scratch that featured innovations in the areas of aerodynamics and ergonomics. One of the most sophisticated technology platforms was the Z22, a 1999 study that comprised 70 innovations and 61 registered inventions in the areas of body concept, lightweight construction, drive, safety, mechanics and operation. Another outstanding highlight was the H2R, which set nine internationally recognized records in 2004. This record-breaking hydrogen-powered vehicle has a 'bionic outer shell' made of carbon fibre rein-forced plastic, with an aerodynamic drag of 0.21 and a rated engine output of 210 kW.

BMW Group Research and Technology also con-tributes to the wide range of BMW ConnectedDrive features with innovations in the area of driver assistance systems and connectivity that enhance the safety and comfort of present-day serial production cars. The subsidiary has been working on highly automated driving since 2000, for example: research vehicles travelling without driver intervention have undergone testing on the A9 motorway near Munich ever since mid-2011.

Konzeptstudie BMW Just 4/2 (Z21) im Windkanal der BMW Technik GmbH / Concept study BMW Just 4/2 (Z21) in the wind tunnel at BMW Technik GmbH, 1995

BMW Z13, Röntgengrafik / X-ray image, 1993

Anatomie eines Souveräns.

M5: 232kW/315PS. Beschleunigung von 0-100 km/h in 6,3 s. Höchstgeschwindigkeit 250 km/h*.

Werbeplakat / Advertising poster, 1988

BMW M5, Modellschriftzug / model lettering, 1987

1985 präsentierte die Marke BMW zunächst auf dem Automobilsalon in Amsterdam, später auf dem Genfer Salon einen Sportwagen, der mehr war als nur das neue Spitzenmodell der 5er-Reihe: Der BMW M5, ein Kraftpaket aus dem Stall der BMW Motorsport GmbH, begeisterte auf Anhieb durch sein Leistungsvermögen, jedoch mehr noch durch sein Understatement. Für viele Fans war die sportliche Limousine Traum, Kult und Legende – ein Meilenstein in der BMW-Automobilgeschichte.

Im Vergleich zum Basismodell des BMW 5er fiel der BMW M5 optisch kaum auf. Nahezu unverändert war die Karosserieform des sportlichen Viertürers übernommen worden. Auch fehlte dem Wagen das aerodynamische Beiwerk des BMW M535i. Kein Spoiler, kein Schweller verrieten die sportliche Sonderausführung. Dank der dezenten Typenbezeichnung M5 an Kühlergrill und Heck wussten nur Kenner, dass es sich hier um einen »Wolf im Schafspelz« handelte. Denn unter der Motorhaube saß ein Triebwerk, das bereits im BMW M1 zum Einsatz gekommen war, nun aber noch mehr Leistung bot.

Charakteristisch für den Sechszylindermotor waren ein Querstrom-Leichtmetallzylinderkopf, zwei obenliegende Nockenwellen, vier Ventile pro Zylinder, zentral liegende Zündkerzen und eine digitale Motorelektronik. Das Aggregat leistete konkurrenzlose 286 PS. Damit konnte der M5 den obligaten Sprint von 0 auf 100 km/h in 6,5 Sekunden absolvieren. Seine Höchstgeschwindigkeit lag bei 245 km/h. Das Fahrwerk wurde mit speziellen Einrohr-Gasdruckdämpfern feinjustiert und die vordere Bremsanlage mit innenbelüfteten Bremsscheiben ausgestattet.

So viel Leistung hatte ihren Preis: Mit mindestens 80 000 DM war der M5 eines der damals teuersten Modelle im Angebot der Marke BMW. Die aufwendige Produktion erfolgte auf Einzelbestellung. Zunächst wurde die 5er-Karosserie im Werk in Dingolfing am Band gefertigt, dort selektiert und zur BMW Motorsport GmbH nach Garching geliefert. Hier wurde sie in Handarbeit mit besonderen Teilen der M GmbH komplettiert und aufgebaut. Bis zum Produktionsauslauf Ende 1987 wurden insgesamt 2145 Fahrzeuge des BMW M5 verkauft.

In 1985, first at the Amsterdam Motor Show and later at the Geneva Motor Show, BMW showcased a sports car that was more than just the new top model of the 5 Series: the BMW M5 was a power package created by the BMW Motorsport GmbH racing experts that made an instant impact due its performance capacity but even more because of its understatement. For many fans this sporty saloon was a dream, cult and legend in one – a milestone of BMW automobile history.

In visual terms, the BMW M5 was barely distinguishable from the basic BMW 5 Series model. The body of the sporty 4-door car was adopted virtually without alteration. The M5 also lacked the aerodynamic trappings of the BMW M535i – no spoiler or sills revealed its special athletic qualities. With its discreet M5 type designation on the radiator grille and at the rear, only those in the know were aware that this was in fact a 'wolf in sheep's clothing': under the bonnet was an engine that had previously been used in the BMW M1 but was now even more powerful.

Characteristic features of the 6-cylinder engine included a cross-flow light-alloy cylinder head, two

overhead camshafts, four valves per cylinder, centrally mounted spark plugs and digital engine electronics. The power unit delivered an unrivalled 286 hp, enabling the M5 to complete the obligatory sprint from 0 to 100 km/h in 6.5 seconds. Its top speed was 245 km/h. The suspension was fine-tuned with special monotube gas pressure absorbers and the front brakes were fitted with inner-vented brake discs.

All this power came at a price: the M5 was one of the most expensive models in the BMW brand range at the time, costing at least DM 80,000. Production was highly elaborate and the car was made to individual order. After being manufactured on the production line at the plant in Dingolfing, individual 5 Series bodies were selected and supplied to BMW Motorsport GmbH in Garching. Here they were supplemented with special M GmbH parts and the remainder of the vehicle was assembled. A total of 2,145 BMW M5 were sold up to the end of production in 1987.

BMW 735i, Cockpit / cockpit, 1992

Im September 1986 präsentierte die Marke BMW die zweite Generation ihrer Oberklasse, der 7er-Reihe. Das moderne Flaggschiff, der BMW 735i, war eine komplette Neuentwicklung und sorgte aufgrund seiner Innovationsvielfalt für euphorischen Beifall. Als im folgenden Jahr mit einem V12-Zylindermotor auch noch eine stärkere Motorisierung geboten wurde, kannte die Begeisterung kaum noch Grenzen. Vor allem markiert der BMW 7er von 1986 einen Meilenstein in der BMW-Designhistorie.

Bei der neuen Modellreihe stach vor allem die Eleganz ins Auge, die sich einer dezenten, fein abgestimmten Linienführung verdankte. Die Ausstrahlung des Wagens war von einer unaufdringlichen Noblesse, eine Synthese aus vertrauten Designelementen und zukunftsweisender Formensprache. Klassische Komponenten wie die Doppelniere als Kühlergrill und Doppelrundscheinwerfer an der Front oder die seitliche Sickelinie und der sogenannte »Hofmeister-Knick« an der C-Säule machten das 7er-Modell zu einem typischen BMW. Die Linienführung war erstmals betont keilförmig angelegt, und mit integrierten Spoilern und L-förmigen Heckleuchten tauchten neue Bestandteile auf, die eine moderne Designsprache vorgaben. Bemerkenswert

war die Aerodynamik, die dank vieler Einzelmaßnahmen zu einem hervorragenden Luftwiderstandsbeiwert von 0,32 cw führte: Front- und Heckscheiben waren in der Neigung genau bemessen, und für eine optimale Strömung der Luft sorgten ein in das Heck integrierter Spoiler.

Die Vielzahl elektronischer Innovationen, so die automatische Stabilitäts- und Traktionskontrolle (ASC + T), Servotronic, die geschwindigkeitsabhängige Lenkunterstützung oder die Park Distance Control (PDC), war ebenso zukunftsgerichtet wie die elektronische Fahrwerksabstimmung (EDC), die zwischen sportlicher und komfortabler Dämpferauslegung umgeschaltet werden konnte, sowie die elektronische Motorleistungsregelung (EML). In der Basisversion des BMW 735i von 1986 arbeitete ein 3,5-Liter-Reihensechszylindermotor.

Im folgenden Jahr brachte der BMW 750i, der von einem V12-Zylindermotor angetrieben wurde, die Fachwelt zum Staunen. Erstmals seit den späten Dreißigerjahren kam damit wieder ein Zwölfzylindermotor aus deutscher Produktion auf den Markt. Das Sechszylindermodell BMW 735i, das von 1986 bis 1992 gebaut wurde, verkaufte sich mit über 100 000 Einheiten und war damit das erfolgreichste Modell der ganzen Baureihe.

In September 1986 the BMW brand premiered the second generation of its luxury performance model, the 7 Series. As the modern flagship, the BMW 735i was newly developed from scratch and attracted euphoric praise for its wide-ranging innovations. When an even more powerful engine was made available for it the following year in the form of the V12, enthusiasm was boosted even further. The BMW 7 Series of 1986 is especially outstanding as a milestone in the history of BMW design.

The elegance of the new model series was especially striking, with its subtle and delicately harmonized lines. It possessed an unobtrusive sophistication – a synthesis of familiar design elements with a boldly forward-looking stylistic idiom. Classic components such as the double kidney radiator grille, twin circular headlights, the side bead line and the so-called 'Hofmeister' kink at the C column made the 7 Series a typical BMW. But for the first time the car's shape had a definite wedge-like orientation, and the integrated spoilers and L-shaped rear lights were new elements that reflected a contemporary design idiom. The aerodynamics was especially remarkable, with a number of specific features resulting in an outstanding drag co-

efficient of 0.32 cw: the tilt of the windscreen and rear windows was precisely calculated, and spoilers integrated in the rear ensured an optimum airflow.

The numerous electronic innovations such as Automatic Stability and Traction Control (ASC + T), Servotronic, speed-related steering support and Park Distance Control (PDC) were pioneering features, as was the Electronic Damper Control (EDC), which offered a choice of sporty and comfortable damper settings, and EML (electronic engine power control). In the basic version, the BMW 735i of 1986 was fitted with a 3.5-litre in-line 6-cylinder engine. The following year, the BMW 750i – powered by a V12-cylinder engine – caused something of a sensation among experts: it was the first time a German-produced 12-cylinder engine had gone on the market since the late 1930s. More than 100,000 units were sold of the 6-cylinder model BMW 735i built between 1986 and 1992, making it the most successful model of the entire series.

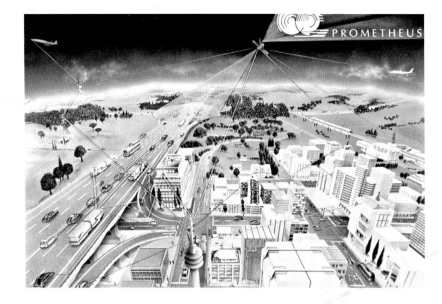

1986 schlossen sich alle europäischen Automobilhersteller, deren Zulieferer, die europäische Elektroindustrie und zahlreiche Forschungsinstitute zu PROMETHEUS zusammen, dem »Programm für ein europäisches Verkehrssystem mit höchster Effizienz und unerreichter Sicherheit«. BMW nahm aktiv an der Umsetzung teil und konnte die Erfahrungen aus PROMETHEUS Jahre später für BMW ConnectedDrive, das System vernetzter Mobilität, nutzen.

PROMETHEUS stellte nicht das Automobil in den Mittelpunkt, sondern den gesamten Straßenverkehr mit den Wechselbeziehungen zwischen Fahrer, Fahrzeug, Straße und anderen Verkehrsteilnehmern. Ziel war es, die Voraussetzungen dafür zu schaffen, dass Individualverkehr, öffentlicher Personennahverkehr und Güterverkehr miteinander kooperieren. Unterschieden wurde dabei zwischen fahrzeugautonomen Systemen, welche die Informationen ausschließlich über technische Einrichtungen im Fahrzeug selbst bezogen, und solchen, die von Infrastrukturen unterstützt wurden, beispielsweise Satelliten, Leitpfosten, Verkehrsleitzentralen und Mobilfunk.

Im Rahmen von PROMETHEUS waren Universitäten und Institute in wissenschaftliche Grundlagenforschung involviert, während die Industrie anwendungsorientierte Forschung betrieb. Anders als bisher wurden nicht Teillösungen erarbeitet, sondern für die Mobilität der Zukunft Gesamtlösungen angestrebt. Als Schwerpunkte wurden »Sicheres Fahren«, »Verkehrsangepasstes Fahren« und »Verkehrssystem-Management« formuliert.

Schon vor PROMETHEUS konnte BMW auf dem Gebiet der Fahrzeugelektronik Erfolge vorweisen: So war bereits im BMW Turbo 1972 ein Abstandsassistent zum Einsatz gekommen. Sensoren, welche die Querbeschleunigung gemessen und angezeigt hatten, bildeten die Grundlage zur Entwicklung automatischer und dynamischer Stabilitätskontrollen. Mit Beendigung des Projekts PROMETHEUS 1995 setzten die Bayerischen Motoren Werke die Arbeit im Bereich der vernetzten Mobilität fort. Heute steht mit GPS und Mobilfunk eine ausgereifte technische Infrastruktur zur Verfügung. Seit 1999 bietet das Unternehmen mit BMW ConnectedDrive innovative Angebote zur Vernetzung von Fahrer, Passagier, Fahrzeug und Außenwelt an.

In 1986, all European car manufacturers, their suppliers, the European electrical industry and numerous research institutes joined forces to form PROMETHEUS – the 'Programme for a European Traffic of Highest Efficiency and Unprecedented Safety'. BMW was actively involved in this and was able to draw on the experience gained from PROMETHEUS years later in developing BMW ConnectedDrive, its system of networked mobility.

PROMETHEUS focused not just on the automobile itself but on the entire spectrum of road traffic including interaction between drivers, cars, the road and other road-users. The aim was to create a basis for mutual cooperation between private transport, local public transportation and freight traffic. A distinction was drawn between autonomous vehicle systems which drew information solely from technical facilities inside the vehicle itself and those that were supported by external infrastructures such as satellites, guide posts, traffic control centres and mobile communications.

In the PROMETHEUS project, universities and institutes engaged in basic scientific research while industry pursued application-oriented investigations. A new approach was adopted in striving to develop overall solutions for future mobility rather than merely partial solutions. The main focus areas were defined as 'Safe driving', 'Driving adapted to traffic' and 'Traffic system management'.

BMW achieved advances in the field of vehicle electronics even before PROMETHEUS: the BMW Turbo of 1972 featured a distance warning function, for example. Sensors that had been used to measure and display transverse acceleration formed the basis for developing automatic and dynamic stability control systems. The Bayerische Motoren Werke continued pursuing its efforts in the area of networked mobility after the PROMETHEUS project came to an end in 1995. Nowadays, GPS and mobile networks provide a well-developed technical infrastructure, and since 1999 the company offers BMW ConnectedDrive – a range of innovative features that interconnect the driver, passenger, vehicle and outside world.

Mit dem Bau des Forschungs- und Ingenieur-zentrum (FIZ) schlugen die Bayerischen Motoren Werke in den Achtzigerjahren einen neuen Kurs ein. Erstmals in der Automobilindustrie wurden alle an der Produktentwicklung Beteiligten unter einem Dach vereint. Das Konzept der kurzen Wege förderte direkte Kommunikation und Zu-sammenarbeit. Das Konzept erwies sich als sehr erfolgreich und führte im Norden Münchens zu einer permanenten Erweiterung. Heute verfügt die BMW Group über ein Forschungs- und Ent-wicklungsnetzwerk mit neun Standorten weltweit.

Spätestens seit den Siebzigerjahren hat das Unter-nehmen im Norden Münchens permanent Bedarf an neuem Raum. Das neue Verwaltungshochhaus sorgte für Entlastung, doch arbeiteten immer noch viele Abteilungen in verschiedenen Ausweichgebäuden. Daher entschied die Unternehmensleitung 1978, ein neues Entwicklungszentrum zu bauen. Maßgeblich vom Massachusetts Institute of Technology (MIT) be-einflusst entwickelte Gunter Henn vom Architekturbüro HENN ein Forschungs- und Ingenieurzentrum (FIZ), wie das Zentrum ursprünglich genannt wurde. Dieses sah vor, alle an der Entwicklung und Produktionsvor-bereitung eines Fahrzeugs beteiligten Fachstellen temporär unter einem Dach zu vereinen. Auf einer Fläche von mehr als 500 000 Quadratmetern entstanden die Büros für heute schätzungsweise 10 000 Mitarbei-ter, für Konstrukteure, Logistiker, Einkäufer, Controller, Ingenieure und IT-Spezialisten. Ebenso wurde Raum geschaffen für Werkstätten, Labors und ein Design-studio. Der wabenartige Grundriss des FIZ bot mit seinen zahlreichen Verbindungsgängen und -brücken kurze Dienstwege und wurde zum Inbegriff »gebauter Kommunikation«. Denn die neue Architektur verstärkte die kommunikative Vernetzung und interdisziplinäre Zusammenarbeit. Bereits 1986 konnte der erste Bau-abschnitt in Betrieb genommen und von den ersten Abteilungen bezogen werden. Mit der Fertigstellung der dritten Baustufe wurde der Gebäudekomplex im April 1990 offiziell eröffnet. Doch der Ausbau dieser »Denkfabrik«, die in immer kürzerer Entwicklungszeit innovative Premiumfahrzeuge hervorbringt, geht noch weiter: Parallel zu einem erweiterten Aufgabenspektrum erhielt das FIZ 2001 seinen heutigen Namen »For-schungs- und Innovationszentrum« und im Sommer 2005 mit weithin sichtbarem Projekthaus eine neue Mitte. Durch offen gestaltete Projektflächen und die räumliche Nähe von Prozesspartnern ist ein beständiger Informationsfluss gewährleistet. Direkt an das FIZ an-gegliedert sind das Aerodynamische Versuchszentrum, das Energie- und umwelttechnische Versuchszentrum, ein Crash-Testzentrum und diverse Motorenprüfstände.

The Bayerische Motoren Werke struck out on a new path with the construction of the Research and Innovation Center in the 1980s. For the first time ever in the automotive industry, all those involved in product development were brought together under a single roof. The concept of short channels promoted direct communication and collaboration. This idea proved highly successful and resulted in ongoing expansion in the north of Munich. Today the BMW Group has a research and development network consisting of nine sites worldwide.

From the 1970s onwards the company was constantly faced with a need for more space. The new tower certainly provided some relief, but there were still many departments working in various substitute build-ings. For this reason, the company management decided to build a new development centre in 1978. In the conception of the Research and Development Center, as it was originally known, Gunter Henn of architecture firm HENN was largely influenced by the Massachusetts Institute of Technology (MIT): the aim was to temporarily join together under a single roof all those departments involved in developing a new vehicle and preparing its production. On a surface area of more than 500,000 square metres, offices were built with an estimated capacity today of some 10,000 staff – including designers, logistics experts, pur-chasers, controllers, engineers and IT specialists. Space was also created for workshops, labs and a design studio. With its numerous interconnecting passageways and bridges, the underlying honeycomb structure of the facility offered short channels and became the epitome of 'constructed communication'. The new architecture strengthened communicative networking and interdisciplinary collaboration. The first departments moved into the new building on comple-tion of the initial construction phase in 1986, and the complex as a whole was officially inaugurated when the third phase was completed in April 1990. With its capacity to turn out innovative premium cars within in-creasingly short development periods, this 'think tank' commonly known by its German acronym FIZ continues to expand: in addition to being assigned an expanded range of activities, it was renamed Research and Inno-vation Center in 2001 and given a new high-visibility centrepiece in the form of the Project House in the summer of 2005. The open-plan design of the FIZ and the fact that it brings process partners close together ensures a constant flow of information. Other facilities directly annexed to the FIZ are the Aerodynamic Test Center, the Energy and Environmental Test Center, a Crash Test Center and various engine test benches.

Bau des BMW Forschungs- und Ingenieurzentrums (FIZ), Luftaufnahme / Building the BMW Research and Engineering Center (FIZ), aerial photo, 1988

Eingangsbereich des FIZ, Skizze von Gunther Henn / FIZ entrance area, sketch by Gunther Henn, 1991

Auf der Internationalen Automobilausstellung in Frankfurt stellte die BMW Motorsport GmbH 1985 erstmals den BMW M3 vor, einen Sportwagen, der mit aller Konsequenz als Serienfahrzeug für die Straße wie auch für den Rennsport entwickelt worden war. Unzählige Erfolge im Automotorsport, Siege und Meisterschaften machten den BMW M3 berühmt und bis heute zum erfolgreichsten Tourenwagen der Welt.

Nach dem Gewinn der Formel-1-Weltmeisterschaft 1983 widmete sich BMW wieder verstärkt dem Tourenwagenrennsport. Die bereits 1972 gegründete BMW Motorsport GmbH hatte es in den Siebziger- und Achtzigerjahren geschafft, unzählige Erfolge einzufahren. Auch der Bau besonders sportlicher BMW-Automobile gehörte inzwischen zu ihrem Programm. Nun entwickelte sie auf der bewährten BMW 3er-Reihe aufbauend ein eigenes Fahrzeugkonzept. Der neue Sportwagen sollte im seriennahen Tourenwagensport zum Einsatz kommen, genauer gesagt in der Gruppe A. Dem Reglement gemäß mussten innerhalb von zwölf Monaten mindestens 5000 Fahrzeuge dieses Typs gebaut werden. So wurde die Straßenversion des BMW M3 von Beginn an renntauglich konzipiert und 1986 in Serie produziert. Für den Antrieb sorgte ein 195 PS starker Motor mit Vierventilzylinderkopf. Kraftvolle Kotflügelverbreiterungen, Türschweller sowie Front- und Heckschürze verliehen dem Sportwagen den Charakter eines renntauglichen Boliden.

Mit der Serienproduktion war – rechtzeitig zur Rennsaison im März 1987 – der Weg frei für die Teilnahme am ersten Lauf zur Tourenwagen-Weltmeisterschaft. Gleich in der Auftaktsaison gewann Roberto Ravaglia mit dem BMW M3 den Titel in der Tourenwagen-Weltmeisterschaft. Weitere Auszeichnungen wie die des Europameisters ließen nicht lange auf sich warten. Auch in den Jahren 1988 bis 1991 dominierte der BMW M3 die internationale Tourenwagen-Rennszene. Unzählige Siege und Meisterschaften machten ihn zum erfolgreichsten Tourenwagen aller Zeiten. Doch nicht nur das, wirtschaftlich erzielte der BMW M3 gleichfalls überaus positive Ergebnisse: Die BMW Motorsport GmbH konnte 17 970 Exemplare absetzen.

At the Frankfurt Motor Show in 1985 BMW Motorsport GmbH premiered the BMW M3 – a sports car developed to be entirely suitable both as a mass-production automobile for use on the road and as a racing car. Numerous motor racing victories and championship titles made the BMW M3 famous, and to this day it remains the most successful touring car in the world.

After winning the Formula 1 World Championship in 1983, BMW began to step up its involvement in touring car racing once again. Founded in 1972, BMW Motorsport GmbH had already been highly successful during the 1970s and 1980s, and it had also become specialized in manufacturing very sporty BMW automobiles. The subsidiary now embarked on developing its own vehicle concept based on the well-established BMW 3 Series. The new sports car was to be used in touring car racing for production-derived vehicles – Group A, to be precise. To meet regulations, at least 5,000 units of the vehicle type had to be built within twelve months. So the road version of the BMW M3 was designed to racing standards from the outset and went into serial production in 1986. It had a 195 hp engine with a 4-valve cylinder head. Powerfully flared wheel arches, door sills and a front and rear apron gave this sports car the character of a purebred racer.

Once mass production got underway – right on time for the March 1987 racing season – there was nothing to stop it entering the first race of the World Touring Car Championship. Roberto Ravaglia drove the BMW M3 to clinch the WTCC title in its first season, and other distinctions such as the European Championship title were not long in coming. The BMW M3 continued to dominate international touring car racing between 1988 and 1991. Countless victories and titles made it the most successful touring car of all time. And the BMW M3 left a very positive mark in terms of sales, too: BMW Motorsport GmbH sold a total of 17,970 units.

DER ERFOLGREICHSTE TOURENWAGEN ALLER ZEITEN.

BMW M3

Werbeplakat / Advertising poster, 1987

BMW Z1 mit Karosserie-Anbauteilen / BMW Z1 with
body mounting parts, 1988

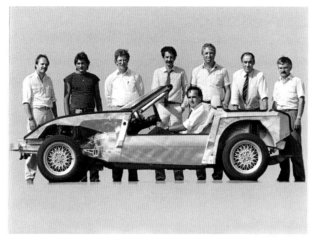

BMW Z1, fahrfähiger Prototyp mit der Entwicklungsmannschaft /
BMW Z1, drivable prototype with development team, 1986

Bei seiner Publikumspremiere auf der Internationalen Automobilausstellung in Frankfurt 1987 sorgte der BMW Z1 für großes Erstaunen. Mit ihm präsentierte die Marke BMW erstmals einen Roadster moderner Zeitrechnung und setzte zugleich ihre große Roadster-Tradition fort. Der Sportwagen, der heute auf Auktionen als kommender Klassiker zu Höchstpreisen gehandelt wird, verdient auch wegen seiner Bedeutung als zukunftsweisender Technologieträger Beachtung. Denn immerhin ist er das erste Fahrzeug aus der Feder der BMW Technik GmbH.

Die Tradition eleganter Roadster reicht bei BMW bis in die Dreißigerjahre zurück, angeführt durch den legendären BMW 328. 1955 bildete der BMW 507 einen Höhepunkt, ehe es still wurde um elegante, offene Zweisitzer. Ändern sollte sich das mit der 1985 gegründeten BMW Technik GmbH, deren Aufgabe es war, neue Technologien zu entwickeln, Versuche mit neuen Materialien durchzuführen, Sicherheitskonzepte und ungewöhnliche Detaillösungen zu finden. Schon 1986 konnte die kreative »Denkfabrik« der Fachpresse einen faszinierenden Prototypen mit klassischen Roadster-Proportionen – langer Motorhaube, kurzem Heck und weit hinten platzierten Sitzen – präsentieren, der bis 1988 als BMW Z1 zur Serienreife gebracht wurde.

Der Zweisitzer besaß ein selbsttragendes Rahmengerüst aus korrosionsfreiem Stahlblech und einer Karosserie aus thermoplastischen Kunststoffteilen, dazu ein gutes Crashverhalten sowie einen ansehnlichen cw-Wert. Der Unterboden sorgte dank seiner geschlossenen Form zusammen mit dem aerodynamisch gestalteten Auspuffendtopf und der Luftaustrittsöffnung oberhalb des hinteren Stoßfängers für hohen Anpressdruck und machte zusätzliche Spoiler überflüssig. Der besondere Blickfang waren die im Schweller versenkbaren Seitentüren. Eine Genehmigung des TÜV erlaubte die Fahrt selbst bei offenen Türen.

Ein bereits entwickelter Sechszylindermotor aus dem BMW 325i mit 170 PS wurde als Front-Mittelmotor hinter der Vorderachse eingebaut und sorgte mit dieser Position für eine optimale Achslastverteilung. Damit schaffte der BMW Z1 den klassischen Sprint von 0 auf 100 km/h in weniger als acht Sekunden und eine Spitzengeschwindigkeit von 227 km/h.

Erwähnung verdient auch das Angebot der Innenausstattung und Lackfarben, die ganz auf den Charakter des Modells abgestimmt waren. Bis zum Produktionsende im Juni 1991 wurden insgesamt 8000 Roadster gebaut.

The BMW Z1 was source of great admiration when it was premiered at the International Frankfurt Motor Show in 1987. Even though it was the first BMW roadster of the modern era, it still succeeded in perpetuating the brand's great roadster tradition. Nowadays the BMW Z1 changes hands at top prices as a future classic, but it was also the first vehicle to be produced by BMW Technik GmbH and deserves recognition as a platform for pioneering technological developments.

The BMW tradition of elegant roadsters goes back to the 1930s, the legendary BMW 328 being the leading light at the time. Later developments culminated in the BMW 507 in 1955, after which elegant open-top two-seaters were no longer the focus of interest. This changed in 1985 with the establishment of BMW Technik GmbH, a subsidiary company whose purpose was to develop innovative technologies, run tests on new materials and come up with safety concepts and unusual detail solutions. As early as 1986 the creative 'think tank' showcased a fascinating prototype of classic roadster proportions with a long bonnet, short rear and seats placed well to the rear: it was this model that was brought to serial-production maturity as the BMW Z1 in 1988.

The two-seater had an integral frame made of corrosion-free sheet steel and a body comprising thermoplastic parts; it also demonstrated an excellent crash response as well an impressive drag coefficient. The self-contained form of the underbody, the aerodynamic shaping of the rear silencer and the air outlet above the rear bumper produced a high level of contact pressure, thereby obviating the need for additional spoilers. The side doors dropped into the side sills – a particular eye-catcher. Authorization could even be obtained to drive the car with the doors open.

An existing 6-cylinder power unit from the BMW 325i with an output of 170 hp was installed as a mid-engine behind the front axle – a position that ensured optimum axle load distribution. As a result the BMW Z1 completed the classic sprint from 0 to 100 km/h in under 8 seconds, reaching a top speed of 227 km/h.

Another point worthy of mention is the car's range of interior fittings and paint finishes, which were all meticulously harmonized with its overall character. A total of 8,000 Z1 roadsters were built up until the end of production in 1991.

Der neue Zwölfzylindermotor feierte im März 1987 auf dem Genfer Autosalon Weltpremiere. Er war der erste Serien-Zwölfzylinder im deutschen Automobilbau seit den späten Dreißigerjahren. Das Spitzentriebwerk, das in mehreren BMW-Modellen den Antrieb verantwortete, wurde zu einer Ikone der Motorentechnik.

Die Entwicklung des Zwölfzylindermotors startete 1982 und erfolgte auf der Grundlage des BMW Sechszylinder-Reihenmotors. Dieser relativ kleine Motor, der im BMW 3er eingebaut wurde, bot mit maximal 2,7 Litern Hubraum die richtigen Dimensionen, um bei doppelter Zylinderanzahl das Volumen auf 5 Liter Hubraum zu erhöhen.

Der neue Zwölfzylindermotor bestand zu großen Teilen aus Leichtmetall, unter anderem aus Alusil, einer Legierung aus Aluminium und Silizium, und wog insgesamt nur 240 Kilogramm. Aus den bereits erwähnten 5 Liter Hubraum holte er eine Leistung von 300 PS bei 5200 Umdrehungen pro Minute und übertraf damit vergleichbare Motorenkonzepte auf dem Markt. Mit seiner Laufkultur und seinem Geräuschverhalten setzte er ebenso Maßstäbe wie in der Relation von Fahrleistung zu Kraftstoffverbrauch.

In den Zylinderbohrungen wurde durch ein besonderes Ätzverfahren eine harte, ölsperrende Siliziumschicht erzeugt, auf der eisenbeschichtete Kolben liefen – ein Verfahren, das nicht nur Gewicht einsparte, sondern auch Laufbuchsen überflüssig machte und die Motorenherstellung vereinfachte. Die beiden Zylinderbänke waren V-förmig angeordnet und wurden jeweils über eine eigenständige digitale Motorelektronik gesteuert. Drosselklappen, Luftmassenmesser, Kraftstoffpumpen und Steuergeräte waren doppelt vorhanden.

Der Zwölfzylindermotor verfügte zweifellos über außergewöhnliche Qualitäten und stellte diese in der Luxuslimousine BMW 750i/750iL wie auch im großen Sportcoupé BMW 850i unter Beweis. Als konsequente Weiterentwicklung und Vierventiler (S70/2) brachte er es auf über 600 PS und machte den McLaren F1 zum damals schnellsten Straßenfahrzeug der Welt. Seinen Höhepunkt erlebte der BMW V12-Motor beim legendären 24-Stunden-Rennen von Le Mans: 1995 siegte damit der McLaren F1, und 1999 holte der BMW V12 LMR erstmals als Werksauto den Gesamtsieg nach München.

The new 12-cylinder engine was premiered at the Geneva Motor Show in March 1987. It was the first 12-cylinder power unit to be mass-produced in Germany since the late 1930s. A top-of-the-range engine used to power various BMW models, it became an icon of engine technology.

Development of a 12-cylinder engine started as early as 1982 and was carried out on the basis of the BMW 6-cylinder in-line engine. This relatively small power unit with a maximum capacity of 2.7 litres, installed in the BMW 3 Series, offered the right dimensions for an increase in capacity to 5 litres with twice the number of cylinders.

The new 12-cylinder engine was largely made of light alloy, including Alusil – a mixture of aluminium and silicon – and weighed just 240 kg in total. It generated an output of 300 hp at 5,200 rpm from its 5-litre capacity, outperforming comparable engine concepts on the market at the time. Its running smoothness and noise characteristics set a new benchmark, as did its fuel consumption in relation to driving performance.

In the cylinder bores, a special etching technique was applied to create a hard, oil-repellent silicon coating against which iron-coated pistons ran – this not only reduced weight, it also obviated the need for cylinder liners and simplified engine manufacture. The two cylinder banks were arranged in a V shape, each being controlled by its own separate electronic system. The throttle valves, air flow meters, fuel pumps and control units were all provided in duplicate.

The 12-cylinder engine certainly displayed exceptional qualities, which it demonstrated impressively in the luxury sedan BMW 750i/750iL as well as the large sports coupé BMW 850i. Consistently advanced to create a 4-valve version (the S70/2), it delivered over 600 hp and made the McLaren F1 the world's fastest road vehicle at the time. The BMW V12 saw its highlight moments at the 24 Hours of Le Mans: the McLaren F1 won this legendary race in 1995, while the BMW V12 LMR was the first factory car to take victory home to Munich in 1999.

BMW V12-Motor M 70, zerlegt / BMW V12 engine M 70, dismantled, 1987

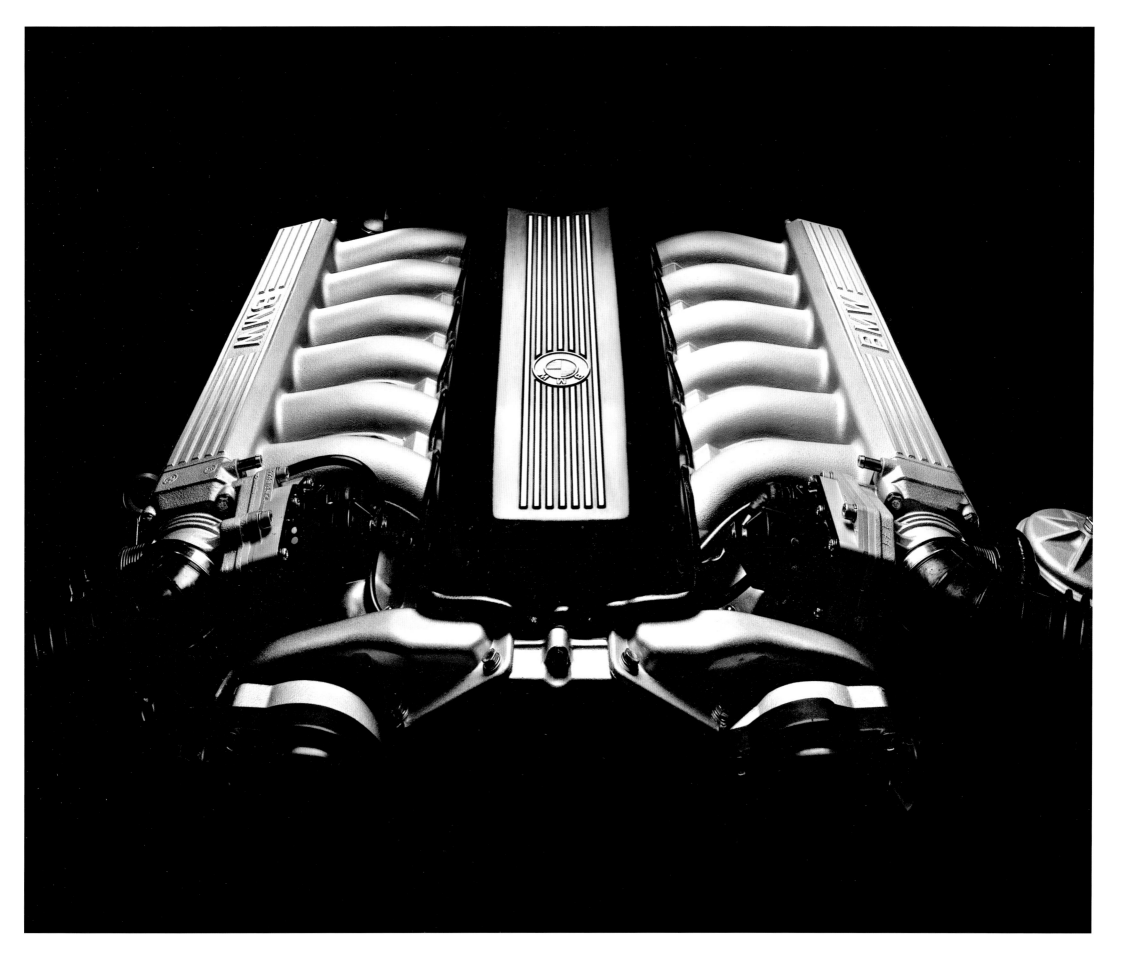

Mit den Touring-Modellen der 3er-Reihe stieg die Marke BMW ab 1988 erfolgreich in das Segment der sportlich-kompakten Kombimodelle ein. Das Fahrzeugkonzept stellte unter Beweis, dass man funktionale Vorgaben wie den Wunsch nach größerer Ladekapazität mit dem ästhetischen Anspruch an das Design einer Limousine verbinden kann. Heute hat der Touring seinen festen Platz in der Modellpalette der BMW 3er- und 5er-Baureihe.

Schon die 02er-Reihe hatte einen raumhaltigen Modelltyp hervorgebracht. In den Jahren 1971 bis 1974 fertigte das Unternehmen eine zweitürige Limousine mit kurzem Schrägheck, stellte aber die Produktion nach weniger als 30 000 verkauften Fahrzeugen wieder ein.

Dann schlug die Stunde von Max Reisböck, der bei BMW im Prototypenbau tätig war. Oft hatte er sich geärgert, dass sein Wagen der vierköpfigen Familie nie ausreichend Stauraum bot. Da es für ihn nicht infrage kam, den Kombi eines Mitbewerbers zu kaufen, entschloss er sich im Herbst 1984, selbst einen BMW in Kombiversion zu bauen. Er erstand einen Unfallwagen, erwarb bei BMW weitere Teile der Karosserie und machte sich in der Garage eines Freundes ans Werk. Dabei sorgte er sich vor allem um die spätere Straßenzulassung. Um zusätzliche Konstruktionselemente und Spezialwerkzeug zu vermeiden, griff Reisböck nur auf bereits vorhandene Teile zurück. Nach sechs Monaten Arbeit im Geheimen war er endlich fertig: der erste BMW 3er mit einem größeren Ladevolumen im Fond und einer schräg abfallenden Heckklappe. Die neue Form ließ den BMW weiterhin elegant und dynamisch aussehen. Die Verantwortlichen bei BMW staunten, als Reisböck ihnen den Prototypen präsentierte. Überzeugt von dem Modell, fällten sie im August 1985 die Entscheidung, die fünftürige Modellvariante in Serie zu bauen. Zu Beginn des Jahres 1988 lief schließlich der erste BMW 325i touring vom Band. Mit einer Ladelänge von 1,55 Metern und einem Ladevolumen von 1125 Litern war das Modell zwar nicht auf maximalen Raumgewinn ausgelegt, doch konnte die harmonische Linienführung des neuen Touring viele Käufer gewinnen. Das Leergewicht war gegenüber dem der Limousine um nur knapp 100 Kilogramm höher. Für die Motorleistung sorgte der vertraute Sechszylindermotor, ab 1989 bot die Marke BMW auch Allradantrieb an. Mit 103 704 verkauften Exemplaren war die erste Generation des Touring in der BMW 3er-Reihe überaus erfolgreich.

BMW brand successfully entered the segment of sporty, compact estate cars in 1988 with the 3 Series touring models. This vehicle concept demonstrated how it was possible to combine functional requirements such as increased load capacity with the desire to match the aesthetic appeal of a sedan. Today the touring has established a permanent position for itself within the BMW 3 Series and 5 Series model range.

A more spacious model type had emerged early on as part of the 02 Series. From 1971 to 1974, the company produced a two-door sedan with a short hatchback, only to discontinue production after selling less than 30,000 units.

It was then that Max Reisböck came to the fore, an engineer working in the BMW prototype construction department at the time. Reisböck was irritated by the fact that his car did not provide sufficient storage space for a family of four such as his own. Since he was certainly not willing to buy a competitor model, he took it upon himself to build an estate version of a BMW himself in the autumn of 1984. Having purchased a vehicle that had been damaged in an accident, he then acquired additional body parts from BMW and set to work in a friend's garage. He was particularly concerned to ensure his car would be officially approved for use on the road. In order to avoid the need for additional structural elements and special tools, Reisböck only used parts that already existed. After six months of working in secrecy, he had finally created the first ever BMW 3 Series with an enlarged load capacity at the rear and a hatchback – and the BMW still looked very elegant and dynamic in its new shape. The BMW management were astounded when Reisböck showed them the prototype. In fact there was such enthusiasm for the model that in August 1985 the decision was taken to put the five-door variant into serial production, and the first BMW 325i touring finally came off the production line at the beginning of 1988. With a load length of 1.55 metres and a load volume of 1,125 litres, it was not designed for maximum space efficiency, but the harmonious lines of the new 'touring' attracted large numbers of buyers. With an unladen weight that was just under 100 kilograms more than that of the sedan, it was powered by the familiar 6-cylinder engine, and BMW brand offered the touring with all-wheel drive from 1989 onwards. The first generation of the 3 Series 'touring' was highly successful, selling a total of 103,704 units.

Max Reisböck bei der Arbeit an der Karosserie des ersten BMW 3er touring / Max Reisböck working on the body of the first BMW 3 Series touring, 1985

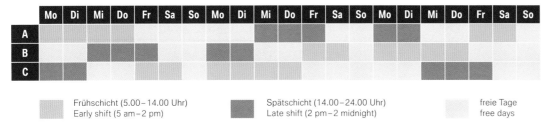

	Mo	Di	Mi	Do	Fr	Sa	So	Mo	Di	Mi	Do	Fr	Sa	So	Mo	Di	Mi	Do	Fr	Sa	So
A																					
B																					
C																					

Frühschicht (5.00–14.00 Uhr) / Early shift (5 am–2 pm)

Spätschicht (14.00–24.00 Uhr) / Late shift (2 pm–2 midnight)

freie Tage / free days

Regensburger Arbeitszeitmodell für jeweils drei Mitarbeiter im Dreiwochen-Rhythmus / Regensburg work schedule model for groups of three employees in a three-week cycle

Im BMW Group Werk Regensburg wurde 1988 das »Regensburger Arbeitszeitmodell« eingeführt, das einen konstruktiven Beitrag zu flexibleren Arbeitszeiten leistete. In dieser Produktionsstätte, die seit 1986 Serienfahrzeuge herstellte, konnte erstmals die Betriebszeit der Maschinen von der Arbeitszeit der Angestellten weitgehend entkoppelt werden. Das Modell war sehr erfolgreich, denn es senkte die Produktionskosten, stärkte die Wettbewerbsfähigkeit des Standorts Regensburg im internationalen Vergleich und führte zur Schaffung weiterer Arbeitsplätze.

Eine Besonderheit an diesem Standort war die effiziente Auslastung des Werks, die 1988 durch die Einführung eines neuen Arbeitszeitmodells ermöglicht werden konnte. In enger Zusammenarbeit mit dem Betriebsrat wurde hier ein Konzept entwickelt, das als Viertagewoche über Regensburg hinaus bekannt wurde. 1990 wurde zudem ein rollierender Zweischichtbetrieb eingeführt. Es handelt sich um ein Zweischichtsystem, bei dem sich drei Mitarbeiter zwei Arbeitsplätze teilen. Die Frühschicht arbeitet von Montag bis Samstag (5.00–14.30 Uhr), die Spätschicht von Montag bis Freitag (14.30–24.00 Uhr). Mitarbeiter der Schichtgruppe A beispielsweise arbeiten in der ersten Woche an vier hintereinander folgenden Tagen, in der zweiten Woche an drei Tagen und in der dritten Woche vier Tage. Alle drei Wochen muss jeder Arbeitnehmer eine Samstagsschicht übernehmen, dafür hat er in der darauffolgenden Woche ein »langes Wochenende« – in diesem Fall von Freitag bis Dienstag – frei.

Die Maschinen laufen davon unabhängig an sechs Tagen in der Woche – nur sonntags stehen alle Bänder still – und bringen es auf eine wöchentliche Betriebszeit von 99 Stunden. Mit der Einführung dieses Arbeitszeitmodells wurde die Arbeitszeit bei gleichzeitiger Erfüllung der Kosten- und Produktionsziele flexibilisiert. In Regensburg stellte BMW unter Beweis, dass auch am Industriestandort Deutschland, einem sogenannten Hochlohnland, die Produktion rentabel und kosteneffizient strukturiert werden konnte.

The 'Regensburg work schedule model' was introduced at the BMW Group plant in Regensburg in 1988 to make a constructive contribution to more flexible working hours. Mass-production cars had been manufactured in Regensburg since 1986 and for the first time it was now possible to have machines operating largely independently of employee work schedules. The model was highly successful since it reduced production costs, increased the competitive capacity of the plant internationally and led to the creation of more jobs.

One particular feature of this site was its efficient use of capacity, enabled by the introduction of a new work scheduling model in 1988. In close collaboration with the Works Council, a concept was developed which became known in Regensburg and beyond as the four-day week. A rolling system of two shifts was also introduced in 1990: this involved three employees sharing two jobs. The early shift is from Monday to Saturday (5 am – 2.30 pm) while the late shift runs from Monday to Friday (2.30 pm – midnight). Members of shift group A might work on four successive days in the first week, on three successive days in the second week and on four successive days again in the third week, for example. Each staff member takes on a Saturday shift every three weeks, in return for which they get a 'long weekend' free the following week – in this case from Friday to Tuesday.

This means the machines can run six days a week – the assembly lines are only idle on Sundays – amounting to a total running time of 99 hours per week. The introduction of this work scheduling model provided flexible working hours while meeting cost and production targets at the same time. In Regensburg, BMW has demonstrated that even in a so-called high-wage country such as Germany it is possible to structure production in a profitable and cost-efficient way.

Als BMW Motorrad im September 1988 auf der Internationalen Fahrrad- und Motorrad-Ausstellung in Köln das modernste Modell seiner Motorradsparte präsentierte, reagierte das Publikum mit großer Begeisterung. Endlich hatten die Münchener einen Sportler mit Vierventiltechnik und 100 PS im Angebot, noch dazu in schickem Design. Mit der BMW K1 gelang es erstmals, innovative Gestaltung mit modernsten Anforderungen der Aerodynamik und Ergonomie in Einklang zu bringen.

Schon 1983 hatte BMW Motorrad mit der K-Baureihe im Motorradbau ein neues Motorenkonzept eingeführt: Die Vierzylindermotoren waren liegend und längs eingebaut. Das elektronische Motormanagement war die Voraussetzung für Innovationen wie der geregelte Abgaskatalysator und das Anti-Blockier-System, die die Marke BMW erstmals im Motorradbau anbot. Doch fanden all die Neuerungen keinen Niederschlag im Design. Manchem Kunden war das Outfit von BMW-Maschinen mit den Reihenmotoren zu konservativ. Das änderte sich mit der BMW K1. Mit einem Motor, der

mit 16 Ventilen seine Leistungsreserven ausschöpfte und 100 PS erreichte, brachte BMW Motorrad sein bis dahin stärkstes Modell auf den Markt. Die Verkleidung dieses Spitzenmodells zog sich konsequent von der Vorderrad-Abdeckung mit integrierten Belüftungsschlitzen bis zum Heck. Alle wesentlichen technischen Komponenten wie Motor, Getriebe, Rahmen, Telegabel und hinteres Federbein, die bisher sichtbar waren, wurden nun fast vollständig mit einer Kunststoffhaut überzogen. Sogar der Soziussitz war unter einem abnehmbaren Höcker verborgen. Die Vollverkleidung – erstmals sprach BMW Motorrad hierbei von einer Karosserie – war aerodynamisch derart perfektioniert worden, dass der Luftwiderstandsbeiwert (cw) bei aufrechtem Sitz auf 0,36 sank.

Obwohl in der Fachpresse noch kein Testbericht vorlag und noch kein einziges Exemplar an Händler ausgeliefert worden war, wählten Leser zahlreicher Zeitschriften im In- und Ausland die BMW K1 im Winter 1988 zum Motorrad des Jahres. In den Produktionsjahren 1988 bis 1993 ging sie trotz des Preises von 20 000 DM in knapp 7000 Einheiten vom Band.

In 1988, the public response was hugely enthusiastic when BMW Motorrad showcased its latest motorcycle model at the International Bicycle and Motorcycle Fair in Cologne. Finally the company had brought out a sports-style bike with 4-valve technology and 100 hp – and in a stylish design, too. The BMW K1 was the first motorcycle to combine innovative design with the latest trends in aerodynamics and ergonomics.

BMW Motorrad had already introduced a new engine concept to motorcycle construction with the K Series in 1983: the 4-cylinder engines were mounted horizontally and longitudinally. Electronic engine management was the requirement for innovations such as the closed-loop catalytic converter and the anti-lock system that BMW brand offered in a motorcycle for the first time. But all this innovation was not reflected in the design, and some customers thought the BMW machines with the in-line engines were too conservative in appearance. This changed with the BMW K1. Fitted with a 16-valve engine to make the most of its power reserves and delivering an output of 100 hp,

it was the most powerful model BMW Motorrad had ever put on the market up to that point. The fairing of this top model ran from the front wheel cover with integrated ventilation slits right back to the rear. All the main technical components such as the engine, gearbox, frame, telescopic fork and rear spring strut – which had previously been visible – were not entirely hidden under the plastic covering. Even the passenger seat was concealed underneath a removable cover. This full fairing – referred to by BMW Motorrad for the first time as a 'body' – had been aerodynamically perfected to such an extent that the drag coefficient (Cw) with the rider seated upright dropped to 0.36.

Even though test reports had not yet been published by the press and not a single machine had been supplied to dealerships, readers of numerous motorcycle magazines in Germany and abroad voted the BMW K1 Motorcycle of the Year in the winter of 1988. In spite of the fact that it cost DM 20,000, almost 7,000 units came off the production line between 1988 and 1993.

BMW 8er, Designzeichnungen von Klaus Kapitza / BMW 8 Series, design drawings by Klaus Kapitza, 1984/85

Ein Coupé der Extraklasse präsentierte die Marke BMW erstmals auf der Internationalen Automobilausstellung 1989 in Frankfurt. Der Traumwagen BMW 850i entsprach der internen Zielsetzung, das weltweit beste Coupé seiner Art zu bauen, und begründete eine neue Baureihe. Nicht nur hinsichtlich Design und Technik stellte er alles Bisherige in den Schatten. Deshalb gelten alle heute noch existierenden Fahrzeuge als kommende Klassiker.

Das Coupé faszinierte vor allem durch sein avantgardistisches Äußeres. Designchef Claus Luthe und sein Team entwickelten eine keilförmige Karosserie mit fließender Linienführung, eine extrem lang gestreckte, flache Motorhaube sowie ein steil abschließendes Heck. Versenkbare Scheinwerfer, der Verzicht auf eine B-Säule und rahmenlose Seitenfenster trugen zum eleganten Gesamtcharakter bei.

Vor allem in den Details konnte das Coupé überzeugen: In der niedrig gehaltenen Frontpartie fanden BMW-Emblem und Doppelniere Platz. Der Innenraum nahm die Linienführung der Karosserie auf und betonte die für BMW typische Orientierung auf den Fahrer. Auch ließen sich die Seitenfenster komplett versenken. Beim Öffnen und Schließen der Türen hoben oder senkten sie sich automatisch – eine Technik, welche die Abdichtung verbesserte und Windgeräusche reduzierte. Ohne aufsehenerregende Spoiler erreichte der BMW 850i einen Luftwiderstandsbeiwert (cw) von 0,29.

Unter der Motorhaube des BMW 850i arbeitete ein V-Zwölfzylindermotor, der bereits 1987 mit der Luxuslimousine des BMW 750i eingeführt worden war und 300 PS mobilisierte. Besonderes Augenmerk lag auf der Entwicklung des Fahrwerks. Die Integralachse mit neuer Aufhängung wurde erstmals im Luxus-Coupé verwendet. Für die charakteristischen Fahreigenschaften des BMW 8er sorgte eine geschwindigkeitsabhängige Lenkkraftunterstützung in Verbindung mit der automatischen Stabilitäts- und Traktionskontrolle (ASC+T).

1993 wurde die Motorenpalette erweitert und der Hubraum des V12-Motors auf bis zu 5,6 Liter vergrößert. Dem BMW 850CSi standen nun 381 PS zur Verfügung. Ihm wurde der 840Ci mit kleinerem V8-Motor zur Seite gestellt. Bis 1999 konnten über 30 000 Fahrzeuge an ihre stolzen Besitzer übergeben werden.

In 1989 BMW brand premiered a remarkable coupé at the Frankfurt International Motor Show. The BMW 850i was a dream car that met the company's internal aim of building the best coupé of its kind in the world, and it established a new model series. In fact it eclipsed everything that had gone before it – not just in terms of design and technology. For this reason, all vehicles still in existence today are regarded as future classics.

The coupé was particularly fascinating due its avantgarde exterior. Head of Design Claus Luthe and his team developed a wedge-shaped body with flowing lines, an extremely long, stretched and flat bonnet and a steep rear. Retractable headlights, the lack of a B column and frameless side windows all contributed to the car's overall elegance.

The coupé featured a number of especially impressive details. The BMW emblem and double kidney were positioned on the low front section, for example. Meanwhile the car's interior echoed its body lines, emphasizing driver orientation as is so characteristic of BMW. The side windows were completely retractable, too. They went up and down automatically when the doors were opened and closed – a feature that improved sealing and reduced wind noise. Without eye-catching spoilers, the BMW 850i achieved a drag coefficient (cw) of 0.29.

Under the bonnet of the BMW 850i there was a V12 engine that had previously been used in the BMW 750i in 1987 and delivered an output of 300 hp. Particular attention was paid to development of the suspension. The integral axis with a new type of mounting was used in the luxury coupé for the first time. The characteristic driving properties of the BMW 8 Series were largely due to speed-related steering support in conjunction with Automatic Stability and Traction Control (ASC+T).

The range of engines was extended in 1993 and the capacity of the V12 engine increased to as much as 5.6 litres, with the BMW 850CSi now delivering an output of 381 hp. The model was expanded to include the 840Ci with a smaller V8 engine. Up until 1999 more than 30,000 vehicles were handed over to their proud owners.

Bei den Bayerischen Motoren Werken wurde 1991 im Bereich der Produktion die Gruppenarbeit eingeführt. Dabei übernimmt der einzelne Mitarbeiter mehr Verantwortung und die Gruppe selbstständig weiterführende Aufgaben. Die Erfahrungen waren durchweg positiv: Qualität und Produktivität wie auch die Motivation der Mitarbeiter stiegen. So ist die Gruppenarbeit – die Arbeit in kleinen, selbstorganisierten Einheiten – heute maßgeblich für die Arbeitsorganisation im gesamten Produktionsnetzwerk der BMW Group.

Während in den Achtzigerjahren die Produktion von Rationalisierung geprägt war und neue Maschinen sowie Technologien eingeführt wurden, rückten in den Neunzigerjahren vermehrt neue, intelligente Arbeitsabläufe in den Fokus. Verstärkt waren nun wieder die individuellen Fähigkeiten des Arbeiters gefragt. Gemeinsam mit dem Betriebsrat wurde 1991 eine »Pilotphase Arbeitsstrukturen der Zukunft« initiiert. Hierarchische Strukturen wurden weitgehend aufgelöst, um die Zusammenarbeit und damit die Transparenz und Effizienz zu steigern. Gleichzeitig wurden Verantwortung und Entscheidungsbefugnisse auf die Gruppen übertragen. Dabei erweiterten sich auch die Aufgabengebiete des Einzelnen: Eintönige Akkordarbeit wurde durch wechselnde Tätigkeiten abgelöst, eine Veränderung, die zu abwechslungsreicherer Arbeit führte und sich positiv auf die Motivation der Mitarbeiter auswirkte. Die Gruppe übernahm selbstständig weiterführende Aufgaben wie Qualitätssicherung, Instandhaltung oder Urlaubsplanung.

Ab 1992 wurde die Gruppenarbeit allmählich auf den gesamten Produktionsbereich übertragen und löste weitere Veränderungen aus. Die Erkenntnisse der Gruppenarbeit bildeten das Fundament für die »BMW Arbeitsorganisation«, deren Konzeptphase 2009 startete und welche heute im weltweiten Produktionsnetzwerk zum Einsatz kommt. Indem die Mitarbeiter in die Gestaltungs- und Optimierungsprozesse der Produktionsbereiche eingebunden werden, schafft die Arbeitsorganisation die Voraussetzung für Verbesserung und eine stabile Wertschöpfung, die wiederum die Kundenanforderungen optimal erfüllen.

The Bayerische Motoren Werke introduced group work in production in 1991. Here, individual employees take on greater responsibility and groups tackle more advanced tasks independently. The experience gained was very positive, and there was an increase in quality, productivity and staff motivation as a result. Group work with staff organized in small, autonomous units has thus become the basis for work organization throughout the entire BMW Group production network.

While the aim during the 1980s was to streamline production by introducing new machines and technology, the focus in the 1990s shifted more towards intelligent new workflows. Employees' individual capabilities and skills were now more in demand, too. A 'Pilot phase for work structures of the future' was initiated in collaboration with the Works Council. Hierarchical structures were largely dismantled so as to introduce a more collaborative approach, thereby increasing transparency and efficiency. At the same time, groups were given responsibility and decision-making authority. Individual work domains were expanded, too: monotonous piecework was replaced with alternating activities – a change which led to more varied work processes, thereby impacting positively on staff motivation. Groups took on independent responsibility for high-level tasks such as quality assurance, maintenance and vacation planning.

From 1992 onwards, group work was gradually applied to the entire production area, giving rise to further changes. The insights gained from the system of group work provided the foundation for 'BMW Work Organization': the concept phase of this scheme started in 2009 and it is now applied throughout the worldwide BMW production network. The focus here is on closer involvement of staff in shaping and improving production. In this way, work organization promotes ongoing improvement and stable value creation processes so as to ensure optimum fulfilment of customer demands.

Mit dem BMW E1 präsentierten die Bayerischen Motoren Werke 1991 auf der Internationalen Automobilausstellung in Frankfurt das weltweit erste vollwertige Fahrzeug der neueren Zeit, das originär für den reinen Elektroantrieb konzipiert wurde. Der von der BMW Technik GmbH entwickelte Prototyp stellte unter Beweis, dass die Konstruktion eines völlig eigenständigen Elektromobils möglich war. Auch diente er als ein Innovationsträger, der wertvolle Hinweise für die weitere Entwicklung der Elektromobilität gab.

Bereits bei den Olympischen Sommerspielen in München 1972 kam ein elektrisch betriebener BMW 1602 als Begleitfahrzeug des Marathonlaufs zum Einsatz. Für den umweltfreundlichen Antrieb sorgte ein Elektromotor, der auf Basis der gespeicherten Energie von zwölf 12-Volt-Batterien eine Leistung von 43 PS erbrachte. Schon zu dieser Zeit konnte Bremsenergie in den Batterien gespeichert werden. Die Spitzengeschwindigkeit betrug 90 km/h, die Reichweite jedoch nur 30 Kilometer im Stadtverkehr.

Dem Konzept, das sich als ein erster Entwicklungsansatz verstand, folgten mit den Jahren weitere Versuche. Einen Meilenstein bedeutete die Entwicklung des BMW E1, der konsequent und von Beginn an auf Elektroantrieb ausgelegt war. Die mit der Planung und Realisierung beauftragte BMW Technik GmbH hatte die Vorgabe, ein Elektrofahrzeug mit guter Reichweite und Platz für vier Personen mit Gepäck zu entwerfen, das die im Alltag anfallenden Fahrleistungen erbringen und bei geringem Gewicht hohe Sicherheitsstandards erfüllen sollte. Die Herausforderung lag vor allem in der Einsparung von Gewicht, denn die Hochenergiebatterie wog 200 Kilogramm.

Die Karosserie war aus einer hochstabilen Struktur von Strangpressprofilen aus Aluminium gefertigt, auf die eine leichte Außenhaut gezogen wurde, die überwiegend aus recyclingfähigem Kunststoff bestand. Nur für Front- und Heckklappe wurde Aluminium verwendet. Die Batterie war in einem Sicherheitsrahmen unter den Rücksitzen platziert, der sie crashsicher machte und infolge eines tiefen Schwerpunkts für eine gute Straßenlage sorgte. Der Antrieb – ein Gleichstrom-Drehfeldmotor mit integriertem Differential – war direkt in die Hinterachse eingebaut. Seine 43 PS reichten für eine Maximalgeschwindigkeit von 120 km/h. Allein die Batterietechnologie der frühen Neunzigerjahre zeigte der Elektromobilität klare Grenzen auf.

The BMW E1 was showcased at the 1991 International Motor Show in Frankfurt: it was the first fully fledged car of more recent times that was originally designed to run solely on electric power. Developed as a prototype by BMW Technik GmbH, the E1 demonstrated that it was possible to build a fully dedicated electric car. It also served as an innovation platform and provided valuable insights for the further development of electromobility.

An electrically powered BMW 1602 had already been used as an escort vehicle for the marathon run at the 1972 Summer Olympics in Munich. Environment-friendly power was supplied by an electric motor with an output of 43 hp, drawing on energy stored in twelve 12-volt batteries. Even at this early stage it was possible to store brake energy in batteries. The car's top speed was 90 km/h, though its range was limited to just 30 kilometres in urban traffic. Used as an initial development stimulus, the concept was followed by other test vehicles over the years.

The development of the BMW E1 was a milestone in that it was designed consistently towards electric power from the outset. BMW Technik GmbH was commissioned with planning and implementation of the project: the brief was to design an electrically powered vehicle with a good range, space for four people and luggage and a low weight. The car was also to satisfy everyday driving needs and meet high safety standards. The main challenge was to save weight: after all, the high-energy battery alone weighed 200 kg.

The body was a highly stable structure consisting of extruded aluminium sections that bore a light outer shell made largely of recyclable plastic. Sheet aluminium was only used for the bonnet and tailgate. The battery was housed in a safety frame under the rear seats: this not only made it crash-proof but also ensured good road-holding due to the low centre of gravity. The E1 was powered by a DC rotating-field motor with integrated differential, incorporated directly in the rear axle. The output of 43 hp was sufficient for a maximum speed of 120 km/h. More than anything else, it was the battery technology of the early 1990s that imposed clear limitations on electromobility at the time.

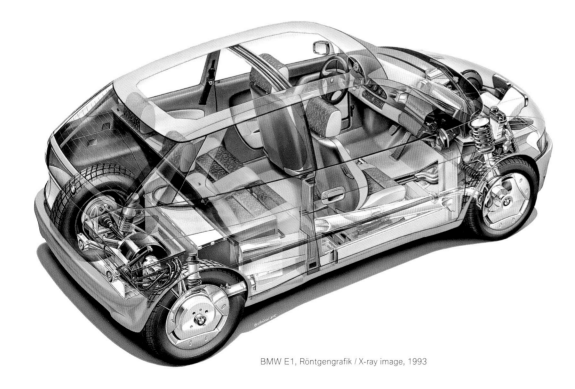

BMW E1, Röntgengrafik / X-ray image, 1993

Nach seiner Grundsteinlegung 1992 konnte das BMW Group Werk Spartanburg im US-amerikanischen Bundesstaat South Carolina im September 1994 die Produktion aufnehmen. Das Werk ist die erste komplette Produktionsstätte des Unternehmens außerhalb Deutschlands und das erste langfristig erfolgreiche Werk eines deutschen Automobilunternehmens in den USA.

Die USA sind einer der größten Automobilmärkte der Welt und damit ein wichtiger Exportmarkt für BMW. Schon 1975 hatten die Bayerischen Motoren Werke den Vertrieb von Automobilen in den USA durch eine eigene Vertriebsgesellschaft übernommen, die ihre Geschäftsräume in Montvale/New Jersey hatte. Um die Präsenz auf diesem wichtigen Markt weiter zu stärken, gab das Unternehmen 1992 den Bau eines Werks in Spartanburg bekannt. Durch den neuen Fertigungsstandort erhoffte man sich, die Position und die Markenpräsenz innerhalb der nordamerikanischen Freihandelszone NAFTA zu festigen. Auch sollte damit das Geschäft von schwankenden Wechselkursen unabhängiger werden. Mit dieser Entscheidung war die BMW Group der erste europäische Hersteller im Premiumsegment, der in den USA eine eigene

Fertigung aufbaute. Für den Standort Spartanburg sprachen vor allem logistische Gründe wie etwa der nahegelegene Seehafen, ein Flughafen und die Verkehrsanbindung an die Interstate 85.

Auf einem rund 400 Hektar großen Gelände investierte das Unternehmen 400 Millionen US-Dollar in den Werksneubau. Vor allem wurde auf den Aufbau flexibler Fertigungsstrukturen sowie die gute Zusammenarbeit mit amerikanischen Zulieferern Wert gelegt. Nach weniger als zwei Jahren Bauzeit konnte das Werk mit einer Grundfläche von 110000 Quadratmetern am 15. November 1994 offiziell eröffnet werden. Zuvor hatten sich die rund 600 Mitarbeiter in deutschen Werken der BMW Group mit den Fertigungstechniken und Qualitätsstandards vertraut gemacht. Auf dem Werksgelände entstand gleichzeitig ein Trainingscenter, in dem zukünftige Mitarbeiter geschult werden konnten.

Heute werden in Spartanburg die überaus erfolgreichen SAV-Modelle der X-Baureihe produziert, also BMW X3, X4, X5 und X6. Im Jahr 2014 beschäftigte das Werk mehr als 8000 Mitarbeiter und erreichte eine Jahresproduktion von knapp 350000 Fahrzeugen. Rund 70 Prozent davon sind für den Export bestimmt – womit BMW die Position des größten Automobilexporteurs der USA einnimmt.

After the foundation stone was laid in 1992, the BMW Group plant in Spartanburg in the state of South Carolina started production in September 1994. Today the plant is one of the company's most successful production facilities and the first plant of a German automotive company to achieve long-term success in the USA.

The US is one of the biggest automobile markets in the world, making it an important export market for BMW. The Bayerische Motoren Werke began selling cars in the US through its own subsidiary in Montvale, New Jersey as early as 1975. The company announced the construction of a plant in Spartanburg in 1992 in order to strengthen its presence in the US market. The new production site was to consolidate the brand's presence within NAFTA, the North American free-trade area. The company was also seeking to become more independent of fluctuating currency exchange rates. The decision meant that the BMW Group was the first European manufacturer in the premium segment to establish its own production facilities in the USA. The main advantages of the Spartanburg site were above all logistical in nature such as the nearby sea port, an airport and the link-up to Interstate 85.

The company invested 400 million US dollars in building the new plant on a site covering 400 hectares. Great importance was attached to establishing flexible manufacturing structures as well as achieving good relations with American suppliers. After a construction period of less than two years, the plant was officially opened on 15 November 1994 on a surface area of 110,000 square metres. The approximately 600 employees had previously spent time at BMW Group plants in Germany to familiarize themselves with production techniques and quality standards. A training centre was also constructed at the same time as the plant in order to be able to train future staff.

Today Spartanburg produces the highly successful SAV models of the X Series – the BMW X3, X4, X5 and X6. In 2014 more than 8,000 staff were employed at the plant building 350,000 cars annually. Around 70 per cent are exported, making BMW the biggest automobile exporter in the US.

Produktion des BMW Z3 im BMW Group Werk Spartanburg/USA / BMW Z3 production in the BMW Group Spartanburg plant, USA, 1995

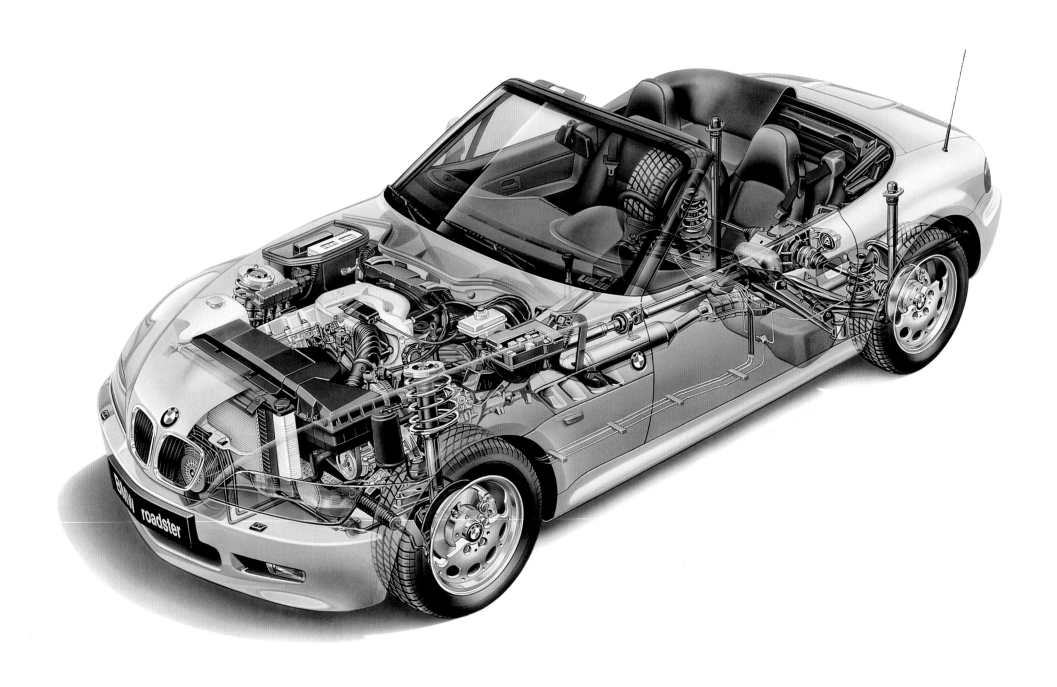

Seinen ersten großen öffentlichen Auftritt hatte der BMW Z3 im Jahr 1995 nicht auf einer namhaften Automobilmesse, sondern im Kino: Im James-Bond-Film *GoldenEye* dient der dynamisch-flinke Roadster dem britischen Agenten 007 als neuer Dienstwagen. Doch steht der Wagen nicht nur für ein gelungenes Product-Placement, sondern er ist auch das erste Fahrzeug aus US-amerikanischer Produktion, das dennoch das Siegel »made by BMW« trägt.

Die Szene hatte Seltenheitswert: Erstmals wurde James Bond, gespielt von Pierce Brosnan, im Geheimlabor des MI5 kein englisches Auto für seine Undercover-Operationen übergeben, sondern eines der Marke BMW. Doch Q hatte in vertrauter Manier besondere Features installiert: einen Bremsfallschirm im Heck, eine Radaranlage für Ultra-Fernsicht im Armaturenbrett und unter den Scheinwerfern die im Luftkampf erprobten Stinger-Missiles.

Film und Dienstwagen wurden ein großer Erfolg: *GoldenEye* lockte in den ersten 18 Monaten weltweit mehr als drei Millionen Zuschauer in die Kinos. Der BMW Z3 verkaufte sich im Produktionszeitraum 1995 bis 2002 beachtliche 280 000-mal.

Die Produktion des sportlichen Zweisitzers erfolgte ab 1995 in Spartanburg / South Carolina. Mit dem Schritt, ein neues Werk in den USA zu bauen, folgte BMW der Strategie, nach der sich die Produktion nach dem Markt richtet. Dennoch handelt es sich beim BMW Z3 um einen Roadster in bester europäischer Tradition, um das Produkt deutscher Spitzentechnik »made by BMW«. So haben Konzept, Konstruktion, Design und die Fertigungstechnik ihren Ursprung im Norden Münchens. Dort hatten drei Entwicklungsteams parallel an verschiedenen Modellen und Detailstudien gearbeitet. Final konnte sich das Design mit der langen, gewölbten Motorhaube und Kühlrippen an den Seiten durchsetzen. Auffallend war die Kombination von Elementen bester Roadster-Tradition und modernem Karosserie-Styling. Technisch basiert der Wagen auf dem damaligen BMW 3er, dessen Fahrwerk, Antrieb und Achsen er übernommen hatte. Auch die Bodengruppe entstammt der 3er-Reihe, wurde aber deutlich verkürzt. Ebenso charakteristisch ist der lange Radstand, der das ausgeglichene Fahrverhalten begünstigt. Sicherheit bei Unfällen gibt ein in die A-Säule integrierter Überrollschutz. Seit 1997 war der BMW Z3 mit stärkeren Sechszylinder-Reihenmotoren auf dem Markt. Bald darauf wurde der Standardversion der BMW M Roadster mit über 300 PS zur Seite gestellt.

The BMW Z3 did not see its first major public appearance at a well-known automobile trade fair but at the movies: the dynamic and agile roadster was British agent 007's new car in the James Bond film *GoldenEye*. The Z3 was not just an example of successful product placement, however: it was the first automobile to be produced in the USA that bore the 'made by BMW' seal of quality.

It was certainly something of a sensation: 007, played by Pierce Brosnan, enters the secret MI5 laboratory to be issued his new Bondmobile for clandestine operations – and for the first time the car is not a British model but one of the BMW brand. And in familiar style, Q has installed some rather special features: a parachute brake at the rear, a radar system in the dashboard for ultra-long-distance vision and Stinger missiles under the headlamps – a weapon known for its capabilities in aerial combat. Both the film and the car were a resounding success: *GoldenEye* attracted more than three million viewers within the first 18 months, while the BMW Z3 was sold an impressive 280,000 times during its production period from 1995 to 2002.

The sporty two-seater was manufactured in Spartanburg, South Carolina. By taking the step of building a new plant in the USA, BMW was pursuing the strategy of putting its production facilities where the market was. The BMW Z3 was still very much a roadster in the very best European tradition, however – a product that featured top-class technology 'made by BMW'. The car's concept, engineering, design and production technology were all created at the company's base in the north of Munich, where three development teams worked in parallel on different models and detailed studies. Of these three, the design with the long, curved bonnet and side cooling ribs was the one that prevailed. The Z3 strikingly drew on the very best of the roadster tradition and combined this with contemporary body styling. Technologically it is based on the BMW 3 Series of the time, from which its suspension, engine and axles were derived. The underbody unit was also taken from the 3 Series, through significantly shortened. The long wheelbase is another characteristic feature and supports a balanced driving response. Accident safety is ensured by a rollover protection structure integrated in the A column. From 1997 onwards the BMW Z3 was available with more powerful 6-cylinder engines, and shortly afterwards the standard version was joined by the BMW M Roadster with an output of over 300 hp.

BMW Z3, Röntgengrafik / X-ray image, 1995

Bedingt durch den demografischen Wandel stellt sich in Deutschland eine zunehmend ältere Belegschaft den Anforderungen der Arbeitswelt. Das gesetzliche Renteneintrittsalter wird auf einen immer späteren Zeitpunkt verschoben. Umso wichtiger wird die Vorsorge für diesen Lebensabschnitt: Seit 1997 bieten die Bayerischen Motoren Werke ihren Mitarbeitern das Modell der »Arbeitsteilzeit« sowie den Aufbau einer zusätzlichen Altersvorsorge an.

Die Bayerischen Motoren Werke fördern den vorzeitigen Ausstieg aus dem Berufsleben und damit den Einstieg in den Ruhestand, wenn das Unternehmen und der Mitarbeiter dies wünschen. Das Modell funktioniert folgendermaßen: Entscheidet sich ein Mitarbeiter beispielsweise sechs Jahre vor dem Rentenalter für die Altersteilzeit, arbeitet er zunächst drei Jahre in Vollzeit bei nahezu vollen Monatsbezügen weiter. Es entfallen zwar in diesem Zeitraum Weihnachtsgeld, Urlaubsgeld und Erfolgsbeteiligung, dafür aber erhält der Mitarbeiter in der anschließenden »Freizeitphase« weiterhin ein Entgelt vom Arbeitgeber. Das Unternehmen und der Betriebsrat sehen in diesem Modell ein attraktives Angebot auf dem Weg in den Ruhestand in Kombination mit einer finanziell wirksamen Unterstützung. Die BMW Group und die Arbeitnehmervertretung fördern die Belegschaft auch beim Aufbau einer zusätzlichen betrieblichen Altersvorsorge, also einer ergänzenden Absicherung im Ruhestand, die das Unternehmen finanziert.

Schon jetzt zeichnet sich ab, dass die Wünsche und Vorstellungen der Mitarbeiter verständlicherweise sehr individuell ausfallen. Um ihnen zu entsprechen, werden sich die Altersteilzeit-Modelle von Morgen durch noch mehr Flexibilität auszeichnen.

As a result of demographic change, the challenges of the working world are faced by an increasingly ageing workforce in Germany. The statutory retirement age is being progressively increased. As a result, it is becoming more and more important for individuals to make provisions for this phase of life. Since 1997 the Bayerische Motoren Werke has offered its employees an early retirement model as well as the option of an additional pension scheme.

The Bayerische Motoren Werke provides opportunities for staff to opt out of working life and take up early retirement if this is what both the company and employee want. The model works as follows: if a staff member opts for early retirement six years before the statutory age, for example, they will initially work full-time while receiving almost their full monthly pay. There is no entitlement to a Christmas bonus, vacation pay or profit share during this period, but in return the employee continues to receive payment from the employer during the subsequent three-year non-work phase. Both the company and the Works Council regard this model as an attractive early retirement option which provides effective financial support. The BMW Group and the employee representative body also support staff members in securing an additional occupational pension, i.e. supplementary retirement pay funded by the company.

There are already signs that staff have very individual preferences and ideas on this issue, as is understandable. In order to justice to this variety, early retirement models of the future will involve an even higher degree of flexibility.

BMW ist heute führend im Bereich der automobilen Vernetzung und baut sein Angebot weiter aus. Neue Technologien bieten dabei immer mehr Möglichkeiten, den Fahrer zu unterstützen. Den Anfang im Bereich moderner Datenkommunikation machte 1999 der erste Zusammenschluss von Telematikdiensten und Systemen unter dem Begriff BMW ConnectedDrive.

Am Anfang der Entwicklung aller mobilen Datenvermittlung steht der BMW Turbo von 1972, der mit einem radarunterstützten Warngerät den Fahrer auf gefährlich geringe Abstände hinwies. Während der Teilnahme an der Formel-1-Weltmeisterschaft setzte der BMW Motorsport ab 1980 erstmals Telemetrie-Technologie ein, wodurch eine Vernetzung des Rennwagens mit der Kommandozentrale in der Box möglich wurde. Im Jahr 1994 konnte BMW als erster Autobauer europaweit ein fest integriertes Navigationssystem anbieten, das nicht nur den richtigen Straßenverlauf zum eingegebenen Ziel wies, sondern den Grundstein für die Nutzung größerer Datenmengen im Fahrzeug legte. Aufbauend auf dieser technischen Neuerung war das in den BMW-Servicemobilen ein-

gebaute »Einsatz Leit- und Ortungssystem« ELOS in der Lage, die Navigationsdaten von Pannenfahrzeugen an die Zentrale weiterzuleiten. Diese konnte dann das jeweils nächste Servicefahrzeug zum Pannenort entsenden. Mit diesem Schritt war der Weg frei für diverse Angebote von BMW ConnectedDrive. So wurde ab 1999 der Telematikdienst BMW ASSIST angeboten, ein Hilfs- und Informationsdienst, der den Fahrer dabei unterstützt, gut und sicher sein Ziel zu erreichen. Bei Notfällen und Pannen verspricht dieser Service schnelle Hilfe.

Im Jahr 2001 startete mit BMW Online das erste internetbasierte Fahrzeugportal, und sieben Jahre später, im Jahr 2008, konnte BMW den ersten Internetbrowser im Fahrzeug anbieten. In den darauffolgenden Jahren wurde das BMW ConnectedDrive Telematik-Angebot mit einem umfangreichen Sortiment an Services und Apps stetig erweitert. Damit ist eine umfassende Vernetzung des Fahrzeugs gegeben, die mit Diensten wie dem intelligenten E-Call dazu beiträgt, die Sicherheit des Fahrers zu erhöhen und die Fahrt mit Infotainment-Diensten wie Echtzeit-Verkehrsinformationen oder Online-Entertainment effizient und unterhaltsam zu gestalten.

Today BMW is a leader in the area of automobile connectivity and continues to extend its range of products and services. New technologies offer more and more ways of supporting the driver. Data communication in its modern form was initiated in 1999 when telematics services and systems were amalgamated for the first time under the term BMW ConnectedDrive.

The very first example of mobile data transmission was to be seen in the BMW Turbo of 1972: it was fitted with a radar-supported warning device which notified the driver when the distance to the car in front was dangerously close. As part of its Formula 1 World Championship entry, BMW Motorsport used telemetrics technology for the first time from 1980 onwards to establish a connection between the racing car and the command centre in the pits. In 1994 BMW was the first carmaker in Europe to offer a permanently integrated navigation system that not only displayed the route to a specified destination but also laid the foundation for enabling vehicles to handle larger volumes of data. Another milestone that built on the capabilities of this technology was a guidance and

tracking system installed in the BMW Servicemobiles that transmitted the navigation data of breakdown vehicles to an operations centre. The nearest service vehicle could then be sent out to the breakdown site. This development paved the way for various BMW ConnectedDrive services. The telematics service BMW ASSIST was introduced in 1999, for example, as an assistance and information service that helped drivers reach their destination efficiently and safely. It also ensured rapid assistance in the event of emergencies and breakdowns. BMW Online started in 2001 as the first internet-based vehicle portal, and seven years later in 2008 BMW was able to offer the first free in-car internet access. In the years that followed, the BMW ConnectedDrive telematics programme was extended to include a wide array of services and apps, enabling extensive vehicle connectivity. This helps enhance the safety of the driver with services such as intelligent e-call, as well as making travel more pleasant with infotainment services such as Online Entertainment and BMW Online.

Meilensteine Milestones

Erster Bordcomputer mit Außentemperatur-Anzeige
First on-board computer displaying outside temperature

Telematik-Angebote seit über 15 Jahren More than 15 years of telematics offers

| BMW Turbo (Radartechnologie) BMW Turbo (radar technology) | Erster Einsatz der Telemetrie in der Formel 1 First use of telemetry in Formula 1 | Weltweit erste Park Distance Control World's first Park Distance Control | Erstes integriertes Navigationssystem First integrated navigation system | Erster Notruf von BMW Assist in den USA First E-Call from BMW Assist in USA | Erstes Telematik-Angebot von BMW Assist in Europa Europe's first Telematic offer by BMW Assist | BMW Online: erstes Internet-basiertes Fahrzeugportal BMW Online: first Internet-based in-car portal | Erster europäischer Hersteller mit Head-Up Display First European manufacturer with Head-Up Display | Erstes Angebot von Google™-Diensten in einem Fahrzeug First offer of Google™ services in a vehicle | Erster Internetzugang im Fahrzeug First in-car Internet access | Erstmalige Integration von Drittanbieter-Apps in einem Fahrzeug First-time integration of 3rd Party Apps in a vehicle | Erster Premium-Automobilhersteller mit „In-Car Store" First premium car manufacturer with "In-Car Store" |
| 1972 | 1980 | 1991 | 1994 | 1997 | 1999 | 2001 | 2004 | 2007 | 2008 | 2012 | 2014 |

Mehr als 40 Jahre vernetzte Mobilität More than 40 years of connected mobility

Als am 10. Januar 1999 der BMW X5 auf der Detroit Auto Show präsentiert wurde, ging es um weit mehr als eine Fahrzeugvorstellung: Es war der Auftakt einer überaus erfolgreichen Modellreihe und legte den Grundstein zum heutigen Programm mehrerer Baureihen, welche als Sports Activity Vehicle (SAV) ganz wesentlich zum Erfolg der Marke und des Unternehmens beitragen.

Der BMW X5 war ein Pionier: Erstmals wurde mit ihm ein geländegängiger, fünftüriger Allrader angeboten, der mit der Tradition bisheriger Minivans und Geländewagen brach. Vielmehr folgte er in seiner Ästhetik einer sportlichen Limousine mit eleganter Note und muskulösen Flanken.

Sein attraktives Design wurde in den folgenden Jahren mehrfach international ausgezeichnet. Der geräumige Innenraum war variabel nutzbar und hochwertig ausgestattet. Mit einer selbsttragenden Karosserie und Einzelradaufhängung setzte der BMW X5 hinsicht-lich Fahrdynamik und Sicherheit Maßstäbe. Anerkannte unabhängige Institute verliehen ihm nach Crashtests Bestnoten. Ein sehr gutes Fahrverhalten und die erhöhte Sitzposition boten ein völlig neues Fahrgefühl. Mit einem extrem niedrigen cw-Wert von 0,36 zeichnete sich der BMW X5 als bester allradgetriebener Geländewagen aus.

Das Modell des X5 wird – mittlerweile in der dritten Generation – im amerikanischen BMW Group Werk Spartanburg/South Carolina gebaut und in zahlreichen Motorisierungen angeboten. Für souveräne Fahreigenschaften auf und neben dem Asphalt sorgt heute maßgeblich die elektronische Unterstützung in Form des Fahrstabilitätssystems Dynamic Stability Control (DSC), einer automatischen Differenzialbremse sowie einer Bergabfahrtkontrolle.

Mit dem BMW X5 wurde das neue Marktsegment des SAV geschaffen, das die Marke BMW in den folgenden Jahren stetig ausbaute. So folgte 2003 der BMW X3, 2008 der BMW X6, 2009 der BMW X1 und 2014 der BMW X4.

The premiere of the BMW X5 took place at the Detroit Auto Show on 10 January 1999, but this event was more than just the launch of another new model: it was the start of a highly success-ful model range, laying the foundation for today's programme of several series that as Sports Activity Vehicles (SAV) make a signifi-cant contribution to the success of the brand and the company.

The BMW X5 was a pioneer: it was the first off-road, 5-door all-wheel-drive vehicle to break with the existing tradition of minivans and all-terrain cars. Its aesthetic appeal was much more akin to that of a sporty sedan, with its refined elegance and muscular flanks. The car's attractive design won a number of international awards in the years that followed. The spacious interior was very versatile and featured high-end fittings. With a self-supporting body and single-wheel suspension, the BMW X5 set a new benchmark in terms of driving dynamics and safety. Recognized independent institutes awarded it excellent ratings on crash tests. An outstanding driving response and the raised seating position offered a whole new drive feel. With an extremely low drag coefficient of 0.36, the BMW X5 proved to be the best all-wheel-drive off-road vehicle.

Now in its third generation, the X5 is made at the BMW Group plant in Spartanburg, South Carolina and is available in numerous engine variants. Supreme driving properties both on and off the road are now mainly ensured by electronic support in the form of Dynamic Stability Control (DSC), an automatic differ-ential brake and a hill descent control function.

Having established the new market segment of the SAV with the X5, the BMW brand continued to expand this in subsequent years: the BMX X3 followed in 2003, the BMW X6 in 2008, the BMW X1 in 2009 and the BMW X4 in 2014.

Mit dem BMW Z8 präsentierten die Bayerischen Motoren Werke zur Jahrtausendwende einen neuen Traumwagen, der sich als Hommage an den BMW 507 der Fünfzigerjahre verstand. Während einige Designelemente die Verwandtschaft mit dem Vorbild von einst unterstreichen, geht der BMW Z8 in den anderen Bereichen neue Wege. Als hochmoderner Supersportwagen vereint er alles in sich, was das Unternehmen im Jahr 1999 an innovativer Technik zu bieten hat.

Zum 40-jährigen Jubiläum des legendären BMW 507 im Jahr 1995 fiel die Entscheidung, dem eleganten Zweisitzer der Fünfzigerjahre ein Hommage-Fahrzeug zur Seite zu stellen und in limitierter Serie anzubieten. Eine aufregende Designstudie mit der Bezeichnung Z07, die 1997 in Tokio präsentiert wurde, zeigte bereits alle wesentlichen Designelemente des neuen Roadsters. Mit seiner schier endlos langen Motorhaube, einem kurzen Heck und relativ weit hinten platzierten Sitzen folgte der BMW Z8 der Linienführung des klassischen Modells und verneigt sich damit vor seinem Vorbild. Die breite Doppelniere in der Front und die Kühlrippen an den Seiten verstehen sich als direkte Zitate, auch im Innenraum erinnert das Dreispeichenlenkrad an frühere Zeiten.

Ansonsten bekennt sich der BMW Z8 zu Hightech und Moderne: Er ist komplett in Spaceframe-Bauweise erstellt, eine Konstruktion, die ihn leicht und zugleich stabil macht. Hinsichtlich Verwindungssteifigkeit setzte er Maßstäbe: Die verwendeten Aluminiumprofile wurden im Strangpressverfahren hergestellt und mit Hilfe von über 1000 Stanznieten und rund 55 Meter Schweißnaht verbunden. Die in Dingolfing gefertigte »Fahrmaschine« wurde anschließend mit einer Aluminiumhaut überzogen. Für den Antrieb sorgt – wie seinerzeit schon beim BMW 507 – ein V8-Motor. Mit vier verstellbaren Nockenwellen und einem aus dem Motorsport abgeleiteten Motormanagement leistet er 400 PS. Mit so viel Kraft unter der Motorhaube schafft der BMW Z8 den klassischen Sprint von 0 auf 100 km/h in 4,7 Sekunden.

Für die Innenausstattung wurden ausschließlich Leichtmetall und Leder verwendet. Verstellbare Sportsitze bieten Komfort und Seitenhalt. Auffällig ist die Orientierung der Instrumente, die mittig am Armaturenbrett angebracht sind. Mit Stolz verwies das Designteam auf die erstmalige Verwendung von Neonlicht, durch das die Lampenformen dem Car-Design folgen konnten. Zur Standardausstattung gehören ein Hardtop, das in der Farbe des Wagens lackiert ist, sowie Runflat-Reifen, die bei einer Panne Notlaufeigenschaften bis zu einer Distanz von 500 Kilometern bieten.

At the turn of the millennium the Bayerische Motoren Werke launched the BMW Z8, a new dream car conceived of as a homage to the BMW 507 of the 1950s. While certain design elements highlight the model's kinship with its forerunner, in other areas the BMW Z8 reflects an entirely new approach. As a state-of-the-art super sports car it combines everything the company had to offer in terms of innovative technology in 1999.

To mark the 40th anniversary of the legendary BMW 507 in 1995, the decision was made to pay homage to the elegant 1950s two-seater by issuing a special limited-edition model. An exciting design study bearing the designation Z07 was showcased in Tokyo in 1997 which already featured all the main design elements of the new roadster. With its seemingly endless bonnet, a short rear and seats placed relatively far back, the BMW Z8 pays tribute to its forerunner by following the lines of the classic model. The wide double kidney grille in the front section and the cooling ribs at the sides are intended as direct quotations, while on the inside the three-spoke steering wheel is likewise reminiscent of a bygone age.

In other ways, however, the BMW Z8 is all about modern style and high tech. It is designed entirely on a spaceframe basis, for example, making it both light and stable. And it sets standards in terms of torsional stiffness: the aluminium profiles used were produced using the extrusion moulding method and joined with more than 1,000 punch rivets and 55 metres of welding seam. This 'driving machine' manufactured at the Dingolfing plant was then covered with an aluminium outer skin. Like the BMW 507 before it, the Z8 is powered by a V8 engine. With four adjustable camshafts and an engine management system derived from motor racing, it delivers an output of 400 hp. With this much power under the bonnet, the BMW Z8 completes the classic sprint from 0 to 100 km/h in 4.7 seconds.

Nothing but light alloy and leather were used for the interior fittings, with adjustable sports seats providing both comfort and lateral support. A particularly striking feature is the orientation of the instruments, which occupy a central position on the dashboard. The design team was especially proud to point out the first ever use of neon light, enabling the shape of the bulbs to be geared towards the design of the car. Standard equipment included a hard top finished in body colour and run-flat tyres offering emergency running properties up to a distance of 500 kilometres in the event of tyre damage.

BMW V12 LMR mit dem Siegerteam des 24-Stunden-Rennens in Le Mans /
BMW V12 LMR with the winning team of the 24-hour race in Le Mans, 1999

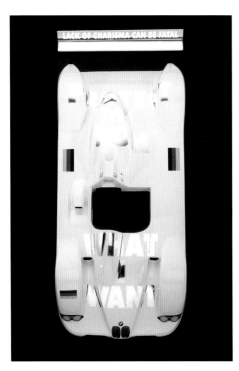

BMW V12 LMR Art Car Jenny Holzer, 1999

Mit Platz eins beim 24-Stunden-Rennen von Le Mans feierte die Marke BMW 1999 einen weltweit beachteten Triumph. Das Siegerfahrzeug, ein BMW V12 LMR – LMR steht für Le Mans Roadster –, war eigens für Langstreckeneinsätze wie dieses schwerste Autorennen der Welt konzipiert worden. Mit zahlreichen weiteren Siegen bei der American Le Mans Series in den Jahren 1999 und 2000 präsentierte sich der BMW V12 LMR als einer der erfolgreichsten offenen Sportwagen in der Geschichte des automobilen Motorsports.

Der Rennwagen war bei der BMW Motorsport Limited im englischen Grove entstanden und seine Aerodynamik im Windkanal des BMW-Formel-1-Partners Williams Grand Prix Engineering verfeinert worden. Der BMW V12 LMR wog nur 900 Kilogramm und bestand aus einer selbsttragenden Leichtbaukonstruktion, welche die Fahrerzelle und den Sicherheitstank umfasst. Für die Außenverkleidung wurde Kohlefaser verwendet. Im Heck arbeitete ein BMW-Zwölfzylinder, der sich schon bei früheren Langstreckenrennen als Muster an Zuverlässigkeit erwiesen hatte. Änderungen im Reglement sorgten 1999 für eine Begrenzung der zulässigen Luftmassen und bewirkten, dass der Motor »nur« 580 PS leisten konnte. Die Konstrukteure konzentrierten sich umso mehr auf die Verbrauchswerte sowie die Standfestigkeit des Motors. Der fulminante Sieg in Le Mans beruhte rückblickend unter anderem auf der Sparsamkeit des V12-Motors, der es erlaubte, mit einer Tankfüllung länger fahren zu können als die Konkurrenz. Die besondere Leistung bei Rennen dieser Art liegt im Kompromiss zwischen maximaler Fahrleistung, niedrigem Kraftstoffverbrauch und Standfestigkeit. So wird der Kurs in Le Mans trotz der langen Distanz wie ein Sprint gefahren: jede Runde am Limit, 24 Stunden lang.

So war auch das 24-Stunden-Rennen im Jahr 1999 voller Dramatik. Lange Zeit belegte BMW die beiden vorderen Plätze, bis der führende Wagen aufgrund eines Unfalls ausfiel. Doch die Zweitplatzierten, Pierluigi Martini und seine beiden Teamkollegen Yannick Dalmas und Joachim Winkelhock, übernahmen die Führung und brachten ihren BMW-Werkswagen als Le-Mans-Gesamtsieger ins Ziel.

Bereits im Mai 1999 war ein dritter BMW V12 LMR bei der Vorqualifikation in Le Mans eingesetzt worden, ein Wagen, den die US-amerikanische Künstlerin Jenny Holzer zu einem Kunstwerk der BMW Art Car Collection umgestaltet hatte. Auf der weißlackierten Karosserie war in großen silbernen Lettern der Satz »Protect me from what I want« aufgetragen.

Winning the 24 Hours of Le Mans in 1999 was a BMW brand triumph that was acknowledged internationally. The winning car, a BMW V12 LMR – LMR stands for Le Mans Roadster – was specially designed for endurance runs such as this one, the toughest automobile race in the world. Achieving countless further victories in the American Le Mans Series in 1999 and 2000, the BMW V12 LMR became one of the most successful open-top sports cars in the history of motor racing.

The racing car was built by BMW Motorsport Limited in Grove in the UK and its aerodynamic set-up was fine-tuned in the wind tunnel of BMW Formula 1 partner Williams Grand Prix Engineering. The BMW V12 LMR weighed just 900 kilograms and consisted of an integrated lightweight construction including the driver cell and safety fuel tank. Carbon fibre was used for the exterior trim. At the rear there was a BMW 12-cylinder engine which had already demonstrated exemplary reliability in earlier long-distance races. Changes to the regulations in 1999 imposed limitations on air mass flow, so the engine could 'only' deliver an output of 580 hp. As a result the constructing engineers focused more on fuel consumption levels and engine stability. With hindsight, the spectacular victory at Le Mans was due not least to the economy of the V12 engine, enabling the car to cover more ground on a tank of fuel than the competition. The particular challenge posed by races of this kind is to strike a balance between maximum driving performance, low fuel consumption and stability. In spite of the long distance, the Le Mans circuit is driven as if it were a sprint: every lap at the limit for 24 hours.

The 1999 race was highly dramatic, too: for a long time BMW occupied the first two places, until the leading car dropped out after an accident. The car that had been in second place, driven by Pierluigi Martini and his two team colleagues Yannick Dalmas and Joachim Winkelhock, then moved into the lead and the BMW factory vehicle finished the race as the outright Le Mans winner.

A third BMW V12 LMR had previously been used in the Le Mans pre-qualifying in May 1999: this was transformed by US artist Jenny Holzer into an artwork to join the BMW Art Car Collection. On its white body it bore the inscription 'Protect me from what I want' in large silver letters.

Either.   Or. *The first motorcycle with safety passenger cell.*

The BMW C1   The Ultimate Driving Machine

Werbemotiv / Advertisement, 2002

Eine erste Designstudie des BMW C1 wurde im Herbst 1992 auf der Internationalen Fahrrad- und Motorradausstellung in Köln vorgestellt. Die weitere Entwicklung dieses Fahrzeugs, eine innovative Synthese aus motorisiertem Zweirad und Automobil, führte 1997 zur Vorstellung erster Prototypen. Die Serienproduktion startete 1999, im Frühjahr 2000 kam der »Motorroller mit Dach« auf den Markt. Mit ihm schaffte BMW Motorrad ein zusätzliches Angebot für die individuelle Mobilität insbesondere in Städten und Ballungszentren.

Mit dem C1 entwickelte BMW Motorrad eine neue Fahrzeugkategorie auf zwei Rädern. Das Konzept verband Sicherheits- und Komfortelemente aus dem Automobilbau mit dem Fahrspaß, wie ihn normalerweise nur motorisierte Zweiräder bieten. Der BMW C1 war handlich und sehr wendig. Als Einspurfahrzeug nahm er vergleichsweise wenig Verkehrs- und Parkraum in Anspruch. Ebenso gering waren die Kosten für Anschaffung, Steuern, Versicherung und Service. Der entscheidende Vorzug gegenüber herkömmlichen Motorrädern war das hohe Maß an passiver Sicherheit, das im Zweiradbereich bis dahin beispiellos war. Außerdem bot das Fahrzeug einen nicht zu unterschätzenden Wind- und Wetterschutz.

Ins Auge fiel vor allem der besondere Fahrzeugrahmen, der gemeinsam mit dem Dachrahmen und den Schulterbügeln eine Sicherheitszelle bildete, die den Fahrer rundum umgab. Alle Rahmen bestanden aus gezogenen Aluminium-Strangpressprofilen. Oberhalb des Vorderrads war ein spezielles Crash-Deformationselement angeordnet, das in der Lage war, bei einem Frontalaufprall Energie zu absorbieren. Einzigartig war die Vorderradführung, die aus dem sogenannten Telelever-System bestand. Dabei führte eine Telegabel das Vorderrad, unterstützt von einem Längslenker und einem zentralen Federbein, das am Längslenker und am Fahrzeugrahmen fixiert war. Auf diese Weise wurden Radführung sowie Federung und Dämpfung voneinander getrennt. Mehr Sicherheit und Fahrkomfort ermöglichten der ergonomisch gestaltete Spezialsitz in Kombination mit einer besonderen Kopfstütze, die beiden Sicherheitsgurte sowie die aus Sicherheitsglas bestehende Windschutzscheibe. Das Gesamtpaket des BMW C1 erlaubte daher in vielen Ländern das Fahren ohne Schutzhelm. Dank des Standardantriebs mit einem 125-ccm-Motor und einer Höchstleistung von 15 PS konnte der Motorroller unter bestimmten Voraussetzungen sogar ohne speziellen Motorradführerschein gefahren werden.

A first design study of the BMW C1 was showcased at the Cologne International Bicycle and Motorcycle Fair in autumn 1992. Further development work on this vehicle – an innovative synthesis of a motorized two-wheeler and an automobile – eventually resulted in the presentation of initial prototypes in 1997. Serial production began in 1999, and the 'scooter with a roof' was launched on the market in the spring of 2000 – which was another contribution of BMW Motorrad to individual mobility in cities and conurbations in particular.

The C1 established a new category of two-wheel vehicle, combining safety and comfort features from automobile design with the type of riding fun that normally only a motorized two-wheel vehicle can offer. The BMW C1 was easy to manoeuvre and very agile. As a single-track vehicle it took up a relatively limited amount of traffic and parking space. The purchase price, tax, insurance and service were also very affordable. The key benefit as compared to conventional motorcycles was the high degree of passive safety, which was more advanced than any other two-wheeler up to that time. The vehicle also provided impressive wind and weather protection.

The frame was especially eye-catching: complete with roof structure and shoulder brackets, it formed a safety cell that totally enveloped the rider. All frame elements were made of extruded aluminium sections. Above the front wheel there was a special crash deformation feature which was capable of absorbing energy in the event of a head-on collision. The front wheel control was unique, too, consisting of the so-called Telelever system: a telescopic fork held the front wheel, supported by a trailing arm along with a central spring strut that was attached to both the trailing arm and the vehicle frame. This separated wheel control from suspension and damping. Increased safety and comfort was provided by the ergonomically designed seat combined with a special headrest, two safety belts and a windshield made of safety glass. The overall BMW C1 package was such that riding it without a crash helmet was permitted in many countries. With a 125 cc engine and a peak output of 15 hp, this motor scooter was also approved for riding without a special motorcycle licence under certain circumstances.

Die Verbundenheit der BMW Group mit Südafrika hat eine lange Tradition. Seit 1968 ist
das Unternehmen mit einer Fahrzeugmontage
vertreten und gründete 1972 vor Ort eine Vertriebsgesellschaft. Die Bayerischen Motoren
Werke übernahmen frühzeitig Verantwortung
gegenüber der eigenen Belegschaft. Vor allem
angesichts der Bekämpfung der Krankheit
HIV bzw. Aids entwickelte das Unternehmen
ein besonderes gesellschaftliches Engagement.
Mit Präventionsmaßnahmen und speziellen
Programmen hilft es den Mitarbeitern, ihren
Familien sowie den Gemeinden der Region.

Afrika leidet wie kein anderer Kontinent unter den
schwerwiegenden Folgen dieser Pandemie. In der
Republik am Kap sind in manchen Regionen mehr als
20 Prozent der Bevölkerung HIV-infiziert. Frühzeitige
Aufklärung über die Krankheit und ihre Übertragung
waren bereits in früheren Jahren ein wichtiger
Schlüssel. Schon 2001 bot das Unternehmen den
Werksmitgliedern und ihren Familien weitreichende,
vorbeugende Maßnahmen, Beratung und medizinische
Betreuung. Auf freiwilliger Basis wurden Testprogramme
durchgeführt, kostenlos Medikamente ausgegeben.
Vor allem legten die Verantwortlichen Wert darauf,
dass die Vertrauenskultur gestärkt wurde: Kein Mitarbeiter wurde wegen einer HIV-Infektion ausgegrenzt
oder benachteiligt. 2005 weitete BMW Südafrika sein
Engagement aus: Im Dorf Soshanguve konnte ein
Informations- und Beratungsservice verbunden mit
einem Gesundheitsdienst aufgebaut werden. Hier
werden bis zu 5000 Patienten pro Monat betreut.
Auch bietet man eine Bücherei, Ausbildungsstätten,
Mutter-Kind-Einrichtungen sowie eine Gemüsegärtne-
rei. Der Kampf gegen das HIV aber ging weiter: 2007
wurde in Knysna, einer Stadt in der Westkap-Provinz,
mit Mitteln der BMW Group ein LoveLife-Präventions-
zentrum errichtet. Die Einrichtung wendet sich seitdem mit Sport- und Bildungsprogrammen an ein-
heimische Teenager und bietet ihnen Informationen
zur Krankheitsvorbeugung sowie eine umfassende
Gesundheitsvorsorge. Durchgeführt werden diese
Programme von freiwilligen Jugendlichen, unterstützt
durch regierungsferne, kommunale Organisationen,
Schulen und staatliche Kliniken in ganz Südafrika.

BMW Group's association with South Africa has
a long tradition. The company has had its own
car assembly plant there since 1968 and established a South African sales subsidiary in 1972.
BMW took on social responsibility for its workforce early on, in particular getting involved in
the fight against HIV and AIDS. The company
supports employees, their families and local
communities in the region by means of preventive measures and special programmes.

Africa suffers more than any other continent from the
severe consequences of the AIDS pandemic. In some
regions, over 20 per cent of the population are HIV-
infected. Providing information on the illness and its
transmission at an early stage has always been crucial.
As long ago as 2001, BMW offered its plant employees
and their families far-reaching preventive measures,
an advisory service and medical care. Test programmes
were run on a voluntary basis and medication was
distributed free of charge. Those responsible attached
particular importance to establishing a culture of trust:
no employee was marginalized or disadvantaged because of an HIV infection. BMW South Africa expanded
its involvement in 2005: an information and advisory
service combined with a health service was set up in
the village of Soshanguve. This serves up to five thousand patients per month. There is also a library, training centres, mother-and-child facilities and a market
garden. And the fight against HIV continued: in 2007
the BMW Group funded a LoveLife prevention centre
in the town of Knysna in the province of Western Cape.
This facility offers sports and training programmes for
local teenagers as well as providing information on
disease prevention and comprehensive healthcare.
These programmes are run by youth volunteers with
the support of local non-governmental organizations,
schools and public hospitals throughout the whole of
South Africa.

Mitarbeiter von BMW Südafrika formten anlässlich des Welt-Aids-Tages
eine menschliche Aids-Schleife, 2003 / On World AIDS Day 2003,
BMW South Africa staff formed the shape of a AIDS ribbon

Kurz bevor das letzte Modell des klassischen Mini im Werk Longbridge vom Band lief, wurde im September 2000 der neue MINI auf dem Pariser Autosalon vorgestellt. Eine Ära ging zu Ende, eine andere nahm unter der Regie der BMW Group ihren Anfang: Der neue MINI, der 2001 auf den Markt kam, passte perfekt in das urbane Leben. Wie kaum eine andere Marke trifft MINI heute den Zeitgeist und das Lebensgefühl des frühen 21. Jahrhunderts.

Die Geschichte der Marke reicht zurück bis ins Jahr 1956, als der Konstrukteur Sir Alec Issigonis vor dem Hintergrund der Suezkrise und einer drohenden Öl-knappheit in Großbritannien einen leichten viersitzigen Kleinwagen für Englands Mittelschicht zu entwerfen begann. Im Spätsommer 1959 erfolgte die Präsen-tation in der Öffentlichkeit. Rasch wurde der Mini zum Kultauto einer ganzen Generation. Doch durchlebte die Marke eine wechselvolle Geschichte, bis die BMW Group 1994 die Rover-Group und mit ihr die Verant-wortung für Mini übernahm. Schon ein Jahr später fiel die Entscheidung, eine komplette Neuversion zu entwickeln. Das maßgeblich von dem englischen Designer Frank Stephenson gestaltete Modell, das

gleich zu Beginn des neuen Jahrtausends 2000 präsentiert wurde, konnte Fachpresse und Öffentlich-keit durch seine Balance zwischen Tradition und Moderne überzeugen.

Die vertrauten Designmerkmale des klassischen Mini wurden neu interpretiert. Es blieben die großen Rundscheinwerfer, die in Kombination mit dem Kühler-grill Sympathie wecken. Das neue Interieur wurde durch ein zeitgemäßes Styling und höchsten Komfort aufgewertet – die Ausstattungsliste stand der eines BMW 3er kaum nach. Auch technisch war der Wagen deutlich weiterentwickelt worden, denn er besaß nun eine aufwendige Multilenker-Hinterachse, Scheiben-bremsen an allen vier Rädern, das Antiblockiersystem serienmäßig und eine elektronische Bremskraftver-teilung. Typisch MINI blieben die Gokart-ähnlichen Fahreigenschaften.

Der neue MINI war das erste Fahrzeug mit Pre-miumanspruch im Kleinwagensegment, denn Klein-wagen waren bisher meist technisch einfach konstruiert und spartanisch ausgestattet. Nun wurde bewiesen, dass »Premium« nicht nur den größeren Fahrzeugkate-gorien vorbehalten war. Nach den ersten Modellen MINI One und MINI Cooper wurden weitere Motor-varianten eingeführt.

The new MINI was premiered at the Paris Motor Show in September 2000, while the last model of the classic Mini came off the Longbridge production line in October 2000. As one era came to an end, another was ushered in under the direction of the BMW Group: launched on the market in 2001, the new MINI perfectly matched the urban lifestyle. MINI goes further than virtually any other brand in capturing the spirit of the modern age and the essence of 21st-century lifestyle.

The history of the brand dates back to 1956 when automobile designer Sir Alec Issigonis began to draw up plans for a small, light four-seater model aimed at the British middle classes in the wake of the Suez crisis and in view of an impending oil shortage in the UK. Premiered in the late summer of 1959, the Mini swiftly became the cult car of an entire generation. After an eventful history, BMW took over the Rover Group in 1994, which included responsibility for the Mini. Just one year later, the decision was made to develop a completely new version. Largely the work of British designer Frank Stephenson and showcased publicly at the dawn of the new millennium in the year

2000, both experts and the public at large were im-pressed by the balance it struck between the traditional and the modern.

The familiar design features of the classic Mini were reinterpreted, the large circular headlamps and radiator grille being retained as elements that offered instant appeal. The interior was upgraded by means of contemporary styling and top-level comfort – the list of fittings virtually matched that of a BMW 3 Series. The car had undergone significant technological re-finement too, now sporting an elaborate multilink rear axle, disc brakes on all four wheels, an anti-lock brake system as standard and electronic brake force distribu-tion. The go-kart-like driving properties remained a MINI hallmark.

The new MINI was the first automobile with premium aspirations in the small car segment: vehicles of this size had previously tended to be of straight-forward technical design and sparsely equipped. It was proof that 'premium' was not just the reserve of the larger vehicle categories. After the first models, the MINI One and the MINI Cooper, there were a number of additional engine variants.

Das Konzeptfahrzeug BMW X Coupé, das 2001 in Detroit vorgestellt wurde, diente als formgebende Vision und kreativer Impuls für das Design der Marke BMW am Beginn des 21. Jahrhunderts. Die faszinierende Studie verbindet die Ästhetik eines eigenständig entwickelten Coupés mit dem Anspruch an vielfältige Nutzungsmöglichkeiten wie etwa individuelle Sport- und Freizeitaktivitäten sowie an Fahreigenschaften eines Off-Roaders.

Das BMW X Coupé brach mit bisherigen Sehgewohnheiten. Sowohl die bewusste Asymmetrie der Karosserie als auch die besondere Ausprägung der Oberflächen erreichten mit diesem Modell eine bisher nicht gekannte Energie und Emotionalität. Auch stellten sich die bewusst asymmetrisch geformten Elemente der Karosserie deutlich gegen die automobile Designtradition.

Ein komplexes Zusammenspiel von in sich gedrehten Flächen und präzisen Linien erzeugte optische Spannungen und entwickelte damit eine nie gesehene Ästhetik. Konkav und konvex geformte Flächen traten hervor und unterstrichen die extreme Plastizität des Exteriors. In der Presse wurde das Design als »Flame Surfacing« bezeichnet, da das Licht- und Schattenspiel der Oberflächen an die natürliche Ästhetik einer Flamme erinnert und so Kraft, Energie und Dynamik zum Ausdruck bringt.

Die Motorhaube bildete gemeinsam mit der Frontpartie eine geschlossene Fläche. Am Heck wird die asymmetrische Ausformung besonders deutlich sichtbar: Der Kofferraumdeckel schwenkt mitsamt Heckscheibe und der rechten rückwärtigen Seitenwand nach hinten und gibt damit den Laderaum wie auch den Einstieg zum rechten Rücksitz frei.

Der Innenraum, der sich vorrangig mit Oberflächen aus Aluminium und Neopren präsentiert, um hier den Nutzwert optisch und haptisch zu unterstreichen, greift bei der Gestaltung der Armaturentafel ein BMW-typisches Element auf: Alle Bedienelemente und Instrumente sind ergonomisch auf den Fahrer ausgerichtet. Mit dem neuen »BMW iDrive«, dem zentralen Steuerelement in der Mittelkonsole, können sämtliche Funktionen bedient werden, die nicht über Schalter oder Regler zugänglich sind. Die Studie des BMW X Coupé ist mit einem Sechszylinder-Dreiliter-Dieselmotor ausgestattet, der 184 PS leistet und seine Kraft über ein Fünfgang-Automatikgetriebe mit Steptronic an alle vier Räder weitergibt. Selbstverständlich ist der Wagen mit allen BMW-typischen Traktions- und Stabilitätsprogrammen ausgerüstet.

Aus heutiger Sicht nahm das BMW X Coupé viele Entwicklungen in der gesamten Automobilbranche vorweg. BMW selbst verfeinerte das Konzept eines sportlichen Geländecoupés und präsentierte 2008 den BMW X6 – ein außergewöhnliches Modell im neuen Segment des Sports Activity Coupé.

The concept vehicle BMW X Coupé showcased in Detroit in 2001 served as a defining vision and creative stimulus for the design of the brand BMW at the beginning of the 21st century. This fascinating study combines the aesthetic appeal of an independently developed coupé, the versatile capabilities of a sports and leisure car and the driving properties of an off-roader.

The BMW X Coupé broke entirely with existing visual conventions. Both the deliberate asymmetry of the body and the specific shaping of the surfaces achieved a whole new level of energy and emotion in this model. The intentionally asymmetrically shaped body elements were also in clear defiance of traditional automobile design.

A complex interplay of twisted surfaces and precise lines created a visual tension to produce an aesthetic that had never been seen before. Areas of concave and convex shaping emerge, highlighting the extreme plasticity of the exterior. The press described this design as 'flame surfacing', since the interplay of light and shade echoed the natural aesthetic appeal of a flame, expressing power, energy and dynamism. The bonnet and front section form a self-contained unit. The asymmetrical shaping is especially pronounced at the rear: the boot lid swings backwards along with the rear window and right rear side panel to open up the luggage compartment and allow access to the rear seat. The interior mainly consists of aluminium and neoprene surfaces to provide both visual and haptic emphasis of the car's functional practicality, and the dashboard design features one especially typical BMW element: all controls and instruments are ergonomically oriented towards the driver. The main control element in the centre console – the new 'BMW i-Drive' – is used for all functions not accessible via switches or knobs The BMW X Coupé study has a 6-cylinder 3-litre diesel engine with an output of 184 hp, which distributes its power to all four wheels via a 5-speed automatic transmission with Steptronic. The car of course features all the typical BMW traction and stability programmes, too.

From today's point of view it can be said that the BMW X Coupé pre-empted developments that later emerged throughout the entire automotive sector. BMW itself refined the concept of a sporty off-road coupé and in 2008 launched the BMW X6 – an exceptional model in the new Sports Activity Coupé segment.

Rolls-Royce 102EX, Spirit of Ecstasy, Material: Makrolon /
Spirit of Ecstasy, made of Makrolon, 2011

Rolls-Royce 102EX, Ladebuchse / charging socket, 2011

Als sich Charles Rolls und Henry Royce 1904 im Midland Hotel in Manchester erstmals trafen, begann eine einmalige Erfolgsgeschichte. Früh wurden die Fahrzeuge, die bei Rolls-Royce entwickelt wurden, zum Inbegriff von Perfektion, Luxus, zeitloser Eleganz und Langlebigkeit. 1998 erwarb die BMW Group die Rechte, den Markennamen Rolls-Royce für die Herstellung von Automobilen zu nutzen. Am 1. Januar 2003 wurde der erste neue Rolls-Royce Phantom an einen Kunden übergeben. Dieses Modell steht für die erfolgreiche Renaissance der Marke.

Seit mehr als 100 Jahren hat Rolls-Royce den Anspruch, die »besten Automobile der Welt« zu fertigen. Die Luxusmarke verkörpert herausragende Qualität und handwerkliche Perfektion, verknüpft mit moderner Technik. Im Werk in Goodwood / Südengland wird die für Rolls-Royce typische Tradition von handwerklichem Können mit modernsten Herstellungstechniken verbunden. Jedes Automobil wird nach den individuellen Wünschen seines zukünftigen Besitzers von Hand gefertigt. Mehr als 400 Stunden werden in Goodwood für jeden Rolls-Royce Phantom investiert.

Seit 2003 hat Rolls-Royce Motor Cars mit Phantom, Ghost Wraith und Dawn vier eigenständige Modellreihen entwickelt, darüber hinaus entstehen in Goodwood zukunftsweisende Konzepte. Ein herausragendes Beispiel ist das Experimental Car 102EX, das 2011 vorgestellt wurde und auch unter der Bezeichnung Phantom Experimental Electric (Phantom EE) bekannt ist. Dieser Fahrzeugtyp ist ein voll funktionsfähiges und fahrbereites Automobil, das dem Unternehmen als Versuchsträger zur Erforschung neuer Technologien diente. Es bot Ingenieuren und Designern die Möglichkeit, Innovationen realitätsnah umzusetzen und bei Testfahrten zu erproben.

Der Phantom EE steht in der Tradition der Experimental Cars, die sich in der Rolls-Royce-Historie bis ins Jahr 1919 zurückverfolgen lässt. Er basiert auf dem Phantom Aluminium-Spaceframe. Für den Antrieb sorgen zwei Elektromotoren mit einer Leistung von je 145 kW für einen Sprint von 0 auf 100 km/h in weniger als acht Sekunden. Die Reichweite liegt bei 200 Kilometern. Das Experimental Car trägt die berühmten Markenzeichen des Rolls-Royce Phantom. Klassische Designelemente wie der Pantheongrill und die Kühlerfigur, Spirit of Ecstasy, fallen direkt ins Auge. Allerdings wird die aus Makrolon statt Edelstahl gefertigte Kühlerfigur mit blauem LED-Licht illuminiert – ein Hinweis auf den elektrischen Antrieb unter der Motorhaube.

A unique success story began in 1904 when Charles Rolls and Henry Royce met for the first time at the Midland Hotel in Manchester. The vehicles developed by Rolls-Royce soon became identified with perfection, luxury, timeless elegance and durability. It was in 1998 that the BMW Group acquired the rights to use the brand name of Rolls-Royce for the production of automobiles. The first new Rolls-Royce Phantom was handed over to its buyer on 1 January 2003. This model symbolizes the brand's successful renaissance.

The Rolls-Royce aspiration to build the 'best automobiles in the world' goes back more than 100 years. The luxury brand embodies outstanding quality and perfect craftsmanship combined with modern technology. The Goodwood plant in the South of England pursues the hallmark Rolls-Royce tradition of masterful engineering and cutting-edge manufacturing techniques. Every single automobile is built by hand according to the individual wishes of its future owner, and more than 400 hours of work goes into each Rolls-Royce Phantom.

Since 2003, Rolls-Royce Motor Cars has developed four distinctive model series in Goodwood – the Phantom, the Ghost, the Wraith and the Dawn – as well as a range of pioneering concepts. One outstanding example of the latter is the experimental car 102EX showcased in 2011 and known by the name of Phantom Experimental Electric (Phantom EE). This vehicle is a fully functional and road-ready automobile designed by the company as a test platform to conduct research into new technologies. It has given engineers and designers the opportunity to implement innovations in a realistic context and try them out on test drives.

The Phantom EE is one of a long series of experimental cars, a tradition in Rolls-Royce history that dates as far back as 1919. Based on the Phantom aluminium spaceframe, the car is powered by two electric motors each with an output of 145 kW, enabling it to sprint from 0 to 100 km/h in less than eight seconds. It has a range of 200 kilometres. The experimental car bears the famous Rolls-Royce Phantom logo. Particularly striking features are the classic design elements such as the Pantheon grille and the radiator ornament, the Spirit of Ecstasy. In this case the figure is made of Makrolon rather than stainless steel, however, and it is illuminated with blue LED light – a reference to the electric drive under the bonnet.

Werbeplakat / Advertising poster, 2003

Selten wurde ein Fahrkonzept mit ähnlicher Rigidität und Konsequenz umgesetzt wie beim BMW M3 CSL, der 2003 auf den Markt kam. Mit seinem deutlich minimierten Gewicht von nur 1385 Kilogramm und einem überarbeiteten Reihensechszylinder-Motor schaffte er auf der Nordschleife des Nürburgrings eine Zeit von unter 8 Minuten. Der Einsatz neuer Leichtbautechnologien machte ihn zu einem Vorreiter des zukünftigen Karosseriebaus.

Extremer Leichtbau hat bei den Bayerischen Motorenwerken bekanntlich Tradition: Schon 1939 war das BMW 328 Touring Coupé mit einer Außenhaut aus Aluminium gefertigt worden. In den Siebzigerjahren baute BMW auf Basis des 3-Liter-Coupés einen Leichtbau-Sportwagen mit dem Kürzel CSL, das für die Begriffe Coupé, Sport und Leichtbau steht. 2001 schließlich wurde dieses Thema mit dem BMW M3 Concept Car wiederaufgenommen. 2003 folgte mit dem M3 CSL die Serienversion.

Bei diesem Wagen wurde vor allem das Gewicht deutlich gesenkt. Möglich wurde dies durch das Prinzip des »Intelligenten Leichtbaus«, den Einsatz des am besten geeigneten Werkstoffs an der richtigen Stelle. So besteht die Frontschürze aus kohlefaserverstärktem Kunststoff (CFK), die Heckklappe aus Sheet Moulding Compound (SMC). Deutlich wirkt sich die Wahl neuer Materialien beim Dach aus, das in CFK-Sichtoptik produziert wird. Dieses großflächige Bauteil, das Spezialisten im BMW Group Werk Landshut fertigen, ist um rund 6 Kilogramm leichter als ein herkömmliches Dach. Für tragende Teile im Heckbereich der Karosserie kam der Baustoff Endlosglasfaser-Thermoplast zum Einsatz, der üblicherweise in der Luft- und Raumfahrt genutzt wird. Auch der Innenraum folgt dem Prinzip rigider Gewichtseinsparung: In Anlehnung an den Purismus im Motorsport verfügt der BMW M3 CSL weder über Sitzheizung noch über Navigationssystem. Radio und Klimaanlage sind nur auf Wunsch erhältlich.

Der Reihensechszylinder wurde ebenfalls überarbeitet. Seine Leistung beträgt nun 360 PS bei einem Hubraum von 3,2 Liter und erlaubt dem BMW M3 CSL einen Sprint von 0 auf 100 km/h in nur 4,9 Sekunden. In Summe ist es vor allem der intelligente, konsequente Leichtbau, der ein solches Potenzial möglich macht.

A vehicle concept has rarely been implemented with such rigour and consistency as the BMW M3 CSL, which went on the market in 2003. With its significantly minimized weight of just 1,385 kilograms and a revised in-line 6-cylinder engine, it managed a time of less than eight minutes on the Nürburgring Nordschleife. The use of new lightweight technologies made the BMW M3 CSL a forerunner of future body construction.

Extreme lightweight construction is something of a tradition at the Bayerische Motoren Werke. As early as 1939, aluminium was used for the outer body of the BMW 328 Touring Coupé. In the 1970s, BMW built a lightweight sports car based on the 3-litre coupé and gave it the initials CSL which stand for Coupé, Sport and Lightweight construction. In 2001 BMW revived the tradition with the BMW M3 Concept Car. This was followed in 2003 by the serial production version – the M3 CSL.

The weight of this model was significantly reduced. This was achieved thanks to applying the principle of 'lightweight construction' in which the ideally suited material is used in the right place. The front apron is made of carbon-fibre reinforced plastic (CFRP) and the luggage compartment lid is made of Sheet Moulding Compound (SMC). The choice of new materials is particularly noticeable in the roof which is finished in visible CFRP styling. The large-surface roof, which is manufactured in the BMW Group Landshut plant, is nearly 6 kilograms lighter than a conventional roof. Continuous filament thermoplastic fibres were used for the load-bearing parts at the rear of the body. This material is mainly used in the aerospace industry. The principle of stringent weight-saving was also applied to the interior. The BMW M3 CSL has no seat heating or navigation system in accordance with purist motorsports criteria. Radio and air conditioning are only available as an option.

The in-line 6-cylinder engine was also revised: with its output increased to 360 hp and a capacity of 3.2 litres, the BMW M3 CSL sprints from 0 to 100 km/h in just 4.9 seconds. All in all this was achieved thanks to consistent and intelligent lightweight construction.

Der demografische Wandel, also die Alterung der Bevölkerung, stellt die Industrieländer vor vielfältige Herausforderungen. Die Bayerischen Motoren Werke sind diesbezüglich Spiegel der gesellschaftlichen Entwicklung. So startete das Unternehmen bereits 2004 das Programm »Heute für Morgen« und setzt sich seither nachhaltig für gesundheitsförderliche Arbeitsbedingungen für Mitarbeiter jeden Alters ein.

Die Verschiebungen in der Altersstruktur der kommenden Jahre sind absehbar, ebenso das zunehmend geringere Angebot an speziell qualifizierten Arbeitskräften einzelner Berufsgruppen. Die Belegschaft der BMW Group wird zukünftig im Schnitt deutlich älter sein als heute. So wird sich das Durchschnittsalter allein der in Deutschland tätigen Mitarbeiter bis 2020 auf 46 Jahre erhöhen und der Anteil der Mitarbeiter, die älter als 50 Jahre sind, von ca. 25 auf 45 Prozent steigen. Wissenschaftliche Studien zeigen, dass die Leistungsfähigkeit mit steigendem Alter nicht zwangsläufig abnimmt. Ältere Mitarbeiter bringen Stärken wie ihre Erfahrung, eine hohe Loyalität und Zuverlässigkeit sowie ein ausgeprägtes Qualitätsbewusstsein mit.

Um dem demografischen Wandel proaktiv zu begegnen, führte die BMW Group 2004 unter dem Titel »Heute für Morgen« ein umfassendes Programm ein. Im Fokus steht dabei der Erhalt von Gesundheit, Kompetenz und Leistungsfähigkeit der Mitarbeiter. Im Produktionsbereich ist es beispielsweise das Ziel, anstelle spezieller »Seniorenbänder« oder »Schonarbeitsplätze« ein Arbeitsumfeld zu schaffen, in dem junge Mitarbeiter gesund altern und ältere ihre Stärken gezielt einbringen können. Die BMW Group spricht daher von einer alternsgerechten, nicht von einer altersgerechten Fertigung.

2007 wurde im BMW Group Werk in Dingolfing das Pilotprojekt »Produktionssystem 2017« gestartet. An einem ausgewählten Montageband wurde die zu erwartende Altersstruktur der Belegschaft des Jahres 2017 simuliert. Alle Beteiligten arbeiteten schließlich mit großem Erfolg an einer Optimierung der Arbeitsplätze und Prozesse. »Heute für Morgen« hat im Lauf der Jahre für spürbare Verbesserungen gesorgt. Mit diesem Programm wird das Arbeitsumfeld seit mehr als zehn Jahren an allen Produktionsstandorten des Unternehmens systematisch verbessert. Grundlegend hierfür sind ergonomische Bewertungen des Arbeitsplatzes und darauf aufbauend Verbesserungen, neue Arbeitszeit- und Schichtmodelle sowie eine flächendeckende Einführung der Rotation, bei der Mitarbeiter mehrfach in einer Schicht ihre Arbeitsplätze wechseln.

Demographic change – or population ageing – is confronting industrial nations with a range of different challenges. The Bayerische Motoren Werke reflects developments in society at large in this regard. In 2004 the company initiated its 'Today for Tomorrow' programme, ensuring long-term support for employees of all ages by providing health-oriented working conditions.

The shift in age structure in the coming years is a predictable factor, as is the decreasing number of qualified specialists in certain areas of work. The BMW Group workforce will age significantly in the future. By 2020, for example, the average age of employees in Germany alone will increase to 46, while the proportion of staff aged over 50 will grow from approximately 25 per cent to 45 per cent. Scientific studies indicate that people's performance capacity does not necessarily decrease as they age. Older staff members have strengths to offer such as their experience, a high degree of loyalty and reliability and also a particularly high level of quality awareness. In order to tackle demographic change proactively, BMW Group initiated a comprehensive programme entitled 'Today for Tomorrow' in 2004. The focus here is on preserving employees' health, skills and performance capacity. In production, for example – rather than setting up special 'senior citizen assembly lines' or 'sheltered workplaces' – the aim is to create a working environment in which young employees can age in good health and older staff members can contribute their specific strengths. For this reason, the BMW Group describes its production as 'ageing-appropriate' rather than 'age-appropriate'.

In 2007 the pilot project 'Production System 2017' was initiated at the BMW plant in Dingolfing. The projected workforce age structure of the year 2017 was simulated on a selected assembly line. All those involved worked very successfully on optimizing workplaces and processes. Over the years, 'Today for Tomorrow' has brought about tangible improvements. The programme has been used to systematically enhance the working environment at all sites of the company for more than ten years. The approach is fundamentally based on ergonomic workplace assessments which are used to make improvements, establish new work scheduling and shift models and introduce rotation on a fully-fledged basis, so as to allow staff to change their workplace several times during a shift.

Ergonomische Schwenkmontage / Ergonomic swivel assembly, 2016

Zu Beginn des neuen Jahrtausends startete die Marke BMW in Form neuer Baureihen eine Produktoffensive: Die BMW 1er-Reihe, der Ausbau der BMW X-Modelle und der neue BMW 6er forderten zusätzliche Produktionskapazitäten. Die Bayerischen Motoren Werke fanden 2001 in Leipzig einen neuen Werksstandort und errichteten dort eine der modernsten und nachhaltigsten Automobilfabriken der Welt. Am 13. Mai 2005 konnte das Unternehmen das Werk Leipzig feierlich eröffnen.

Bei der Standortvergabe hatten sich über 250 europäische Städte für das neue Werk beworben. Entscheidend für die Wahl Leipzigs waren unter anderem die ideale Beschaffenheit des Werksgeländes mit einer sehr guten Infrastruktur und Verkehrsanbindung, die Verfügbarkeit von gut ausgebildeten Fachkräften sowie die Möglichkeit zur flexiblen Gestaltung der Arbeitszeitmodelle. Mit der »BMW Formel für Arbeit« und zahlreichen Arbeitszeitmodellen wurde es möglich, auf eine schwankende Marktnachfrage optimal zu reagieren. Heute rollen hier über 870 Fahrzeuge pro Tag vom Band, darunter der BMW 1er, das BMW 2er Coupé und Cabrio, das BMW M2 Coupé sowie der BMW 2er Active Tourer. Hinzu kommen der BMW i3 und i8 – die ersten Automobile weltweit mit einer Leichtbaukarosserie aus Karbon in einer Großserienfertigung. Hierzu hat die BMW Group das Werk Leipzig zwischen 2010 und 2013 zum Produktionszentrum für Elektromobilität ausgebaut. Insgesamt umfasst die Zahl der Stammbelegschaft heute über 4700 Mitarbeiter.

Unter dem Gesichtspunkt der Nachhaltigkeit versprachen die Grundstrukturen von Beginn an eine hochflexible und effiziente Nutzung. Architektonisches Herzstück ist das von Zaha Hadid entworfene Zentralgebäude, zugleich Kommunikationsdrehscheibe des Werkes. An dieses Zentralgebäude sind die Bereiche Karosseriebau, Lackiererei und Montage direkt angeschlossen. Auf lautlosen Förderbändern gleiten die Rohkarosserien direkt durch das Bürogebäude vom Karosseriebau zur Lackiererei und von dort weiter in die Montage – hoch über den Köpfen der Mitarbeiter. Auf diese Weise ist die Produktion für Mitarbeiter und Besucher gleichsam transparent und aus nächster Nähe erfahrbar.

At the start of the new millennium BMW brand launched a number of new series as part of a product initiative: the BMW 1 Series, additional BMW X models and the new BMW 6 Series required additional production capacity. Leipzig was selected as the location for a new plant in 2001, and construction work went ahead to build one of the most state-of-the-art and sustainable automobile factories in the world. The opening ceremony of BMW Group Plant Leipzig took place on 13 May 2005.

More than 250 European cities applied to host the new plant. Factors favouring Leipzig included an ideal physical site with excellent infrastructure and transport accessibility, the availability of well-trained specialists and the option to create flexible working time models. The 'BMW Labour Formula' and a wide range of work schedule models enabled the company to respond effectively to fluctuating market demand. Today the plant turns out more than 870 vehicles per day, including the BMW 1 Series, the BMW 2 Series Coupé and Convertible, the BMW M2 Coupé and the BMW 2 Series Active Tourer. The Leipzig facility also produces the BMW i3 and i8 – the first mass-production automobiles in the world with a lightweight body made of carbon fibre. For this purpose, expansion work was carried out at the plant from 2010 to 2013 to build a production centre specializing in electromobility. Today the plant's workforce numbers over 4,700.

From the point of view of sustainability, the facility's basic structures promised highly flexible and efficient use from the outset. Designed by Zaha Hadid the central building is the architectural core, acting as the plant's communication hub. It is directly linked to the body construction area, paintshop and assembly line. Raised high above employees' heads, the bodyshells run on silent conveyor belts directly through the office building from the body construction area to the paintshop and then onto the assembly line. This provides a transparent, first-hand experience of the production process for both employees and visitors.

BMW Group Werk Leipzig, Zentralgebäude /
BMW Group Plant Leipzig, central building, 2015

BMW Group Werk Leipzig, Architekturskizze von Zaha Hadid, um 2001 / BMW Group Plant Leipzig, architectural drawing by Zaha Hadid, c. 2001

Mit der Strategie Number ONE stellten die Bayerischen Motoren Werke im Herbst 2007 die Weichen für eine erfolgreiche Zukunft. Die Zielsetzung reicht aktuell bis in das Jahr 2020, und das Zukunftsbild ist klar definiert: BMW Group ist der führende Anbieter von Premium-produkten und -dienstleistungen für individuelle Mobilität. Ein eigens entwickeltes Strategie-gebäude beschreibt das Zukunftsbild und die Ziele. Die Basis des Gebäudes bilden Grund-überzeugungen, welche die Kultur des Unter-nehmens und die Führungsprinzipien aufzeigen.

Bayerische Motoren Werke established its Strategy Number ONE in autumn 2007 to set course for a successful future. The current goal horizon is the year 2020 and the vision of the future is clearly defined: the BMW Group is to be the leading supplier of premium products and premium services for individual mobility. The future vision and goals are modelled in a specially developed strategy 'building'. The foundation of the building consists of funda-mental beliefs that reflect the company's culture and management principles.

BMW hat frühzeitig erkannt, dass sich die Welt mit hoher Geschwindigkeit verändert. So erfordert der Wertewandel in der Gesellschaft unter anderem neue Mobilitätslösungen. Mit der Strategie Number ONE richtet sich das Unternehmen in einem veränderten Umfeld auf Profitabilität und langfristige Wertsteige-rung aus. Dabei stehen die Premiumsegmente der internationalen Automobilmärkte und der Kunde im Mittelpunkt aller Überlegungen. »Number ONE« drückt den Führungsanspruch der BMW Group im Premium-segment aus, und »ONE« als Akronym steht entspre-chend für »Opportunities, New Efficiency« – also für Chancen und Neue Effizienz. Das Zukunftsbild, der führende Anbieter von Premiumprodukten zu sein, ist mit konkreten Zielen hinterlegt und wird laufend an-geglichen. Um sich auch in Zukunft vom Wettbewerb zu unterscheiden, wird die BMW Group ihren Ruf als nachhaltigster Automobilhersteller der Welt ausbauen. Wachstum, Zukunft gestalten, Profitabilität und Zu-gang zu Technologien und Kunden sind die vier Säulen, auf die das Unternehmen setzt. Die Ausrichtung und Zielsetzung des Unternehmens basieren letzten Endes auf unumstößlichen Grundüberzeugungen, welche die interne Zusammenarbeit im Konzern beschreiben. Sie stehen in engem Zusammenhang mit den Führungs-leitsätzen der BMW Group. Kundenorientierung, Ver-antwortung und Vorbildfunktion sowie Nachhaltigkeit sind hier die entscheidenden Begriffe.

Die Strategie begreift sich nicht als ein starres Konstrukt, sondern als Leitplanken für unternehme-risches Denken und Handeln, die stets überprüft und gegebenenfalls angepasst werden müssen.

BMW became aware early on that the world was changing fast. Among other things, the shift in values in society required new mobility solutions. The com-pany's Strategy Number ONE is geared towards main-taining profitability and a long-term increase in value in this changing social environment. Everything is fo-cused on the premium segments of the international automotive markets, placing the customer at the cen-tre of all endeavours. 'Number ONE' expresses the BMW Group's leadership aspirations within the pre-mium segment, while 'ONE' is an acronym for 'Oppor-tunities, New Efficiency'. The future vision of being the leading provider of premium products is linked to con-crete targets and is adapted on an ongoing basis. In order to continue to set itself apart from the competi-tion in the future, the BMW Group will build on its rep-utation as the most sustainable automobile manufac-turer in the world. Growth, the capacity to shape the future, profitability and ensuring access to technolo-gies and customers – these are the four pillars to which the company attaches key importance. Ulti-mately, the company's orientation and objectives are based on fundamental convictions regarding internal collaboration, which are closely linked to the BMW Group management principles. The key notions here are customer orientation, responsibility, a role model function and sustainability.

The strategy is not seen as being set in concrete, however: it provides a guideline for entrepreneurial thought and action that requires constant review and can be adjusted as necessary.

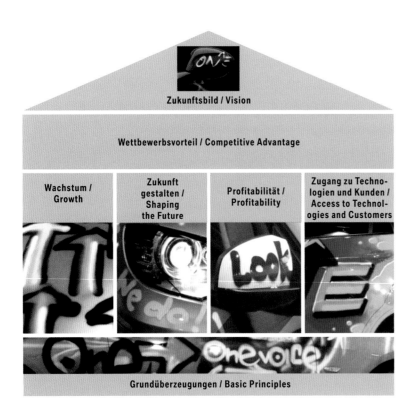

Zukunftsbild / Vision

Wettbewerbsvorteil / Competitive Advantage

Wachstum / Growth

Zukunft gestalten / Shaping the Future

Profitabilität / Profitability

Zugang zu Techno-logien und Kunden / Access to Technol-ogies and Customers

Grundüberzeugungen / Basic Principles

Die Strategie NUMBER ONE > NEXT

Die BMW Group ist 2016 in die nächsten 100 Jahre gestartet. Nun geht es darum, in einer sich schnell ändernden Welt die Weichen für eine erfolgreiche Zukunft zu stellen. Mit der Strategie NUMBER ONE > NEXT ist das Unternehmen auf die Transformation individueller Bedürfnisse vorbereitet und blickt nun bis ins Jahr 2020 und darüber hinaus bis 2025.

Die Strategie NUMBER ONE > NEXT setzt den Handlungsrahmen, die Mobilität der Zukunft zu gestalten und nachhaltig zu prägen. Sie verbindet Begeisterung, Verantwortung und Erfolg durch das Angebot emotionaler Produkte und attraktiver Services, die einzigartige Kundenerlebnisse liefern. Im Mittelpunkt unseres Handelns steht der Mensch mit seiner Umwelt – wir antizipieren seine Wünsche und setzten diese aktiv in innovative Lösungen um. Wir verstehen den Wandel unserer Branche als Chance und nutzen unsere Technologieführerschaft sowie die zunehmende Digitalisierung, um diese Lösungen zu realisieren. Wir vernetzen Menschen, Fahrzeuge und Services; somit werden wir auch die Weiterentwicklung der nachhaltigen Mobilität sicherstellen. Die Strategie hat sechs Stoßrichtungen: Marken und Design, Produkte, Technologien, Customer Experience & Services, Digitalisierung und Profitabilität. Alle Aktivitäten der BMW Group und ihrer Marken sind weiterhin auf Premiumsegmente ausgerichtet. In der Transformation der Branche werden wir ergebnisorientiert die Balance zwischen operativer Exzellenz und neuen Wegen bzw. Zukunftsthemen realisieren.

Wir sind ein aktiver Teil der Gesellschaft: Wir übernehmen gesellschaftliche Verantwortung und bewirken Positives. Für die Umsetzung der Strategie ist eine Unternehmenskultur unverzichtbar, die diese Weiterentwicklung mitträgt und lebt. Um für die künftigen Herausforderungen gerüstet zu sein, wurden die bisherigen Grundüberzeugungen neu betrachtet. Mit der Strategie NUMBER ONE > NEXT wurden fünf Werte definiert: Verantwortung, Wertschätzung, Transparenz, Vertrauen und Offenheit. Diese Werte sind das Fundament für die Umsetzung von NUMBER ONE > NEXT.

Strategy NUMBER ONE > NEXT

In 2016 the BMW Group launched into the next 100 years of its development. It will now focus on establishing its course for a successful future in a fast-changing world. With its Strategy NUMBER ONE > NEXT, the company is well prepared to address the transformation of individual needs as it looks ahead to 2020, and beyond to 2025.

Strategy NUMBER ONE > NEXT sets out an operational framework by which to shape and define the mobility of the future on a lasting basis. It combines fascination, responsibility and success by offering emotional products and attractive services that aim to ensure a unique customer experience. Our actions are centred on individual human beings and their environment – we anticipate their needs and address these proactively by providing innovative solutions. We regard the changes in our industry as an opportunity as we draw on our technological leadership and increasing digitization to put our solutions into practice. We interconnect people, vehicles and services, thereby securing the advancement of sustainable mobility. The strategy has six focus areas: brands and design, products, technologies, customer experience and services, digitization and profitability. All activities pursued by the BMW Group and its brands continue to be geared towards premium segments. As the industry undergoes transformation, we aim to strike a balance between operative excellence and new avenues of endeavour or future themes – always driven by results.

We are an active force in society: we take on social responsibility and we have a positive impact.

In order to implement our strategy, it is imperative for us to foster a corporate culture that supports and embraces this advancement. We have re-examined our underlying beliefs in order to be well equipped to meet the challenges of the future. Strategy NUMBER ONE > NEXT defines five values: responsibility, appreciation, transparency, trust and openness. These values provide the foundation for implementing NUMBER ONE > NEXT.

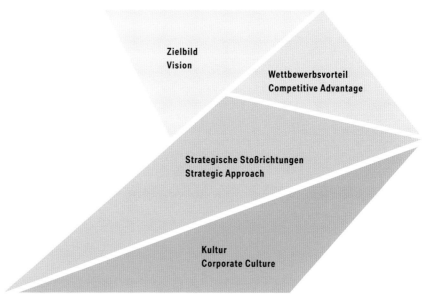

Zielbild
Vision

Wettbewerbsvorteil
Competitive Advantage

Strategische Stoßrichtungen
Strategic Approach

Kultur
Corporate Culture

BMW EfficientDynamics ist das Streben nach dem perfekten Fahrzeugantrieb: auf der einen Seite sportlich-dynamisch, auf der anderen hocheffizient und verantwortungsbewusst. Das langfristige Ziel der BMW Group ist eine vollständig emissionsfreie Mobilität. BMW EfficientDynamics und »Freude am Fahren« schließen sich nicht gegenseitig aus, sondern ergänzen einander.

Das seit 2007 bestehende Technologiepaket BMW EfficientDynamics, das alle relevanten Komponenten des Fahrzeugs betrifft – wie zum Beispiel Antrieb, Energiemanagement sowie Aerodynamik – ist heute in jedem BMW-Fahrzeug serienmäßig verfügbar. Nicht eine einzelne Technologie ist verantwortlich dafür, dass die BMW Group bis heute den Kraftstoffverbrauch stärker reduziert hat als alle anderen Hersteller. Die Summe vieler einzelner Ideen und Maßnahmen führt zusammen zum Erfolg.

EfficientDynamics steht für Verbesserungen und Innovationen im Bereich neuer Fahrzeugkonzepte.

Neben hocheffizienten Automobilen mit weiterentwickelten Verbrennungsmotoren bietet die BMW Group heute rein elektrisch angetriebene Fahrzeuge für den Alltagsverkehr in Metropolen sowie dynamische Plug-in-Hybrid-Modelle. Diese können lokal emissionsfrei in der Stadt fahren und sind gleichzeitig volltauglich für die Langstrecke geeignet.

Die individuelle Mobilität und ihre Industrialisierung befinden sich in einem technologischen Umbruch. Das Automobil und seine Technologien werden sich in den nächsten zehn Jahren stärker verändern als in den letzten 50 Jahren. Das ist eine Herausforderung, für die sich das Unternehmen gut aufgestellt hat. Die BMW Group denkt langfristig auch an Wasserstoff-Brennstoffzellenfahrzeuge, die typischerweise auf Reisen und Langstreckenfahrten ausgelegt sind. Das Unternehmen gestaltet die Zukunft nicht um eine einzige Technologie, sondern sieht mit EfficientDynamics mehrere Technologien nebeneinander. Eines wird alle diese Lösungen verbinden: Freude am Fahren.

BMW EfficientDynamics is the aspiration to achieve the perfect vehicle drive form: sporty and dynamic on the one hand but at the same time highly efficient and responsible. The BMW Group's long-term goal is to achieve entirely emissions-free mobility. BMW EfficientDynamics and 'Sheer Driving Pleasure' are not mutually exclusive but in fact complement each other.

The technology package BMW EfficientDynamics was introduced in 2007 and comprises all the relevant components of a vehicle such as the engine, the energy management system and aerodynamics: it now comes as standard in every BMW model. The fact that the BMW Group has achieved a greater reduction in fuel consumption than any other manufacturer is not due to a single technology: it is the sum total of a whole range of ideas and measures that is responsible for this success.

And EfficientDynamics is not simply about improving existing concepts: it also introduces innovations and new vehicle concepts. In addition to highly efficient automobiles with sophisticated combustion engines, the BMW Group now offers purely electrically powered vehicles for everyday traffic in cities as well as dynamic plug-in hybrid models. The latter can drive with zero local emissions in the city but are also fully suitable for covering long distances.

Individual mobility and its industrialization are currently undergoing a technological upheaval. The automobile and its technologies will change more in the next ten years than in the last 50. This is a challenge the company is well placed to tackle. In the long term the BMW Group also envisions hydrogen fuel cell vehicles which are typically designed for long-distance travel. The company is involved in shaping the future not with a single technology but based on Efficient-Dynamics, in other words using a range of technologies. And there is one thing that these solutions will all have in common: Sheer Driving Pleasure.

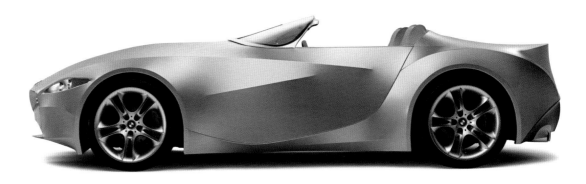

Als das BMW Museum im Mai 2008 wiedereröffnet wurde, präsentierten sich dort die bekanntesten Konzeptfahrzeuge der Marke. Die interne Designstudie BMW GINA Light Vision, die hier erstmals der Öffentlichkeit gezeigt wurde, bildete den krönenden Abschluss dieser Sonderschau. Sie zeigte eine Vision des Designs und der automobilen Zukunft und sprengte die Grenzen heutiger Materialien und Fertigungsprozesse. Dabei reduzierte sie alle Form und Funktion auf das Wesentliche und passte sich den Bedürfnissen und Wünschen des Fahrers an.

Genauer betrachtet, handelt es sich weniger um ein Konzeptfahrzeug als vielmehr um ein Forschungsobjekt. GINA ist ein Akronym und steht für »Geometrie und Funktionen in N-facher – also mannigfacher – Ausprägung«. Was das konkret bedeutet, verrät der Wagen nicht auf den ersten Blick: Es handelt sich um einen zweisitzigen, kompakten Roadster, dessen Oberflächen fugenlos ineinander übergehen. Das Äußere beeindruckt mit sanft geformten, hellsilber glänzenden Flächen, Details fallen kaum ins Gewicht. Den darunterliegenden Kern jedoch bildet eine Konstruktion aus Metallstreben, ein stabiler Spaceframe, der Teile seines Skeletts mit Hilfe von elektrischen und elektropneumatischen Aktoren ausfahren und damit je nach An-

forderung seine Gesamtkontur verändern kann. Die Außenhaut, die sich über diese variable Konstruktion spannt, besteht aus einem wasserfesten, dehnbaren Gewebe. Dank der Elastizität des Deckmaterials bleibt die Oberfläche immer straff gespannt. Verändert die Unterkonstruktion per Knopfdruck ihre Struktur, folgt die Außenhaut der inneren Formveränderung. So kann sich der Spoiler am Heck je nach aerodynamischer Lage unmerklich heben oder senken. Auch die Seitenschweller agieren nach diesem Prinzip, und selbst die Seitentüren öffnen sich ohne sichtbare Scharniere. Einzelelemente wie die Frontscheinwerfer bleiben im Tagbetrieb unter der Außenhaut verborgen, erst im Dunkeln geben elektrische Stellmotoren die Lichter frei. Nach dem gleichen Prinzip wird der Motorraum zugänglich. Die hinteren Leuchten befinden sich – bei Tageslicht unsichtbar – permanent unter dem Gewebe, das aber hier lichtdurchlässig ist und in der Nacht die Rückleuchten rot durchscheinen lässt. Ähnlich flexibel gibt sich der Innenraum: Sitze und Lenkrad bieten in Ruheposition genug Platz zum Ein- und Aussteigen. Erst mit Betätigen des Startknopfs fährt die Kopfstütze aus, bewegt sich das Lenkrad mitsamt den Instrumenten dem Fahrer zu, ohne dass die ästhetische Gesamtwirkung und Geschlossenheit des Interieurs gestört wird. Kein Zweifel: Das Gesamtkonzept GINA von 2008 lässt faszinierende Perspektiven im Automobilbau erahnen.

When the BMW Museum was reopened in May 2008, an exhibition was dedicated to the best-known concept vehicles. The internal design study BMW GINA Light Vision was displayed publicly here for the first time as the crowning conclusion to this special presentation. It was a vision of the automobile of the future, going far beyond the limits of present-day materials and production processes. The aim was to reduce all form and function to the essentials so as to adapt to the driver's needs and preferences.

On closer inspection this car is in fact more a research object than a concept vehicle. GINA is an acronym for 'Geometry and Functions in N Adaptations'. The automobile does not instantly reveal what this means: it initially appears to be a compact, two-seater roadster with seamlessly interconnected surfaces. The outer shell consists of gently curved areas in bright silver with barely noticeable details. However, the core beneath this exterior consists of a metal brace structure – a stable spaceframe – which is capable of extending parts of its skeleton by means of electric and electro-pneumatic actuators so as to modify the car's overall contours according to needs. The outer skin stretched over this variable construction is an elastic, waterproof fabric. The surface remains taut at all times due to the elasticity of the material. When the substructure is

altered at the press of a button, the shape of the outer shell follows the changes made on the inside. The rear spoiler can be lifted or dropped depending on aerodynamic conditions, for example. The side sills also follow this principle, and even the side doors open without visible hinges. Specific elements such as the headlamps remain hidden under the outer shell during the daytime, the lights being activated by electric actuators when darkness falls. Access to the engine compartment is based on the same principle. The rear light clusters – invisible during daylight – remain permanently underneath the fabric, but the latter is translucent in this area, allowing the red light to shine through at night. The interior is similarly flexible. The seats and steering wheel allow sufficient space for entry and exit in standby position, but when the start button is pressed, the headrests extend and the steering wheel and instruments move towards the driver without disrupting the overall aesthetic coherence of the interior. The GINA concept of 2008 clearly provides a fascinating glimpse of what is possible in automotive design.

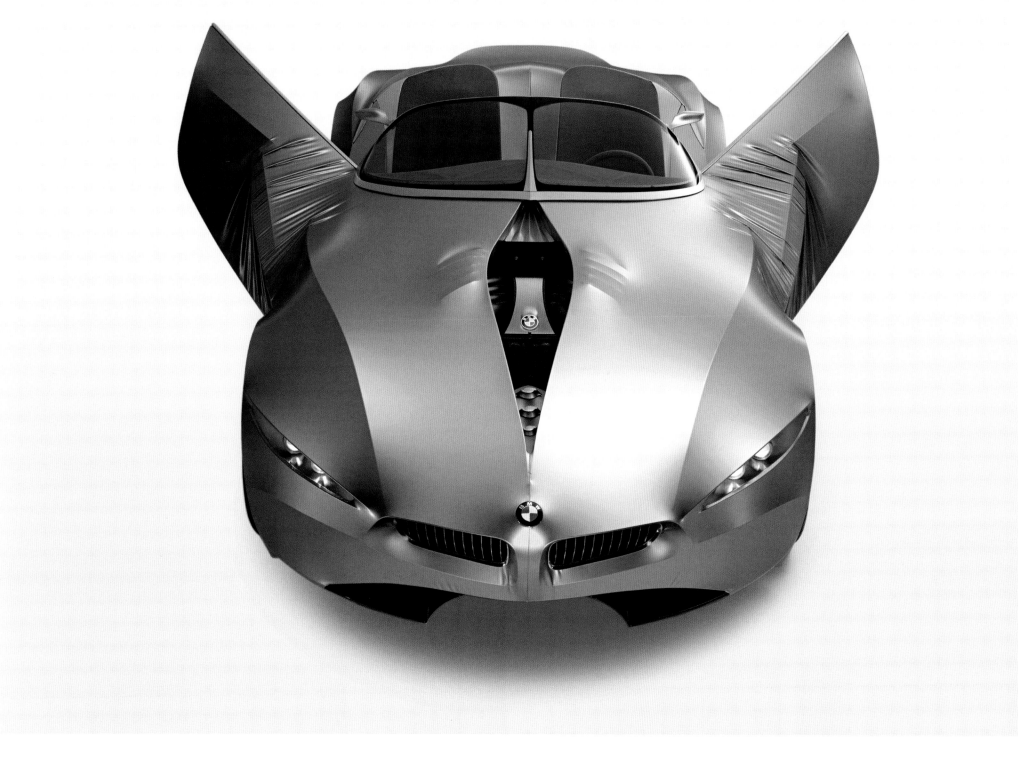

BMW GINA Light Vision, Designzeichnungen von Anders Warming / design drawings by Anders Warming, 2001

Mit der BMW S 1000 RR feierte 2008 erstmals ein innovativer Supersportler der Marke BMW Motorrad seine Weltpremiere. Mit einer Motorleistung von knapp 200 PS in Kombination mit geringem Gewicht sowie ausgeklügelten elektronischen Regelsystemen setzte dieses Modell Maßstäbe in der Geschichte straßenzugelassener Supersport-Motorräder. Mit der Entwicklung der »RR« betrat BMW Motorrad Neuland und war auf Anhieb erfolgreich: Die S 1000 RR lag bei allen Vergleichstests vorne und setzte sich an die Spitze der Verkaufscharts der Supersportler.

Nach vier Jahren Entwicklungszeit war die BMW S 1000 RR im Jahr 2008 auf der Intermot in Köln vorgestellt worden. Gleichzeitig hatte BMW angekündigt, in die Weltmeisterschaft der Superbikes – der absoluten Hochleistungsmotorräder – einzusteigen.

Herzstück der Maschine ist ein 1000 ccm großer, wassergekühlter Vierzylinder-Reihenmotor, eine komplette Neukonstruktion, die mit 193 PS zu den leistungsstärksten Antriebsaggregaten im Wettbewerb zählt. Der Motor verfügt über einen extrem drehzahlfesten Ventiltrieb und eine elektronische Kraftstoffeinspritzung. Er besteht aus dem bewährten Prinzip eines Reihenmotors mit Aluminiumbrückenrahmen, darüber hinaus bietet er eine kompakte Gesamtkonzeption mit innovativer Hochleistungstechnik und unvergleichlicher Fahrdynamik. Nie zuvor ist ein BMW-Motorrad in Konzeption und Konstruktion kompromissloser auf supersportliche Einsatzzwecke ausgelegt worden. Mit 206,5 Kilogramm – fahrfertig und vollgetankt – ist die BMW S 1000 RR der mit Abstand leichteste Supersportler in dieser Klasse. Für mehr aktive Fahrsicherheit beim Beschleunigen sorgen ein speziell entwickeltes Race ABS und eine elektronisch geregelte Traktionskontrolle. Für unterschiedliche Einsätze wie nasse Fahrbahnen oder diverse Rennstrecken werden individuell wählbare Motor- und Fahrwerkseinstellungen, die sogenannten Fahrmodi, angeboten. Der Supersportler weist die BMW-typischen Eigenschaften der Langlebigkeit und Fertigungsqualität auf und bietet dank einer modernen Abgasreinigung mit zwei geregelten Dreiwegekatalysatoren die bestmögliche Umweltverträglichkeit. Außerdem kennzeichnen die S 1000 RR eine ausgefeilte Ergonomie und Gesamtabmessung, welche die Frontsilhouette der Maschine extrem schlank und gleichzeitig als »typische BMW« erscheinen lassen.

The BMW S 1000 RR is an innovative supersports bike that saw its premiere in 2008: it was the first of its kind to be made by BMW Motorrad. With an engine output of just under 200 hp combined with a low weight and sophisticated electronic control systems, the model set a new milestone in the history of street-legal supersports motorcycles. BMW Motorrad entered new territory with the development of the 'RR' and was successful right away: the S 1000 RR beat the competition on all comparative tests and went straight to the top of the sales charts for supersports bikes.

The BMW S 1000 RR was presented at Intermot in Cologne in 2008 after four years of development. At the same time BMW had announced that it would be competing in the Superbike World Championship, the class for absolute high-performance motorcycles.

The heart of the machine is a 1000 cc watercooled 4-cylinder in-line engine with an output of 193 hp, making it one of the most powerful engines within its competitive class. It has an extremely speed-resistant valve drive and electronic fuel injection, embodying the well-established principle of an in-line engine with aluminium bridge frame. It is characterized by its compact design offering innovative high-performance technology and unparalleled riding dynamics. Never before has a BMW motorcycle been so uncompromisingly geared towards supersports racing in its conception and design. At a weight of 206.5 kilograms – road-ready and fully fuelled – the BMW S 1000 RR is by far the lightest supersports bike in this class. Specially developed Race ABS and electronically regulated traction control ensure a higher level of active riding safety when accelerating. Individually selectable engine and suspension settings, the so-called ride modes, are available for riding on wet roads or diverse racing tracks. The supersports bike features typical BMW qualities such as longevity and high-grade workmanship. Thanks to modern emission control using two closed-loop catalytic converters, the machine also offers excellent environmental compatibility. In addition the S 1000 RR is characterized by its sophisticated ergonomics and overall dimensions, making the bike's front silhouette extremely slender, yet also immediately recognizable as a 'typical BMW bike'.

Werbeplakat / Advertising poster, 2009

Der BMW Vision EfficientDynamics ist ein Konzeptfahrzeug, das der gleichnamigen Entwicklungsstrategie BMW EfficientDynamics Gestalt gibt. Das Fahrzeug verbindet Nachhaltigkeit und die Reduktion von Verbrauchs- und Emissionswerten mit der BMW-typischen Freude am Fahren. Der als Plug-in-Hybrid konzipierte Viersitzer wurde 2009 auf der Internationalen Automobilausstellung in Frankfurt erstmals vorgestellt und gab entscheidende Impulse bei der Konzeption des späteren BMW i8.

Für den Antrieb des Konzeptfahrzeugs sorgt ein besonders verbrauchsarmer Dreizylinder-Turbodiesel, der die Batterien während der Fahrt auflädt. Je ein Elektromotor treibt die Vorder- und Hinterachse an. Durch die intelligent miteinander verknüpfte Kraft aus drei Motoren und ein präzise gesteuertes Energiemanagement werden Dynamik und Effizienz gesteigert und gleichzeitig die Verbrauchs- und CO$_2$-Werte extrem reduziert. So bietet der Wagen eine Maximalleistung von 356 PS, einen Sprint von 0 auf 100 km/h in 4,8 Sekunden und eine Höchstgeschwindigkeit von 250 km/h. Der Verbrauch hingegen liegt bei nur 3,76 Litern.

Das zentrale Leitmotiv der Gestaltung ist die von BMW Design entwickelte Layering-Technik. Bei diesem Prinzip werden Flächen derart geschichtet, dass dadurch einzelne Bauteile reduziert werden können – ein Schritt, der zu einer erheblichen Gewichtsreduktion führt. Auch werden die entstehenden Fugenverläufe zwischen den einzelnen Teilen so geformt, dass sie zusätzliche Funktionen, wie etwa Luftausströmer, integrieren. Viele Fahrzeugkomponenten der Karosserie werden zudem sichtbar dargestellt und unterstreichen damit nicht nur den transparenten Gesamtcharakter des Fahrzeugs, sondern bringen auch dessen Leichtbaukonzept zum Ausdruck. Chassis und Fahrwerk sind aus Aluminium und Kunststoff gefertigt, Dach und Außenhaut der Seitentüren bestehen beinah vollständig aus einem Polycarbonat-Glas. Mit der Höhe von nur 1,24 Metern und einer bogenförmig geschwungenen Dachlinie interpretiert der BMW Vision EfficientDynamics die schlanke Silhouette eines klassischen Gran Turismo. Die großen Türen, deren Drehgelenke am vorderen Dachholm angesetzt sind, öffnen flügelartig nach oben. Sie bieten in dieser Stellung nicht nur eine faszinierende Optik, sondern auch einen bequemen Einstieg zu allen Sitzen. Im Inneren herrscht eine leichte Atmosphäre, ausgelöst durch helle Farben und natürliche Materialien, die aufgrund ihrer hohen Qualität und mit dem Anspruch an Nachhaltigkeit ausgewählt sind.

The BMW Vision EfficientDynamics is a concept vehicle that embodies the development strategy of the same name, BMW EfficientDynamics. The vehicle combines sustainability and the reduction of fuel consumption and emission levels with the sheer driving pleasure that is typical of BMW. Designed as a plug-in hybrid 4-seater, it was showcased at the Frankfurt Motor Show in 2009 and provided key stimuli for the conception of the BMW i8.

This concept car is powered by a highly fuel-efficient 3-cylinder turbodiesel which charges the batteries during travel. Each axle is powered by its own electric motor. Intelligent combination of these three power sources with a precisely controlled system of energy management allows dynamic performance and efficiency to be increased while also bringing about an extreme reduction in CO$_2$ levels. The result is maximum output of 356 hp, acceleration from 0 to 100 km/h in 4.8 seconds and a top speed of 250 km/h, while fuel consumption is only 3.76 litres.

The central design leitmotif is the layering technique developed by the BMW design department. This involves a layering of surfaces such that certain components can be reduced in size – resulting in a considerable reduction in weight. What is more, the gaps between individual parts are shaped so as to incorporate additional functions such as air outlets. Many otherwise hidden body components are now visible, emphasizing not only the vehicle's overall transparency but also its lightweight construction concept. The chassis and suspension are made of aluminium and plastic, while the roof and the side door outer shell consist almost entirely of polycarbonate glass. With a height of just 1.24 metres and an arc-shaped roof line, the BMW Vision EfficientDynamics interprets the slim silhouette of a classic Gran Turismo. The large doors have swivel joints at the front roof pillars and open upwards like wings. This configuration not only makes for a fascinating appearance but also provides convenient access to all seats. On the inside there is an atmosphere of lightness created by bright colours and natural materials selected for their high quality and based on sustainability requirements.

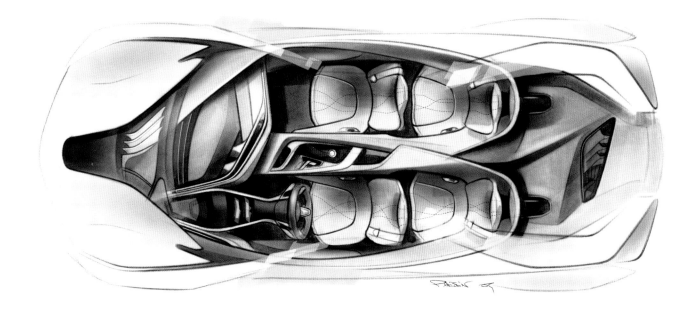

BMW Vision EfficientDynamics, Designzeichnung von Jochen Paesen / design drawing by Jochen Paesen, 2009

»BMW Vision ConnectedDrive«, 2011 auf dem Genfer Automobilsalon erstmals vorgestellt, ist eine skulpturale Studie, die den zukunftsweisenden Ideen und Technologien von BMW ConnectedDrive, einem forschungsgetriebenen Entwicklungspaket, Gestalt gibt. Dabei steht die intelligente Vernetzung von Fahrer, Fahrzeug und Außenwelt im Mittelpunkt der Forschung. Die Studie verdeutlicht, dass das Auto der Zukunft ein nahtlos integrierter und damit selbstverständlicher Teil unserer vernetzten Welt sein wird und dabei doch hoch emotional ansprechen kann.

Mit Absicht wurde für diese Studie ein offener Roadster gewählt, gilt dieser Fahrzeugtyp doch als die emotionalste Verbindung von Fahrer, Straße und Umwelt. Innovative Technologien, zusammengefasst im Paket BMW ConnectedDrive, machen das Fahrerlebnis entspannter, angenehmer und sicherer. Vor allem das Interieur zeigt, in welchem Maß das Fahrzeug und seine Funktionen für die Bedürfnisse des Fahrers und seines Beifahrers konzipiert wurden. Lichtleiter umfassen unterschiedliche Layer und Schalen und gliedern so den Innenraum symbolisch nach Themengebieten: So ist der Platz des Fahrers klar ausgerichtet auf Fahrvergnügen und Fahrsicherheit. Der Beifahrer jedoch kann den Fahrer in Teilen unterstützen, etwa bei der Wahl des Entertainments oder der Zielsuche. Dafür steht ihm die direkte Bedienung über die mit Smart Material überzogene Instrumententafel zur Verfügung. Smart Material bedeutet, dass Funktionen wie sensitive Touchflächen in das Material selbst integriert sind. Außerdem kann sich der Beifahrer wie gewohnt ganz auf seinen Komfort ausrichten. Über die Insassen hinaus kommuniziert das Fahrzeug auch selbstständig mit seiner Umwelt, etwa um Informationen zu Sicherheit und Reisekomfort zu verarbeiten und auszutauschen. Das BMW Vision ConnectedDrive zeigt, wie selbstverständlich sich das Fahrzeug der Zukunft in einer digitalen Welt zurechtfindet und wie emotional und begehrlich es dabei bleiben wird, da die Freude am Fahren nicht gemindert, sondern dank klarer Visionen noch verstärkt werden kann.

'BMW Vision ConnectedDrive' premiered at the Geneva Motor Show in 2011 is a sculptural study that gives concrete form to the future-oriented ideas and technologies of the research-driven development package BMW ConnectedDrive. The main focus of this research is the intelligent interconnection of the driver, the automobile and the outside world. The study clearly illustrates how cars of the future will form a seamlessly integrated, self-evident part of our networked world with the potential to be highly emotionally appealing.

The deliberate choice for this study was an open-top roadster since this vehicle type represents the most emotional connection between driver, road and environment. Clustered in the 'BMW ConnectedDrive' package, innovative technologies make the driving experience more relaxed, pleasant and safe. The interior in particular shows to what extent the vehicle and its functions were designed to cater to the needs of the driver and front passenger. Fibre-optic strands outline the various layers and shells, symbolically structuring the interior according to themes, with the driver's seat entirely geared towards driving pleasure and safety. The front passenger can support the driver in certain ways – such as in the choice of entertainment and when searching for destinations, for example. The dashboard is covered in smart fabric for this purpose, allowing direct control: this means that functions are integrated into the material itself by means of sensitive touch areas. The front passenger also has access to the full range of comfort settings as usual. In addition to communicating with vehicle occupants, the car is also in automatic contact with its environment, processing and exchanging information relating to safety and travel comfort, for example. The BMW Vision ConnectedDrive shows how naturally cars of the future will be integrated into a digital world and how emotional and desirable they will remain: far from diminishing the sensation of 'sheer driving pleasure', the latter will in fact be intensified as a result of visionary developments based on a clear vision.

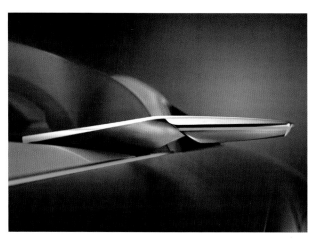

BMW Vision ConnectedDrive, Designzeichnung von Juliane Blasi (Exterieur) und Robert Hlinovsky (Interieur) / BMW Vision ConnectedDrive, design drawing by Juliane Blasi (exterior) and Robert Hlinovsky (interior), 2010

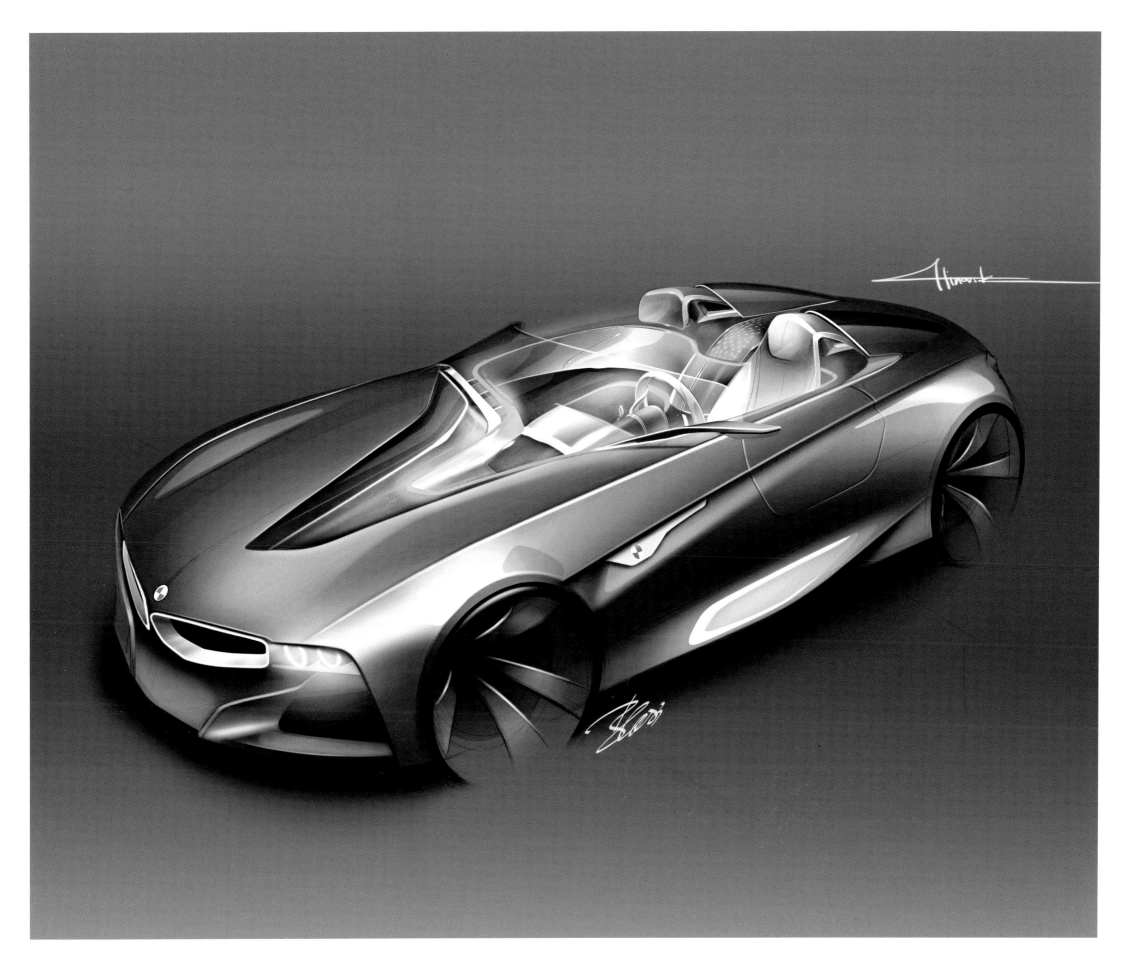

Die berühmteste und härteste Marathonrallye der Welt ist unbestritten die Rallye Dakar, die seit 1979 ausgetragen wird. 2012 konnte ein speziell auf diese Strecke abgestimmter MINI ALL4 Racing das Rennen gewinnen. Damit aber war die Sensation noch nicht perfekt: Auch in den folgenden drei Jahren erzielten MINI-Rennwagen jeweils den Gesamtsieg und belegten weitere vorderste Plätze. Mit diesem Engagement schrieb die Marke MINI Motorsportgeschichte.

Fulminante Erfolge in Serie sind der Marke nicht unbekannt: Schon der klassische Mini konnte 1964, 1965 und 1967 die prestigeträchtige Rallye Monte Carlo gewinnen. Nach langer Pause kehrte MINI erst 2011 in den Rallyesport zurück. Als höchste Herausforderung gilt in dieser Disziplin die Rallye Dakar. Aufgrund der unsicheren politischen Verhältnisse wird dieses härteste Offroad-Rennen der Welt seit 2009 nicht mehr auf dem afrikanischen Kontinent ausgetragen, sondern in Südamerika. Die neue, jedes Jahr variierende Strecke umfasst etwa 8600 bis über 9000 Kilometer. Sie führt über Schotterpisten, durch extrem trockene und heiße Wüsten, über gewaltige Dünen und schneebedeckte, kurvige Gebirgsstraßen in den Anden auf 4500 Metern Höhe und passiert dabei die Grenzen mehrerer Staaten des Subkontinents. Die »Dakar« verlangt Mensch und Maschine alles ab. Für den Erfolg sind vier Faktoren ausschlaggebend: Neben dem Fahrzeug und Betreuerteam sind es Fahrer und Beifahrer gleichermaßen, die stets hochkonzentriert sein müssen.

So gelang es Stéphane Peterhansel und seinem Copiloten Jean-Paul Cottret 2012, einen MINI ALL4 Racing, der auf Basis eines MINI John Cooper Works Countryman entwickelt worden war, als Ersten durchs Ziel zu bringen. Auch 2013 konnten die beiden den Triumph aus dem Vorjahr wiederholen. Mit einer Gesamtzeit von 38:32:39 Stunden lagen sie beim Zieleinlauf in Santiago de Chile um 42 Minuten vor dem Zweitplatzierten. Damit nicht genug: 2014 standen mit Nani Roma und Michel Périn erneut die Fahrer eines MINI auf den Siegertreppchen. Nasser Al-Attiyah und Mathieu Baumel konnten den Erfolg 2015 wiederholen. Die vier bisherigen Siege in Folge gehen vor allem auf das Konto des X-raid-Teams. Dieser Rennstall ist Partner der Marke MINI im Motorsport und hat seinen Sitz im hessischen Trebur.

The most famous and toughest marathon rally in the world is without doubt the Dakar Rally, which was first held in 1979. It was won by a specially adapted MINI ALL4 Racing in 2012. But the real sensation was yet to come: in the three years after this, MINI racing cars won outright and were placed among the leaders every time. It was a feat that saw the MINI brand make motor racing history.

The brand was no stranger to dazzling success in series: the classic Mini won the prestigious Monte Carlo Rally in 1964, 1965 and 1967. It was not until 2011 that MINI returned to rally racing after a lengthy break. The Dakar Rally is regarded as the toughest challenge of all in this discipline. Africa is no longer the venue of the world's most demanding off-road race due to political instability: it has been held in South America since 2009. The route varies every year and covers anything from approximately 8,600 to 9,000 kilometres. It includes gravel tracks, extremely dry and hot deserts, huge dunes and winding, snow-covered mountain passes in the Andes at altitudes of 4,500 metres, crossing the borders of several of the subcontinent's nations. The 'Dakar' demands everything of man and machine. Four factors are crucial to success: apart from the car and the support team, the driver and co-driver have to be equally focused at all times.

In 2012, Stéphane Peterhansel and his co-driver Jean-Paul Cottret were first to cross the finishing line in a MINI ALL4 Racing developed on the basis of a MINI John Cooper Works Countryman. The two men repeated their triumph in 2013. With a total time of 38:32:39 hours, they reached the finish in Santiago de Chile 42 minutes ahead of the runner-up. And that was not all: MINI drivers Nani Roma and Michel Périn made it onto the winners' podium once again in 2014, with Nasser Al-Attiyah and Mathieu Baumel replicating this success in 2015. The four successive victories to date were largely the work of the X-raid team, the MINI brand's motor racing partner based in Trebur in Hessen.

Stéphane Peterhansel im / in the MINI ALL4 Racing, 2012

BMW Team nach dem Sieg am Nürburgring, BMW team after winning at Nürburgring, 2012

Nach fast 20 Jahren Pause kehrte die Marke BMW 2012 in die Deutsche Tourenwagen Meisterschaft zurück und schickte drei Teams mit sechs Fahrern ins Rennen. Die Rennsaison 2012 sollte eine der erfolgreichsten der BMW-Motorsportgeschichte werden, denn das Unternehmen feierte auf Anhieb ein grandioses Comeback: Der Autobauer aus München gewann den Fahrer-, Team- und Herstellertitel.

Bis 1992 hatte BMW werksseitig an der DTM teilgenommen. Dabei hatte sich der BMW M3, der über lange Jahre eingesetzt wurde, rückblickend als erfolgreichster Tourenwagen aller Zeiten erwiesen.

Mit der Rückkehr in die DTM in der Saison 2012 hatte sich BMW Motorsport hohe Ziele gesetzt. Schon beim Qualifying im Auftaktrennen zeichnete sich ab, dass die BMW-Rennwagen sehr wohl konkurrenzfähig waren. Den ersten Sieg für das Unternehmen konnte das BMW-Team Schnitzer mit seinem Fahrer Bruno Spengler auf dem Lausitzring einfahren, nachdem dieser sich bereits mit seinem BMW Bank M3 DTM die Poleposition gesichert hatte. Auch die Wettbewerbe auf dem Nürburgring und in Oschersleben konnte Spengler für sich entscheiden. Die Saison war

spannend wie nie zuvor: Erst das letzte Rennen in Hockenheim sollte über den Gesamtsieg entscheiden. Spengler lag zu diesem Zeitpunkt nur drei Punkte hinter dem Mercedes-Piloten Garry Paffett. In einem packenden Finallauf gelang es ihm, als Erster über die Ziellinie zu fahren. Spengler wurde damit erstmals in seiner Karriere DTM-Champion. Gemeinsam mit seiner Mannschaft, dem BMW-Team Schnitzer, und seinem Kollegen Dirk Werner konnte er zudem die Teamwertung gewinnen. Schließlich schafften alle drei BMW-Teams die größte Sensation: In der Herstellerwertung setzten sie sich gegen die vier Teams der Konkurrenz durch. Damit gewann BMW am Ende zudem die Markenwertung. Mit einem so erfolgreichen Comeback auf ganzer Linie hatte vor der Saison niemand gerechnet.

In der Saison 2013 konnte der Herstellertitel erfolgreich verteidigt werden. 2014 kam erstmals der BMW M4 DTM als Nachfolger des BMW M3 DTM zum Einsatz. Bei der Premiere gewann Marco Wittmann mit dem neuen Fahrzeug auf Anhieb. Mit drei weiteren Siegen dominierte er die Saison und wurde schließlich der jüngste deutsche DTM-Champion. In der Rennsaison 2015 konnte BMW die Herstellerwertung für sich entscheiden.

After a break of nearly 20 years, BMW returned to the German Touring Car Championship in 2012, entering three teams and six drivers. BMW had a magnificent comeback, making the 2012 season one of the most successful in BMW racing history: the Munich carmaker won the driver, team and manufacturer titles.

BMW had previously taken part up to the year 1992 as a works team. In the course of the DTM, the BMW M3 – which had been the racing car of choice for many years – proved to be the most successful touring racing car of all time.

BMW Motorsport set itself ambitious goals when it returned to the DTM in the 2012 season. Already during qualifying for the very first race, the BMW racing cars looked as if they were going to be up to the competition. The BMW Team Schnitzer with its driver Bruno Spengler raced to its first victory in the BMW Bank M3 DTM at Lausitzring after already having taken pole position in qualifying. Spengler also won the races at Nürburgring and in Oschersleben. The season was exciting as never before, but it was only the final race in Hockenheim that clinched outright victory. Spengler was just three points behind Mercedes driver

Garry Paffett at the time, but in a gripping final run he managed to cross the finishing line in the lead. It was the first time in his career that Spengler had won the DTM. Together with the BMW Team Schnitzer and his colleague Dirk Werner he also won the team category. All three BMW teams then also managed to achieve the greatest sensation of all: they beat all four competitors' teams to win the manufacturer's title – and so BMW won in the brand category, too. No one had expected such an all-out amazing comeback at the beginning of the season.

The manufacturer's title was successfully defended in the 2013 season. In 2014, the BMW M4 DTM was used for the first time as the successor to the BMW M3 DTM. Marco Wittman won the very first race with the new racing car. He dominated the season taking three further victories to become the youngest German DTM champion ever. In the 2015 racing season BMW won the manufacturer's title.

BMW Team, Valencia, 2012

BMW 320 Art Car Roy Lichtenstein,
24-Stunden-Rennen in Le Mans, 1977 /
BMW 320 Art Car Roy Lichtenstein,
24 Hours of Le Mans, 1977

BMW M3 GTR, ALMS Rennen in Portland, 2001 / MBW M3 GTR, ALMS race
in Portland, 2001

BMW M3 DTM, Valencia, 2012

BMW V12 LMR Art Car Jenny Holzer
in Road Atlanta, 2000

BMW M3 GT2 Art Car Jeff Koons,
24-Stunden-Rennen in Le Mans, 2010 /
BMW M3 GT2 Art Car Jeff Koons,
24 Hours of Le Mans, 2010

BMW M3 DTM, Valencia, 2012

BMW M3 DTM, Valencia, 2012

BMW Team, Valencia, 2012

BMW M3 DTM, 2012

BMW 2002, Europa-Bergmeisterschaft
am Gaisberg,1968 / BMW 2002,
European Hillclimb Championship
on the Gaisberg,1968

BMW M3 DTM, Valencia, 2012

BMW M3 DTM, Valencia, 2012

Im Juli 2013 nahm das BMW Group Werk Leipzig auf seinem Werksgelände vier Windräder in Betrieb, die mit einer Gesamtleistung von rund 10 Megawatt die Produktion der Elektrofahrzeuge BMW i3 und BMW i8 mit Strom versorgen. Damit baut das Unternehmen nicht nur emissionsfreie Automobile, sondern betreibt deren Herstellungsprozess mit CO_2-freier Energie.

Das übergeordnete Ziel von der Marke BMW i lautet, nicht nur emissionsfreie Autos auf die Straße zu bringen, sondern den gesamten Wertschöpfungsprozess so nachhaltig wie möglich zu gestalten. In diesem Sinn hat das BMW Group Werk Leipzig eigens vier Windräder auf dem Werksgelände errichtet, um den Mehrbedarf an elektrischer Energie zur Produktion der BMW i-Modelle möglichst vollständig vor Ort regenerativ zu erzeugen. Gleichzeitig erhöht die BMW Group kontinuierlich den Anteil an grün zertifizierter Energie, die von außen zugekauft wird. Die vier weithin sichtbaren Windräder in Leipzig haben eine Gesamtleistung von 10 Megawatt. Der von ihnen erzeugte regenerative Strom wird über eine Energiezentrale auf dem Gelände im Werk verteilt.

Neben der Nutzung von regenerativ erzeugter Energie setzt das BMW Group Werk Leipzig auch Maßstäbe bei der Energieeffizienz. So konnten Energie- und Wasserbedarf zur Produktion eines BMW i-Modells im Vergleich zu einem konventionellen Fahrzeug maßgeblich reduziert werden. Möglich wurde dies vor allem durch neue Prozesse und die Verwendung von Materialien wie Karbon anstelle von Stahl. Zudem wurden die neuen Gebäude zur BMW i-Fertigung unter besonders nachhaltigen Gesichtspunkten errichtet und sogar mit dem US-amerikanischen »LEED Gold Standard« zertifiziert, dieser steht für »Leadership in Energy and Environmental Design«.

Das stete Bemühen um nachhaltiges Wirtschaften zahlt sich aus: Im Sommer 2014 wurde dem BMW Group Werk Leipzig der »Lean & Green Management Award« in der Kategorie Automotive OEM verliehen.

In July 2013 the BMW Group plant in Leipzig put four wind turbines into operation on its premises to power the production of the BMW i3 and BMW i8 electric vehicles, generating a total output of some 10 megawatts. So the company not only manufactures zero-emission automobiles, it also does so using CO_2-free energy.

The overriding goal of the brand BMW i is not just to put zero-emission cars on the road but also to make the entire supply chain as sustainable as possible. For this purpose four wind turbines were built on the premises of the BMW Group Leipzig plant that are specially designed for renewable, on-site generation of the power required to produce the BMW i models. Meanwhile the BMW Group continues to increase the share of certified green energy it purchases externally. Clearly visible from a distance, the Leipzig wind turbines have a total output of 10 megawatts. The renewable electricity they generate is distributed within the plant via an energy control centre.

In addition to producing renewable energy, the BMW Group Leipzig plant also sets standards in terms of energy efficiency. For example, far less energy is required to produce a BMW i model than a conventional car, and less water is needed. This is made by possible by the application of new processes and the use of materials such as carbon fibre rather than steel. What is more, the new BMW i production facilities were designed according to highly sustainable criteria and have even been certified with the American 'LEED Gold Standard' – which stands for 'Leadership in Energy and Environmental Design'.

The company's ongoing efforts to achieve sustainable management has paid off: in summer 2014 the BMW Group Leipzig plant received the 'Lean & Green Management Award' in the Automotive OEM category.

BMW i3 Interieurdesign SUITE / BMW i3 interior design SUITE

BMW i3 Designskizze von Nicolas Guille / BMW i3 design sketch by Nicolas Guille, November 2012

Konsequent an Nachhaltigkeit orientierte Fahrzeugkonzepte und Mobilitätslösungen wurden von der BMW Group mit der in 2007 im Rahmen des project i geleisteten Forschungs- und Entwicklungsarbeit geschaffen. Ziel des Ganzen war es, zukunftsweisende Mobilitätskonzepte im urbanen Kontext zu entwickeln. 2013 wurde der BMW i3 als erstes Elektrofahrzeug der Weltöffentlichkeit präsentiert. Es handelt sich dabei um ein Modell des Premiumsegments, das von Grund auf für diese Antriebsform konzipiert ist. Mit BMW i verfolgt die BMW Group einen ganzheitlichen Ansatz. Im Mittelpunkt steht dabei das Prinzip der Nachhaltigkeit – von der Entwicklung über die Produktion bis hin zum Vertrieb.

Globale Entwicklungen wie Klimawandel, Ressourcenverknappung und zunehmende Urbanisierung führen bei vielen Menschen zu einer bewussteren Lebensführung. Damit verändern sich auch die Erwartungen der Kunden an die individuelle Mobilität. BMW i als eigenständige Marke reagiert auf die neuen Bedürfnisse und entwickelt in diesem Zusammenhang maßgeschneiderte Elektrofahrzeuge und Mobilitätsdienstleistungen. Der vollelektrische BMW i3 steht für inspirierendes Design sowie für ein neues Verständnis von

»Premium«, das sich stark über Nachhaltigkeit definiert – ein emissionsfreies Fahrzeug für das urbane Umfeld. Als Sportwagen der Zukunft ist der BMW i8 sein Pendant, ein Plug-in-Hybrid mit den Verbrauchs- und Emissionswerten eines Kleinwagens.

Mit dem BMW i3 verwirklichte die BMW Group ein Fahrzeugkonzept mit einer bislang einzigartigen Fahrzeugarchitektur, LifeDrive genannt. Sie besteht aus dem fahraktiven, aus Aluminium gefertigten Drive-Modul, in das Antrieb, Fahrwerk, Energiespeicher sowie Struktur- und Crashfunktionen integriert sind. Auf diesem Unterbau ruht das Life-Modul, das aus karbonfaserverstärktem Kunststoff (CFK) besteht und die Fahrgastzelle bildet. Der Einsatz von CFK in der bei BMW i realisierten Größenordnung ist in der Automobilbranche weltweit einzigartig. Der Werkstoff spart im Vergleich zu Stahl 50 Prozent Gewicht bei gleicher Festigkeit. Damit kann das zusätzliche Gewicht der Hochvolt-Batterie vollständig ausgeglichen werden. Deren Reichweite beträgt aktuell bis zu 160 Kilometer im Alltagsbetrieb. Das optimale Zusammenspiel der HV-Batterie mit dem Elektromotor koordiniert ein spezielles Energiemanagement mit dem Ziel maximaler Leistung bei minimalem Verbrauch. Das volle Drehmoment des Motors kann aus dem Stand abgerufen werden und ist ohne Unterbrechung bis zur Höchstgeschwindigkeit verfügbar.

The BMW Group's project i was established in 2007 to pursue research and development with the aim of creating vehicle concepts and mobility solutions geared consistently towards sustainability. The overall aim was to develop pioneering mobility concepts within an urban context. The first electrically powered vehicle was showcased internationally in 2013: the BMW i3 is a premium model especially designed for this drive form. The approach adopted by the BMW Group with BMW i is a holistic one: the primary focus is the principle of sustainability – from development right through to production and sales.

Global developments such as climate change, the scarcity of resources and increasing urbanization have led many people to lead their lives with a greater sense of awareness. As a result, customer expectations in terms of individual mobility are shifting. As a brand in its own right, BMW i responds to these new needs by developing individually tailored electric vehicles and mobility services. The fully electric BMW i3 embodies inspiring design and a new premium philosophy that draws strongly on the notion of sustainability – it is a zero-emissions vehicle for the urban environment. Its counterpart is the BMW i8 – a future-oriented,

plug-in hybrid sports car with the fuel consumption and emission levels of a compact vehicle.

The BMW Group created a vehicle architecture for the BMW i3 known as LifeDrive that remains unique. It comprises a Drive module made of aluminium that houses the motor, chassis and energy storage unit as well as performing structural and crash-related functions. On top of this substructure there is the Life module made of carbon-fibre reinforced plastic (CFRP) which forms the passenger cell. Never before has CFRP been used on this scale in the automotive industry. It is a material that weighs 50 per cent less than steel while providing the same degree of strength and stability, thereby fully compensating for the additional weight of the high-voltage battery. The latter's range in day-to-day use is currently 160 kilometres. Optimum interplay between the HV battery and the electric motor is taken care of by a special energy management system geared towards maximum output and minimum energy consumption. The motor's full torque is available from standing and remains on stream without interruption through to top speed.

BMW i3 Fahrzeugkonzept, Röntgendarstellung / BMW i3 car concept, X-ray image

Die Siegermaschinen 1939 und 2014 / The winning motorcycles of 1939 and 2014

Mit dem Superbike BMW S 1000 RR, das 2009 auf den Markt gebracht wurde, ist die Marke BMW Motorrad bei fast allen nationalen und internationalen Rennen vertreten. Dabei konnten 2014 auf Anhieb mehrere Siege bei der Isle of Man Tourist Trophy eingefahren werden. Gegenwart und Historie fanden eine glückliche Parallele, denn genau 75 Jahre zuvor hatte BMW an gleicher Stelle die Senior TT zum letzten Mal gewonnen.

Die Isle of Man Tourist Trophy ist unbestritten das älteste und berühmteste Motorradrennen der Welt. Seit 1907 werden auf der beschaulichen Insel in der Irischen See Rallyes gefahren. Der Rundkurs mit seinen engen Straßen ist bekannt als eine anspruchsvolle und gefährliche Rennstrecke, die Mensch und Maschine an ihre Leistungsgrenzen bringt. Im Zeitraum von zwei Wochen werden hier mehrere Wettbewerbe in verschiedenen Klassen ausgetragen. 1939 hatte »Schorsch« Meier mit seinem Teamkollegen Jock West auf 500-ccm-Kompressormaschinen der BMW Typ 255 die Senior TT gewinnen und damit souverän einen Doppelsieg in der Königsklasse für BMW erringen können.

2014 jährte sich dieser Erfolg zum 75. Mal. Um dieses Jubiläum gebührend zu feiern, stieg BMW Motorrad UK in den Straßenrennsport ein. Gemeinsam mit dem Rennstall Hawk Racing und Unterstützung durch BMW Motorrad Motorsport wurde eigens ein Team gebildet. Als Fahrer konnte man den Nordiren Michael Dunlop verpflichten, der diesen harten Rundkurs in den Jahren zuvor mehrfach gewonnen hatte.

Am 31. Mai 2014 stand mit dem Superbike-Rennen der erste wichtige Lauf der Isle of Man TT an, und Dunlop ging mit der BMW S 1000 RR an den Start. Auf dieser Maschine fuhr er zwei neue Rundenrekorde und siegte mit einem Vorsprung von über 20 Sekunden. Am 2. Juni 2014 konnte der Ausnahmefahrer auch das Superstock-Rennen, bei dem nur minimal konfigurierte Straßenmaschinen gegeneinander antreten, für sich entscheiden. Wie schon beim Wettbewerb zwei Tage zuvor ging Dunlop mit seiner BMW S 1000 RR in der ersten Runde in Führung, die er bis zum Rennende nicht mehr abgab. Mit diesen beiden Siegen galt Dunlop als Top-Favorit für die prestigeträchtige Senior TT, die am 6. Juni 2014 den Abschluss der Rennwoche bildete. Erneut setzte sich Dunlop mit ungemeiner Nervenstärke an die Spitze und gewann schließlich mit 14 Sekunden Vorsprung. Das historische Triple für BMW Motorrad war damit komplett.

The superbike BMW S 1000 RR launched in 2009 gives the brand BMW Motorrad a presence in virtually all national and international races. In 2014 the bike took several victories in the Isle of Man Tourist Trophy at its first attempt. There was a pleasing parallel between past and present here: it was exactly 75 years previously that BMW had last won the Senior TT in the same place.

The Isle of Man Tourist Trophy is without doubt the oldest and most famous motorcycle race in the world. Rallies have been held on the little island in the Irish Sea ever since 1907. With its narrow roads the circuit is notoriously challenging and dangerous, taking man and machine to the limits. Several contests are held here in various classes over a period of two weeks. In 1939 'Schorsch' Meier had won the Senior TT together with team colleague Jock West using 500 cc BMW Type 255 compressor machines, securing a supreme double victory in the premium discipline for BMW.

The year 2014 marked the 75th anniversary of this feat, and in order to celebrate in appropriate style BMW Motorrad UK entered road racing, assembling its own team in collaboration with partner Hawk Racing and with the support of BMW Motorrad Motorsport.

BMW also managed to sign up Northern Irish rider Michael Dunlop, who had won on the tough circuit several times in the past.

The first important race of the Isle of Man TT took place on 31 May 2014, and Dunlop lined up at the start on the BMW S 1000 RR. He achieved two lap records and won with a lead of over 20 seconds. On 2 June 2014 this exceptionally talented rider also won the Superstock Race, which involves only minimally configured road machines. As in the contest two days previously, Dunlop took his BMW S 1000 RR into the lead on the first lap and stayed there until the end of the race. These two victories made Dunlop the top favourite for the prestigious Senior TT, which was the concluding event of the racing week on 6 June 2014. Displaying extraordinary resilience, Dunlop again battled his way into the lead and won by a 14-second margin, thereby clinching an historic triple for BMW Motorrad.

Michael Dunlop auf BMW S 1000 RR während des Rennens / Michael Dunlop on the BMW S 1000 R during the race, 2014

»Flexibel arbeiten, bewusst abschalten: Mobilarbeit bei der BMW Group.« Das am 1. Januar 2014 eingeführte Arbeitszeitinstrument bietet die Möglichkeit, Berufs- und Privatleben besser in Einklang zu bringen. Durch Mobilarbeit gewinnen Mitarbeiter und Unternehmen mehr Flexibilität. Entscheidend ist dabei der offene und vertrauensvolle Dialog zwischen Mitarbeiter und Führungskraft. Die Einführung der Mobilarbeit ist ein bedeutender Schritt von der Anwesenheitskultur zur Ergebnisorientierung.

Mobilarbeit umfasst alle beruflichen Tätigkeiten, die on- oder offline außerhalb des Büros durchgeführt werden. Um einen reibungslosen Ablauf zu gewährleisten, vereinbaren Mitarbeiter und Führungskraft gemeinsam im Vorfeld die Rahmenbedingungen einer stundenweisen oder ganztägigen Mobilarbeit. Das optimale Maß zwischen Büro- und Mobilarbeit folgt nicht einem starren Regelwerk, sondern wird individuell abgestimmt. Erwartungen und Ziele werden klar kommuniziert, auch die Kommunikationskanäle definiert. So ist beispielsweise die Online-Teilnahme an Meetings explizit möglich. Die vorhandenen Arbeits- und Kommunikationsmittel erlauben orts- und zeitunabhängiges Arbeiten bei uneingeschränktem Zugriff auf die BMW Group-Netzwerke.

Die neue Flexibilität unterstützt die Mitarbeiter dabei, private und berufliche Anforderungen besser in Einklang zu bringen und ein individuell optimales Arbeitsumfeld zu finden. So können die neuen Gestaltungsspielräume von Arbeitszeit und -ort genutzt werden, um beispielsweise in einer Bibliothek ein Konzept auszuarbeiten – das Büro ist also dort, wo man arbeiten kann und möchte. In der Freizeit Sport am Nachmittag genießen oder dringende Besorgungen erledigen und dienstliche E-Mails am Abend beantworten, ist dank Mobilarbeit möglich. Auch Kinderbetreuung oder die Pflege von Angehörigen lassen sich auf diese Weise besser in den Arbeitsalltag integrieren. Und nicht nur das: Die berufliche Zusammenarbeit über Zeitzonen und Ländergrenzen hinweg wird vereinfacht, indem zum Beispiel eine Telefonkonferenz mit China am frühen Morgen von zuhause durchgeführt werden kann. Optimale Leistung während der Arbeitszeit erfordert Erholung in der Freizeit. Daher erwartet die BMW Group von ihren Mitarbeitern keine ständige Erreichbarkeit, sondern respektiert und fördert die Freiräume für individuelle Entfaltung und echte Regeneration. Mobilarbeit bei der BMW Group ist ein Erfolgsmodell: Schon jetzt nutzen mehr als 20 000 Mitarbeiter allein in Deutschland das flexible Arbeitszeitmodell.

'Flexible work, conscious relaxation: mobile work at BMW Group.' This work scheduling programme introduced on 1 January 2014 gives employees the opportunity to strike a more effective balance between work and private life. Mobile work provides greater flexibility for both employees and the company. The key factor here is open dialogue and trust between staff members and managers. The introduction of mobile work constitutes a major step away from the culture of physical presence towards results orientation.

Mobile work covers all work activities performed outside the office, whether online or offline. In order to ensure everything runs as smoothly as possible, the employee and manager agree on the general conditions of mobile work in advance, whether it is organized on an hourly or whole-day basis. In order to achieve an optimum balance between office and mobile work, the scheme does not follow a rigid pattern but is coordinated individually. Expectations and objectives are clearly communicated and the channels of communication are clearly specified, too. For instance, online attendance at meetings is a stated option. The existing tools and means of communication allow unlimited access to the BMW Group networks, independent of time and place.

This new flexibility supports employees in balancing the demands of their jobs and private lives more effectively by establishing an individually optimized work environment. The fact that staff have some freedom in selecting the place and time of their work means they might choose to develop a concept in a library, for example. The office is a place where people can work when they want to. Thanks to mobile work it is now possible to pursue sporting activities or take care of urgent personal matters during the afternoon and answer work-related e-mails in the evening. It also means that looking after children or relatives in need of care is easier to fit in with a working day. And that is not all: work-related collaboration across time zones and national boundaries is simpler when a conference call with China can be set up from home in the early morning, for example. Optimum performance during working hours requires recovery and relaxation during free time. For this reason, BMW Group does not expect its staff to be on call round the clock but respects and encourages personal freedom and space for genuine revitalization. Mobile work is very successful at BMW Group: there are already more than 20,000 staff in Germany alone who make use of this flexible work model.

FIZ Future, Eingangssituation, Büro HENN / FIZ Future, entryway, HENN architects, 2014

Mit dem umfangreichen Ausbau des Forschungs- und Innovationszentrums (FIZ) im Norden Münchens wird die BMW Group in den kommenden Jahrzehnten ihre Kapazitäten im Bereich Entwicklung und Design erweitern. Mit der Denkfabrik »FIZ Future« bekennt sich das Unternehmen zum Kernstandort München und stellt Weichen für die individuelle Mobilität von übermorgen. Zukünftiges wird in den Studios, Büros und Laboren des FIZ schon gegenwärtig erdacht, die Planungen und Perspektiven weisen bereits in das Jahr 2050.

Vor rund 30 Jahren wurde das FIZ in Betrieb genommen. Seitdem brachte es herausragende Innovationen hervor und entwickelte sich zum Gravitationszentrum von Forschung und Entwicklung des Unternehmens. Im Lauf der Jahre haben sich aber entscheidende Faktoren wie Technologien, inhaltliche Anforderungen sowie Formen der Zusammenarbeit so sehr verändert, dass das Zentrum mittlerweile die Grenzen seiner Kapazität erreicht hat. Daher entschied die BMW Group, den FIZ-Bereich am Standort München zu erweitern. In enger Abstimmung mit der Landeshauptstadt München schrieb das Unternehmen Anfang 2014 einen internationalen städtebaulichen Wettbewerb aus. Dabei gingen mehr als 100 Bewerbungen ein,

zwölf Architekturbüros kamen in die engere Wahl, schließlich konnte der Entwurf des Münchener Büros HENN, das bereits für die Planungen zum FIZ in den 1980er Jahren verantwortlich zeichnete, die Jury überzeugen. Ziel war die Schaffung eines Masterplans zur Realisierung eines Flächenbedarfs von 500 000 bis 800 000 Quadratmetern für Büros, Labore, Designstudios, Werkstätten und Infrastruktur. Hinzu kamen neue Lösungsansätze im Bereich der Verkehrsplanung rund um das FIZ. Um die Lebensqualität des Stadtteils Milbertshofen zu fördern, achtete das Unternehmen darauf, die Bebauung nachhaltig zu gestalten und die Bürgerschaft einzubinden. Das Konzept von FIZ Future ist geprägt von der Idee einer zentralen Mittelachse, an der künftig der neue Eingang liegen wird. Dem Gelände angeschlossen ist ein großzügig dimensionierter Park, in dem sowohl Mitarbeiter der BMW Group als auch die Nachbarschaft Erholung finden können. Neben den Grünflächen ist zudem eine Dachbegrünung vorgesehen. Während einige Bereiche aufgrund bedeutender Entwicklungstätigkeit abgeschirmt werden müssen, wirken weite Teile wie ein Campus offen und einladend. Die Schaffung einer großen Zahl an attraktiven Arbeitsplätzen ist erklärtes Ziel des Projekts und Bekenntnis zum Wirtschaftsstandort München. In der letzten geplanten Ausbaustufe wird das FIZ zu den größten Entwicklungszentren weltweit gehören.

The BMW Group will extend its capacity in the area of development and design by significantly expanding the FIZ (Research and Innovation Center) in the north of Munich. The think-tank FIZ Future demonstrates the company's commitment to Munich as its core industrial site and sets the course for shaping the individual mobility of tomorrow and beyond. Future visions are already being hatched in the FIZ studios, offices and laboratories, with the planning perspective geared to the year 2050.

The FIZ went into operation some 30 years ago. Since then it has produced outstanding innovations and has become a key hub for research and development of the company. However, key factors such as technologies, demands and collaborative processes have changed to such an extent over the years that the centre is now reaching the limits of its capacity. For this reason, the BMW Group has decided to expand the FIZ at its Munich site. Cooperating closely with the Munich municipal authorities, the company invited competitive tenders for an urban planning project in 2014. More than 100 applications were received, twelve architect's offices were shortlisted and the jury was finally won over by the draft submitted by the Munich-based office HENN, which had been

responsible for creating the plans for the original FIZ in the 1980s. The aim was to draw up a master plan to meet surface requirements of between 500,000 and 800,000 square metres for offices, laboratories, design studios, workshops and infrastructure. There were also novel solutions relating to traffic planning in connection with the FIZ. In order to enhance the quality of living in the district of Milbertshofen, the company paid especially careful attention to creating a sustainable structure and involving local residents. The concept of FIZ Future is based on the idea of a central axis on which the new entrance will be positioned. The premises will be linked to a spacious park for recreation purposes, for use by both BMW Group employees and the neighbourhood as a whole. In addition to park areas, there are also plans for roof greening. While some areas have to be shielded due to important development work, large sections will be open and inviting like a campus. It is the stated aim of the project to create a large number of attractive jobs, thereby reflecting the company's commitment to Munich as its industrial base. When its final extension phase is complete the FIZ will be one of the biggest development centres in the world.

Bildnachweis / Picture credits

Alle Fotografien © BMW Group Archiv mit Ausnahme von / except:

© BMW AG, München / Munich: Abb. S. / figs. p.: Cover, 2, 19, 20, 21, 22, 25, 31 rechts/right, 45, 49, 50, 51, 61, 64, 65, 68, 69, 70, 77, 78, 79, 85, 92, 95, 96, 97, 98, 122, 129, 130, 131, 140, 141, 142, 168, 180 unten/bottom, 183, 186, 187, 191, 192, 193, 197, 198, 199, 202, 203, 204, 205, 206, 207, 208, 209, 210, 211, 212/213, 214, 215, 216/217, 218, 219, 220, 222/223, 224, 226, 227, 228, 229, 230, 231
© BMW AG, München / Oliver Beckmann: Abb. S. / figs. p.: 88, 89
© BMW Group Archiv / Jeff Amberg: Abb. S. / fig. p.: 171
© BMW Group Archiv / Bavaria Luftbild GmbH: Abb. S. / fig. p.: 155 oben/top
© BMW Group Archiv / Paul Bracq: Abb. S. / fig. p.: 99
© BMW Group Archiv / Albrecht Graf Goertz: Abb. S. / fig. p.: 67 rechts/right
© BMW Group Archiv / Grafik Design: Abb. S. / fig. p.: 149 unten/bottom
© BMW Group Archiv / Hansen: Abb. S. / fig. p.: 179
© BMW Group Archiv / Hartz: Abb. S. / fig. p.: 190
© BMW Group Archiv / Peter Hetzmannseder: Abb. S. / fig. p.: 176
© BMW Group Archiv / Siegfried Hofmann: Abb. S. / figs. p.: 180 oben/top, 181
© BMW Group Archiv / Junkers: Abb. S. / fig. p.: 47
© BMW Group Archiv / Ferdi Kräling: Abb. S. / fig. p.: 147
© BMW Group Archiv / Robert Kröschel: Abb. S. / figs. p.: 138, 152, 159, 160, 161, 165
© BMW Group Archiv / Cheyco Leidmann: Abb. S. / fig. p.: 133
© BMW Group Archiv / Max Reisböck: Abb. S. / fig. p.: 67 rechts/right
© BMW Group Archiv / Ernst-Hermann Ruth: Abb. S. / fig. p.: 167

© BMW Group Archiv / Schlenzig: Abb. S. / fig. p.: 44 oben/top
© BMW Group Archiv / Süddeutsche Zeitung Bilderdienst: Abb. S. / fig. p.: 74 rechts / right
© BMW Group Archiv / Technical Art: Abb. S. / fig. p.: 172
© BMW Group Archiv / Technik GmbH: Abb. S. / fig. p.: 149 oben/top
© BMW Group Archiv / Felicitas Timpe: Abb. S. / fig. p.: 74 links/left
© BMW Group Archiv / Thomas Abb. S. / figs. p.: 177, 185
© BMW Group Archiv / Werksbericht: Abb. S. / fig. p.: 101
© BMW Group Archiv / Kurt Wörner: Abb. S. / fig. p.: 81
© Büro HENN, Berlin: Abb. S. / figs. p.: 155 unten/bottom, 233, 234
© Marcus Buck: Abb. S. / figs. p.: 6, 9, 10
© Dornier Museum, Friedrichshafen: Abb. S. / fig. p.: 42 rechts/right
© Hardy Mutschler: Abb. S. / figs. p.: 33, 34, 35, 53, 54, 55, 102, 103
© Rolls-Royce Motor Cars, Goodwood: Abb. S. / figs. p.: 188, 189
© Oliver Sold: Abb. S. / figs. p.: 105–120

Der Herausgeber hat sich intensiv bemüht, alle Inhaber von Abbildungs- und Urheberrechten ausfindig zu machen. Personen und Institutionen, die möglicherweise nicht erreicht wurden und Rechte beanspruchen, werden gebeten, sich nachträglich mit dem Herausgeber in Verbindung zu setzen. / The editor has made every effort to identify all copyright holders. The publisher would be grateful to receive notification from any persons or institutions with copyright claims whom it may not have been possible to reach.

Impressum / Imprint

Diese Publikation erscheint begleitend zur Ausstellung / This book is published on the occasion of the exhibition *100 Meisterstücke. BMW Group – 100 Jahre Innovationskraft und unternehmerischer Mut* BMW Museum, München / Munich 10.3.2016–30.9.2017

Herausgegeben von / Edited by
Andreas Braun, BMW Museum, München / Munich

Projektassistenz / Project assistent
Klaus-Anton Altenbuchner

Projektmitarbeit / With the collaboration of
Karina Chertash, Laura Stryczek

Projektmanagement / Project coordination, Hirmer Verlag
Jutta Allekotte

Lektorat Deutsch / German copy-editing
Anne Funck, München

Übersetzung / Translation
Paul Becker, CAT Translations, München / Munich

Lektorat Englisch / English copy-editing
Philippa Hurd, London

Produktion / Production
Peter Grassinger, Hirmer Verlag

Lithografie / Prepress and repro
Repromayer Medienproduktion, Reutlingen

Druck und Bindung / Printed and bound by
Printer Trento S.r.l., Trento

Printed in Italy

© 2016 Hirmer Verlag GmbH, München / Munich und / and BMW AG, München / Munich

Bibliografische Information der Deutschen Nationalbibliothek
Die Deutsche Nationalbibliothek verzeichnet diese Publikation in der Deutschen Nationalbibliografie; detaillierte bibliografische Daten sind im Internet über http://dnb.de abrufbar.

Bibliographic information published by the Deutsche Nationalbibliothek
The Deutsche Nationalbibliothek lists this publication in the Deutsche Nationalbibliografie; detailed bibliographic data are available in the Internet at http://dnb.de.

ISBN 978-3-7774-2524-5 (Deutsche Ausgabe / German edition)

ISBN 978-3-7774-2523-8 (Englische Ausgabe / English edition)

www.hirmerverlag.de
www.hirmerpublishers.com

Abb. S. 2 / fig. p. 2
BMW 507

Abb. S. 4 / fig. p. 4
Das BMW Museum in München, Luftaufnahme / The BMW Museum in Munich, aerial photo, 2008

Abb. S. 6 / fig. p. 6
Blick in die Ausstellung *100 Meisterstücke* / View of the *100 Masterpieces* exhibition, 2016

Abb. S. 234 / fig. p. 234
FIZ Future, Vogelperspektive, Büro HENN / FIZ Future, bird's-eye view, HENN architects, 2014